李明玉　延边大学教授

主要研究方向为城市空间扩张模拟预测、土地利用模拟预测、城市生态用地评价及城市生态系统服务评价。主持国家自然科学基金项目 2 项、省部级科研及教研项目 10 项。荣获吉林省科技进步奖三等奖，被授予吉林省 D 类人才称号。

张守志　延边大学副教授

主要研究方向为生态环境与区域发展。主持和参与省级、国家级科研项目 15 项，参与出版著作 3 部。

冯恒栋　延边大学讲师

主要研究方向为资源环境遥感和生态系统服务。主持省级教研项目 1 项。在全国 GIS 专业教师讲课比赛中获三等奖。

韩玲　延边大学讲师

主要研究方向为城乡空间规划与分析、城市活力时空测度、边境旅游与地方经济社会发展。主持省部级科研和教研项目 4 项。主讲课程"城市规划原理"获吉林省教学比赛一等奖。

图们江区域开发开放与可持续发展丛书

图们江地区
城市生态用地
与生态系统服务变化研究

李明玉　张守志　冯恒栋　韩玲　编著

商务印书馆
创于1897
The Commercial Press

图书在版编目（CIP）数据

图们江地区城市生态用地与生态系统服务变化研究 / 李明玉等编著. -- 北京 ：商务印书馆，2024. --（图们江区域开发开放与可持续发展丛书）. -- ISBN 978-7 -100-24737-5

Ⅰ．X321.234.3

中国国家版本馆 CIP 数据核字第 20246AL968 号

图们江区域开发开放与可持续发展丛书

图们江地区城市生态用地与生态系统服务变化研究

李明玉　张守志　冯恒栋　韩玲　编著

商 务 印 书 馆 出 版
（北京王府井大街 36 号邮政编码 100710）
商 务 印 书 馆 发 行
北京科信印刷有限公司印刷
ISBN 978 - 7 - 100 - 24737 - 5

2024 年 12 月第 1 版　　　　开本 710×1000　1/16
2024 年 12 月北京第 1 次印刷　印张 20¹/₂

定价：185.00 元

南 颖 延边大学地理与海洋科学学院

崔哲浩 延边大学融合学院

崔桂善 延边大学地理与海洋科学学院

本书编辑委员会

总　序

　　"图们江区域开发开放与可持续发展丛书"是延边大学"双一流"学科建设的重要成果之一，也是延边大学地理学科的教师们多年来在长白山-图们江地区进行的丰富研究的成果展示。

　　"图们江区域开发"的倡议最早是从 20 世纪 90 年代开始的，近 40 年来由于该地区独特的区位特性，加上周边地缘政治环境及国际形势的复杂变化，图们江区域开发的进程经历了多次波折，但图们江区域开发的议题在学术界始终没有中断过。近年来，随着中国共建"一带一路"倡议的不断推进，加之国际政治经济环境的剧烈动荡，中蒙俄大通道和"冰上丝绸之路"建设的重要性尤其凸显出来。本丛书涉及的长白山-图们江地区正处于中蒙俄大通道和"冰上丝绸之路"的交汇点，是中、朝、俄跨国界热点地区，也是中国东北部重要的生态屏障和生物多样性最丰富的生态廊道区。图们江地区的区域开发、国际合作、通道建设是国家发展战略中的重要一环，同时生物多样性与环境生态、土地利用与生态系统服务、自然资源和文化资源的开发与可持续发展等也是该地区的重要议题，因此本丛书的出版尤其显得必要且及时。

　　延边大学地理学科早在 20 世纪 90 年代就开始了图们江地区的相关研究。在老一辈地理学者的主导下，开展了一系列的基础研究，也出版过多部论著。2000 年之后，一大批留学的博士归国，他们传承了老一辈学者的优良传统，将学到的新思路、新方法和新手段应用到研究中，在国家自然科学基金、国家社会科学基金以及省部级和国际合作等科研项目的支持下，对长白山-图们江地区开展了全方位的科学探讨。在自然地理领域，开展了土地利用与覆被变化、湿地生态保护与修复、综合自然灾害评估、生态系统服务与可持续性、水环境分析与保护等研究；在人文地理领域，开展了区域城市体系与城市结构、城市生态与宜居环境、民族文化与社会地理、旅游资源与旅游地理、朝鲜族移居与人口移动、历史地理与红色资源开发、图们江地区国际合作与开发等研究；在遥感与地理信息系统领域，开展了区域多语种综合数据库建设、区域信息共享平台开发、朝鲜半岛历史数据重构与综合数据库开发、遥感手段在区域生态与城市研究中的应用等研究。本丛书呈现的就是近年来的部分优秀研究成果。

延边大学是国家"双一流"学科建设大学，近年来延边大学发挥了自身优势和特色，以国家一流学科为依托，积极推动多学科交叉和融合，重点开展"江（图们江）-山（长白山）-岛（朝鲜半岛）-界（中朝俄跨国界）"的科学研究，取得了一系列丰硕的科研成果。地理学作为文理兼容的综合性学科，也在这些研究中具有重要的地位和作用。本丛书在出版过程中得到了国家"双一流"学科建设的经费支持，也得到了教育部普通高校人文社科研究重点基地延边大学朝鲜韩国研究中心的大力支持，在此谨表谢意。希望这套丛书的出版能够有助于国家战略实施和区域发展，有助于推动长白山-图们江地区的科学研究，有助于关心、关注相关领域的专家学者、企事业单位工作者、学生和广大读者。

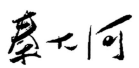

2023 年 8 月

前　言

　　城镇化最显著的特征之一是土地利用变化。土地利用变化是人类活动对生态系统产生影响的直接表现。改革开放至今，图们江地区由于城镇规划及土地利用缺乏科学合理的指导，忽略了将大量自然及半自然土地类型转化为建设用地带来的生态系统服务的损失，导致土地生态服务功能受到削弱乃至损害，进而破坏了城市与区域生态平衡，影响了社会经济的健康发展。因此，合理规划城市中以提供生态产品和生态服务为主、具有重要生态功能的城市生态用地，是保育城市生态系统服务功能、维护其良性循环、实现图们江地区城市可持续发展的重要途径。

　　在此背景下，笔者团队结合多年科研成果，参考了国内外相关领域新的技术和城市生态用地管理理念等，编著了《图们江地区城市生态用地与生态系统服务变化研究》一书，全书采用以点带面、连线成片的研究范式以促进图们江地区城市的可持续发展研究。全书共分九章，第一章"绪论"对研究背景及研究意义进行了阐述，梳理了国内外的相关研究动态；第二章选择图们江快速城市化地区——延吉市进行生态安全评价并提出预警；第三章至第六章采用以点带面的研究范式，以图们江地区东部发展带的重要节点城市——延吉市-龙井市-图们市（简称"延龙图"）为研究对象，开展延龙图地区最小生态用地空间范围识别、城市生态用地空间结构和景观格局评价、城市生态系统重要性评价等方面的研究，提出该地区城市生态用地空间格局优化方案及城市生态用地保护建议；第七章至第八章将研究区扩展至图们江地区开放核心区——延边朝鲜族自治州的城市化区域，进行生态系统胁迫评估，分析生态系统服务变化，进而提出图们江地区的城市生态系统服务保护对策，以为制定科学合理的生态恢复、生态保护、生态补偿政策提供基础性、关键性的科学依据。第九章为结论。

本书九章由本书编委会成员分工编写。其中，第一章由李明玉完成；第二章由高然、冯恒栋完成；第三章由姚美岑、张守志完成；第四章由田丰昊、韩玲完成；第五章由赵小娜、李美娟、徐妍完成；第六章由宫雪、李香柒、王一凡完成；第七章由刘晖、金铭、吴桐完成；第八章由韩旭龙、冯恒栋完成；第九章由徐妍、王一凡、吴桐完成。全书由李明玉、冯恒栋、张守志、韩玲统稿。

本书编写过程中得到延边大学南颖、朱卫红、金石柱教授，以及韩国首尔大学 SooJin Park 教授等的悉心指导，延边大学、首尔大学、韩国高等教育财团崔钟贤学术院也给予了大力支持和指导。在课题执行过程中，延边大学地理与海洋科学学院的许多同事参与其中。本书的出版得到延边大学地理与海洋科学学院领导和同事的帮助、支持，在此对上述个人与学术团体表示衷心感谢。

本书还得到韩国高等教育财团崔忠贤学术院的国际合作交流项目（Chey Institute International Scholar Exchange Fellowship 2020—2021）、国家自然科学基金"延龙图地区城市生态用地评价与空间格局优化研究"（41461036）、吉林省"十三五"科学技术项目"长白山地区城市生态系统服务变化与土地利用优化研究"（JJKH20191124KJ）、吉林省科技发展计划项目"基于生态系统服务响应的长吉图地区土地利用情景模拟预测"（20220101191JC）等的资助。

由于编写人员研究领域和学识的限制，书中难免有疏漏之处，恳请读者批评、指正。

李明玉

目　　录

第一章　绪论

第一节　研究背景与意义

城市生态用地是指具有重要生态功能，以提供生态产品和生态服务为主的用地，是维持城市生态安全和可持续发展的重要屏障。伴随着城市化进程的加速，人类对土地的需求不断增长，很多具有独特生态价值的自然土地类型，如湿地、林地、草地等，不断遭到侵占，逐渐转变为建设用地，降低甚至丧失了其生态价值，导致土地生态系统服务功能受到削弱乃至损害，进而破坏了城市与区域生态平衡，影响了社会经济的健康发展（蔡云楠等，2014）。城镇化发展实践表明：以蚕食生态用地为代价的城市空间无序扩张模式已难以促进城市竞争力的持久提高，且有悖于城市可持续发展的长远目标。因此，合理规划城市中以提供生态产品和生态服务为主、具有重要生态功能的生态用地，是保育城市生态系统服务功能、维护其良性循环、实现城市可持续发展的重要途径。近年来，中国在自然资源管理中对城市生态用地的保护日益重视，国家的生态文明发展战略以及《中华人民共和国城乡规划法（2019 修正）》的实施，进一步推动了城市生态用地的保护和建设，也对城市生态用地的规划提出更高的要求。国家"十四五"规划纲要指出，"强化国土空间规划和用途管控，划定落实生态保护红线、永久基本农田、城镇开发边界以及各类海域保护线"。城市生态用地空间格局优化正是针对当前城市土地资源的有限性与土地利用的不合理性而提出的，对城市生态用地的保护及对其空间布局、管理的优化，具有较大的必要性和迫切性。

城镇化最显著的特征之一是土地利用变化。土地利用变化是人类活动对生态系统产生影响的直接表现。在以地理学家为主体的土地利用变化研究中，已经把土地利用变化对生态系统服务的影响作为一项重要研究内容（Fu et al.，2013）。其中，基于生态系统服务的土地利用规划管理研究已成为当前相关学科关注的重点（You et al.，2017）。改革开放至今，我国城镇化经历了跨越式大发展，由于城镇规划及土地利用缺乏科学合理的指导，忽略了将大量自然及半自然土地类型转化为建设用地所带来的生态系统服务的损失（傅伯杰、张立伟，2014），严重威胁了城镇的可持续发展。因此，迫切需要将生态系统服务研究纳入快速城市化地区的生态用地规划管理中，以更好地指导城市的可持续发展。国家"十四五"规划纲要提出"推动东北振兴取得新突破""优化国土空间开发保护格局""促进区域协调发展""完善新型城镇化战略"，则需要通过国土整治与生态修复，实现国土空间规划优化；从优化国土空间格局的角度出发，全面落实将生态文明建设融入政治、文化、经济和社会建设中（傅伯杰，2021），要在生态环境保护和生态修复方面实现率先突破。在国家新型城镇化、东北振兴取得新突破和推动共建"一带一路"高质量发展的背景下，图们江地区的城市作为边境地区重要的城市化区域，需应对更大的绿色、协调、可持续发展的挑战。识别生态用地变化对生态系统服务功能的影响，在生态用地空间格局优化中权衡社会经济发展与生态系统服务保护，可为图们江地区城市土地利用规划管理过程中的生态用地保护和生态系统服务保护提供科学的参考依据。

图们江地区地处中、俄、朝三国交界，面临日本海。东与俄罗斯滨海边疆区域接壤；南隔图们江与朝鲜咸镜北道、两江道相望；西邻吉林市、白山市；北接黑龙江省牡丹江市。考虑到本研究的重点和研究过程中收集数据的完整性，本书把图们江地区的范围界定为延边朝鲜族自治州（以下简称"延边州"）的行政区划范围，主要包括延吉市、龙井市、图们市、珲春市、和龙市、敦化市、安图县、汪清县 8 个县市地域。延边州内有 5 个边境县市，22 个边境乡镇；边境线总长 768.5 千米，其中，中朝边境线长 522.5 千米，中俄边境线 246 千米；面积 4.33 万平方千米，约占吉林省总面积的 1/4。2021 年延边州户籍总人口 202.94 万人，人口在吉林全省排名第四，其中朝鲜族人口约 72.2 万人，占全州总人口的 35.6%，是我国唯一的朝鲜族自治州和最大的朝鲜族聚居地区。在全州范围内，首府延吉市户籍人口超过 50 万，是延边州人口最多的县市；而图们市户籍人口仅 10.2 万人，是延边州人口最少的县市[①]。

延边州是中国面向东北亚地区和俄罗斯对外开放的重要门户。经过 30 多年的高强度开发，该地区的生态环境已处于十分脆弱的状态，城镇建设用地征地范围过宽、规模过大，导致大量耕地被占用，森林和湿地面积萎缩、功能减弱。不仅如此，人类活动引起的土地利用剧烈变化对区域内的生态系统结构、过程与功能产生了复杂影响，水土流失严重，土壤污染加剧、土层变薄、土壤退化明显，有机质含量下降，严重威胁到图们江地区农业可持续发展。面对图们江地区社会经济发展与生态环境矛盾的不断激化，如何在经济增长的同时维持生态系统的健康发展，使生态系统服务能够满足区域可持续发展，已成为图们江地区亟待解决的重要现实问题。面对生态用地缩减而社会发展对生态系统服务需求不断增加的现实矛盾，图们江地区亟需寻求有效提升生态系统服务可持续性供给的发展模式。图们江地区生态系统服务的空间格局如何？发生了怎样的变化？哪些自然和人文因素在影响生态系统服务功能的变化？回答这些问题，有助于准确把握图们江地区生态系统服务的可持续性供给。因此，本书以生态用地变化如何对生态系统服务功能产生影响为问题指向，将人文地理学对社会、经济、文化等因素的研究优势融入生态用地变化对生态系统服务功能影响的研究中；将生态系统服务与社会经济发展组成情景矩阵，设计情景方案，分析不同情景下的生态用地变化对生态系统服务功能的影响，并对各情景方案的模拟结果进行综合效益评价，探索最佳土地利用模式，优化图们江地区城市生态用地空间格局，研究结果可为图们江地区国土空间规划、生态环境保护和生态修复提供帮助。

---

① 资源来源：《延边统计年鉴 2022》。

第二节 城市生态用地与生态系统服务的科学界定

一、城市生态用地及其功能

在国内，针对传统城市规划主要偏重建设用地规划的缺陷，城市规划学者较早地开始了对城市非建设用地的研究，内容包括非建设用地的分类与评价（汪妮，2007）、规划与控制（谢英挺，2005；邢忠等，2006）、保护与管治（艾勇军、肖荣波，2011）等方面。本书将城市非建设用地视为广义的城市生态用地，它是指以发挥自然生态功能为主，具有重要生态系统服务功能或生态环境脆弱、生态敏感性较高的土地利用类型（荣冰凌等，2011），包括城市绿地、耕地、林地、园地、水域及湿地等具有生态功能的土地。而狭义的生态用地是指城市中除建设用地和农用地以外的具有一定生态功能的土地（郭红雨等，2011）。目前，我国现行城乡土地使用的规划和管理体系中，没有对生态用地进行明确界定。在国土资源管理领域，按照《中华人民共和国土地管理法》的规定，国家实行土地用途管制制度，编制土地利用总体规划，规定土地用途，将土地分为农用地、建设用地和未利用地三大类。尽管在国土资源和城乡规划管理中均对建设用地有所界定，但都没有明确提出生态用地的概念或类型（蔡云楠等，2014）。学术界对生态用地的概念及其内涵也有着多种认识和解释。"生态用地"一词最先由石元春院士于2001年考察宁夏回族自治区时提出，随后石玉林院士在中国工程院咨询项目"西北地区水资源配置与生态环境保护"的报告中对生态用地概念加以进一步阐述。概括而言，其基本理念是将生态用地作为干旱区土地荒漠化加速发展的"缓冲剂"，以达到保护和稳定区域生态系统的目标。学术界一般从广义和狭义两个角度理解生态用地。广义上的生态用地可以理解为地球上全部土地（岳健、张雪梅，2003）；狭义上的生态用地是指对人类生存环境具有生态功能的土地。当然也有学者从用地特征、用地性质等角度理解生态用地概念，例如，韩冬梅

（2007）认为生态用地是具有较强的自我调节、自我修复、自我维持和自我发展能力，能通过维持自身生物多样性，协调生态结构和功能，从而对主体生态系统的稳定性、高生产力及可持续发展起到支撑和保育作用的土地；黄秀兰（2008）认为生态保护用地是对保持良好生态环境质量、维持区域生态平衡直接有益，或具有潜在价值的所有土地利用方式，主要包括农用地、未利用地中具有生态效益的用地、建设用地内的城市绿地与水库水面三部分。

综合已有的研究，可知城市生态用地是指具有重要生态功能、以提供生态产品和生态服务为主的用地，它承担着包括旱涝调节、生物多样性保护、休憩与审美启智以及遗产保护等重要生态服务功能，在保障城市或区域生态安全中发挥重要作用，是经济社会可持续发展的基础。城市生态用地可以分为两种类型：一是具有重要生态服务功能的用地，主要是提供生态产品与生态服务，如水源涵养、气候调节、生物多样性保护、固碳、自然景观保护等；二是具有重要生态防护功能的用地，如预防和减缓气象灾害、雨洪调蓄、地质灾害防护、道路和河流防护、海岸带防护等。城市生态用地是维系城市人类社会生存的生命基础，为人类的社会、经济和文化生活创造与维持着许多必不可少的环境资源条件，具有与城乡建设和发展直接相关的多元功能。它不仅是确保区域生态安全、保障城乡可持续发展的支撑，还具有农业生产、基础设施承载、旅游休闲、文化景观等多种价值，为人类生存和城乡发展提供了环境和资源方面的多种生态服务功能效益（蔡云楠等，2014）。

二、生态系统服务概念及其分类

对于生态系统给人类提供服务的认知，最早可以追溯到公元前400年的柏拉图（Plato，约公元前427—前347年）。他认为地球系统是一个巨大的活生物体，森林砍伐将导致土壤侵蚀和春季干旱。一般认为，现代生态系统服务的理念来自马什（Marsh），他在1864年出版的《人与自然》(*Man and Nature*)一书中，通过大量资料和数据对欧洲和美国自然环境的过去与现状进行了比较分析，指出农业生产将会导致湿地和森林面积减少、物种灭绝、沙漠化加剧以及气候变化。他认为，人类如果不改变把地球当作消费对象的观念，那么地球将会毁灭，人类文明亦将不复存在。然而，他对人类活动及其效应的劝诫与警示，并没有引起当时社会的重视。到了 20 世纪 40 年代末，西方国家的环境问题集中爆发，环境保护运动兴起，对认识和评价自然环境作用起到了积极的推动作用。直至 1997 年戴利（Daily）和科斯坦萨（Costanza）的研究成果发表后，国内外出现了生态系统服务研究的热潮，有大量的文章和研究报告面世。关于生态系统服务的概念，国内外目前尚未有统一的界定。"生态系统服务"最初是由戴利（Daily，1997）提出的，他指出生态系统服务是自然界生态系统及其中的物种能够为人类提供的满足和维持人类生活所需要的条件与过程。科斯坦萨等人（Costanza *et al.*，1997）提出的生态系统服务概念为：人类直接或间接从生态系统功能中获得的所有收益。国内学者引入生态系统服务概念并进行了概括：生态系统服务是生态系统所形成及所维持的人类赖以生存的自然环境条件与效用，是人类直接或间接地从生态系统中获得的所有收益，包括自然资本的能流、物流及信息流等构成的人类福利（李双成等，2013）。生态系统的能流、物流和信息流等生态过程产生的生态系统功能是生态系统服务的基本来源，而人类不同层次的需求则是生态系统服务形成的基本驱动力。以生态系统服务为主体构成的自然资本对人类社会福祉产生重要影响，其效能既包括为人类生存与发展提供所需的食物、淡水和生产生活原材料等基础服务，又包括愉悦人类精神文化层面的高级服务，更包括维系地球系统正常演进的环境支撑服务。因而，生态系统服务是人类赖以生存和发展的资源与环境基础（傅伯杰等，2009）。

生态系统服务为人类提供服务的种类繁多，科斯坦萨等人（Costanza *et al.*，1997）依据生态系统的特定功能，将全球的生态系统服务划分为 17 种类型：气候调节、气体调节、干扰调节、水供给、水调节、控制侵蚀和保持沉积物、养分循环、土壤形成、废物处理、生物控制、传粉、食物生产、提供避难所、基因资源、原材料、休闲和文化等服务。联合国千年生态系统评估计划将生态系统服务划分为供给服务、调节服务、文化服务、支持服务四大类。已有国内外研究中，大多都是参考联合国千年生态系统评估计划的分类方式进行生态系统服务种类的划分。据联合国千年生态系统评估计划的结果，地球自然生态系统每年提供价值约 15 万亿英镑的产品，如新鲜的水、清洁的空气和鱼等，但是提供上述产品的生态系统被人类活动破坏了大约 2/3，包括湿地、森林、园地、河流和海岸等。目前，地球上 24 个生态系统中的 15 个正在持续恶化；大约 60% 的人类赖以生存的生态系统服务功能持续下降，如饮用水供应、渔业、区域性气候调节以及自然灾害和病虫害控制等，并且这种退化趋势在 21 世纪上半叶可能会更加恶化。生态系统服务功能的退化不仅危及当代人类社会的福祉，还将极大地削减人类后代从生态系统所能获取的利益。在全球气候变化和人类活动的双重作用下，生态系统功能的下降和退化，将引起人类生存环境发生不可逆转的变化。

三、生态系统服务权衡与协同的产生及其概念

在自然资源短缺日益突出的情形下，一种生态系统服务或人类活动的增加，常常会导致其他服务和活动的减少。例如，在山地农业区，粮食产量的提高往往伴随着土壤侵蚀风险的增加，而城市的扩张则造成生物多样性的减少。过去一个世纪，供给服务的增加已以调节和文化服务减少及生物多样性降低作为代价。在生产实践中，必须同时考虑多种生态系统服务和多种生产功能，而不仅仅追逐一种服务的收益，因为任何一种生态系统服务均与其他服务具有正相关或负相关。生态系统服务权衡产生于人们对生态系统服务的需求偏好。当人们消费某一种或某几种生态系统服务时，就会有意或无意地对其他生态系统提供的服务产生影响，随即产生生态系统服务的权衡与协同（傅伯杰、于丹丹，2016）。为了实现人类利用自然资源的综合效益最大化，需要厘清各种生态系统服务之间的关系。为了将多种生态系统服务间相互关系解释清楚，首先需要对各种生态系统服务价值进行定量测度，再根据相关利益者的需求，做出最适宜的决策。通常采用价值量评估、物质量评估和能值评估手段去估计生态系统服务价值（谢高地等，2008）。生态系统服务之间存在的此消彼长的权衡或彼此增益的协同关系，是

生态系统服务管理研究的重要内容（戴尔阜等，2016）。在社会发展过程中，人类对福祉的追求和提升遵循着"马斯洛需求层次"理论，在对生态系统服务进行权衡与协同时，人类的偏好由高到低依次为供给服务、调节服务、文化服务及支持服务。

生态系统服务权衡是指对一种生态系统服务的使用增加造成另一种生态系统服务减少的情形，两种生态系统服务表现为冲突关系或竞争关系；协同是指两种生态系统服务同时增加或同时减少的情形（戴尔阜等，2016）。生态系统服务的权衡作用是指在一定时空尺度内，一种生态系统服务供给水平的增强，是以其自身生态系统的恢复力以及其他生态系统服务供给功能的降低为代价，即此消彼长，可以用 win-lose 来表示。协同作用是指生态系统在外部因素干扰下，两种或多种生态系统服务同时增强（win-win）或同时减弱（lose-lose）的情形。生态系统服务的权衡与协同作用使得供给服务往往是即时形成的，而对调节服务、支持服务、文化服务及生物多样性的反馈作用往往具有滞后效应（李鹏等，2012）。权衡常常发生在小区域与大区域、短期与长期以及可逆性服务与不可逆性服务之间，可以从空间、时间和可逆性三个方面去分析与理解生态系统服务之间的权衡（Rodriguez et al.，2006）。空间权衡是指区域间生态系统服务的相互消长。例如，某区域试图保持和提高一种服务的供给（如食物等），却引起了另一区域很多生态系统服务的大幅下降（Tilman et al.，2002）。时间权衡是指现时的生态系统服务利用可能对未来造成的影响。例如，短期为追求经济利益而使用化肥和农药等以增加粮食生产，会对土地长期的调节和支持功能产生权衡。根据两种生态系统服务在二维坐标体系构成的曲线特征，权衡关系可以归纳为无相互关联、直接权衡、凸权衡、凹权衡、非单调凹权衡以及反"S"形权衡等（Lester et al.，2013）。在自然科学领域，目前常用的生态系统服务权衡与协同研究方法主要有图形比较、情景分析及模型模拟等（Lautenbach et al.，2010）。

第三节　国内外研究现状及发展动态分析

一、城市生态用地变化对生态系统服务功能影响的研究进展

城市土地的开发利用，其实就是生态用地和建设用地之间的权衡过程。目前，学术界对于城市化区域尚无统一定义，多以特定的人口规模、非农业人口比重或区域行政边界来定义。而对于城市生态系统服务的概念，目前亦无统一的定义。邬建国等（2014）与毛奇正等（2015）参考联合国千年生态系统评估计划的生态系统服务分类体系，认为城市生态系统服务同样包括供给服务、调节服务、支持服务与文化服务四类，并给出了具体包含的服务类型。系统定量评价城市生态系统服务功能，预先识别出城市生态系统服务功能重要区域以及生态敏感区域，可为城市规划与生态建设提供科学依据。城市生态系统服务与人类社会福祉之间关系的研究已成为现阶段生态学研究的核心内容。塞尔米等人（Selmi *et al.*，2021）通过构建城市生态系统服务评估量化指标，分析了法国斯特拉斯堡市的城市树木提供的城市生态系统服务分布特征，引入社会贫困指数进行关联研究，得知城市树木提供的生态系统服务分布与社会贫困阶层没有显著关联，一些贫困阶层反而受益于城市树木提供的生态系统服务。此外，城市生态系统服务的评估一直是核心议题，该议题主要涉及评估框架模型和量化方法。如瓦伦特等（Valente *et al.*，2020）利用联合国千年生态系统评估计划的概念模型，分析了生态系统服务的四个功能如何与人类福祉的组成要素相互关联。在服务评估量化方法方面，城市生态系统服务评估方法发展较快且呈现多样化态势，如价值评估法、能值分析法、指标评价法、意愿调查法等都是常用的方法。

城镇化发展引起的土地利用变化被广泛认为是生态系统服务演变的主要驱动因素（Song and Deng，2017），不同土地利用类型在一定程度上可以被视为各类生态系统。参照已有相关研究，对城市化区域提供生态系统服务的

生态系统进行分类，可知当前城市化区域生态系统服务研究主要关注林地、草地、城市绿地、农业用地、湿地和水域生态系统的变化。近年来，国内城市群土地利用变化对生态系统服务功能影响的研究取得了长足的进步。朱治州、钟业喜（2019）采用 1990 年、2000 年、2010 年和 2015 年四期长江三角洲城市群土地利用数据，以土地利用转移矩阵等方法，分析了土地利用变化特点和转移方向，并采用谢高地等（2008）修正的 Costanza 价值量评价法计算了区域内的生态系统服务价值。王慧娜（2020）以长三角、闽三角两大城市群为研究区域，运用 InVEST 模型分别对两大城市群的生境质量、碳储量、产水量三大生态系统服务进行了模拟评估，并分析了两大城市群土地利用/土地覆被变化对其生态系统服务功能的影响。王保盛等（2020）运用 InVEST 模型模拟了闽三角城市群 2015 年和 2030 年的水源涵养情景，发现土地利用变化对水源涵养服务功能的影响主要表现在变化面积、变化方向、作用强度以及面积补偿作用四个方面。欧阳晓等（2020）以长株潭城市群为研究区域，综合运用未来用地模拟模型和生态系统服务价值计算方法，模拟了基准、耕地保护及生态保护三种情景下的土地利用变化对生态系统服务价值的影响。张艳芳、李云（2020）为探究关中平原城市群土地利用程度对生态系统服务价值（ecosystem service value，ESV）的影响及变化情况，基于 1995—2015 年的土地利用数据，采用当量因子评估法、热点分析法和敏感性指数法，对生态系统服务价值进行了评估，并分析了其时空演变规律。冉玉菊等（2021）以滇中城市群为例，引入地形梯度，基于 2000 年、2010 年和 2020 年三期土地利用数据，结合地形位置指数、修正的 ESV 当量、热点分析等技术手段，分析了滇中城市群 2000—2020 年的土地利用和 ESV 在地形梯度上的时空变化特征，并通过 ESV 损益流向表分析了土地利用变化对 ESV 的影响。黎佳君等（2022）为了验证长株潭城市群绿心地区土地利用变化对生态系统服务价值的影响，运用 2008 年、2013 年、2018 年的土地利用数据，综合当量因子法、格网分析法、空间自相关分析、相关性分析及变差贡献率分析等，研究了绿心地区生态系统服务价值的时空动态变化。综上研究可知，目前有关城市群生态系统服务功能对土地利用变化的响应研究主要针对生态系统服务价值时空变化，典型的研究方法是生态系统服务价值评价或物质量计算，以识别土地利用变化引起的生态系统服务时空范围的变化特征。

二、城市生态系统服务之间关系的研究进展

随着城市生态系统服务研究的不断深入，仅仅对其进行价值评估已经不足以满足决策需求，亟须对城市土地利用变化引起生态系统服务之间关系的变化进行分析。联合国千年生态系统评估计划提出生态系统服务包括供给、调节、支持、文化服务，而自然条件和人类需求使得生态系统服务之间形成了此消彼长的权衡关系或相互增益的协同关系。当生态系统服务之间出现权衡、即此消彼长的情况时，需要对生态系统服务之间的关系进行分析，达到减少冲突、增加协同的目的。协同是实现生态系统服务利益最大化的内在途径，也是人类社会发展的最终目标（李双成等，2015）。近年来，随着人口、经济的迅速增长，城镇化进程不断加速，城镇建设用地扩张占用大量农田、森林、湿地等，造成土地利用格局剧烈改变，并导致城市生态环境的恶化。虽然有研究表明城镇化会对文化生态系统服务做出积极贡献（Wang *et al.*，2021），但是城镇化过程中土地利用类型的改变及不合理的人类活动会降低部分生态系统服务，并且可能会造成生态系统供给与支持、调节服务之间的权衡。全球可持续性发展所面临的挑战在很大程度上取决于城镇化进程（Sun *et al.*，2018）。在过去的半个世纪里，全球60%的生态系统服务功能因城镇化而退化。国内外大量学者围绕生态系统服务关系及其时空演变开展了多项研究，通过对长时间序列的权衡协同关系变化的分析，可以解析生态系统服务关系的演变规律，从而对未来生态系统服务关系的变化趋势进行预判。在空间格局上对生态系统服务权衡与协同关系的分析，能够探索区域空间一致性与局部差异性，有助于进行合理的功能分区，优化空间布局（冯漪等，2022）。例如，孙泽祥等（2016）以正在经历快速城市化的呼包鄂榆干燥地区为例，在城市群、区域和城市三个尺度上，对研究区2010年的粮食生产、肉类生产、产水量、土壤保持和固碳五种关键生态系统服务进行量化评估，并利用相关

分析法对五种服务之间的权衡关系进行了分析。税伟等（2019）估算了闽三角城市群的保水服务、保土服务、净初级生产力和食物供给四种生态系统服务功能，使用空间分析和空间统计等方法分析其时空动态变化与相互之间的权衡/协同关系，并在不同情景下模拟了 2030 年生态系统服务的空间分布和权衡关系。王世豪等（2020）基于 2000—2015 年粤港澳大湾区生态系统宏观格局的变化，分析了大湾区生态系统生产力、水源涵养、土壤保持服务的时空演化特征，进而探讨了供给与调节服务之间的权衡与协同关系。陈华香（2020）以闽三角城市群为研究区域，分析了 2000—2015 年生态系统服务权衡的类型特征、时空格局变化，通过设置自然、规划和生态三种情景，模拟 2035 年城市群的土地利用变化，进而探讨了 2015—2035 年间潜在的生态系统服务权衡趋势。张宇硕（2021）以京津冀城市群为例，对多尺度的生态系统服务时空格局、时空变化、权衡关系进行了量化分析，并对土地利用/覆被变化、社会发展、经济增长等对生态系统服务的影响进行了综合分析。于媛、韩玲等人（2021）基于多源遥感数据，结合 InVEST 模型及权衡协同度模型，分析了哈长城市群 2000 年、2010 年、2015 年的土地覆被变化，并评估了土壤保持、碳储量及产水量三种生态系统服务的时空分布及其权衡/协同关系。林媚珍等（2021）以粤港澳大湾区为研究区域，利用 InVEST 模型对粤港澳大湾区 1995—2018 年产水、固碳、土壤保持、食物供给四项生态系统服务进行了评估，设定历史趋势情景、规划情景和生态保护情景，借助 GeoSOS-FLUS 模型，对 2030 年生态系统服务情景进行分析，探讨了各种生态系统服务之间的权衡/协同关系。

结合国内外学者的研究成果可知，准确识别和科学量化生态系统服务之间的关系，是有效管理生态系统的基础。在生态系统服务权衡关系研究中，常用的方法是统计学分析（Gong *et al.*，2019；Tian *et al.*，2016）与空间制图分析（Castro *et al.*，2014）。此外，集成建模分析不仅可以量化生态系统服务权衡关系的时空变化，还能够厘清人类社会与生态系统之间的复杂相互作用。近年来，学者们开始探求用耦合模型模拟生态系统服务权衡情景，如运用 Logistic-CA-Markov 耦合模型，设置自然情景、规划情景和保护情景，模拟和估算了闽三角城市群 2030 年保水、保土、固碳和食物供给四种关键的生态系统服务功能及权衡关系，研究结果有助于优化未来生态系统服务管理（税伟等，2019）。多种模型的耦合提高了对生态系统服务时空动态演变和模拟预测的分析能力，对区域的生态安全协同联动管理，以及促进社会经济可持续发展具有重要意义。

三、城市生态用地及其优化研究进展

生态用地是城市复合生态系统的重要组成部分，是城市生态系统和生态服务功能的空间承载体，是城市生态环境质量好坏的"晴雨表"，对于保护生态系统完整性、维持城市可持续发展具有重要作用（喻锋等，2015）。生态用地具有重要的生态系统服务功能，能够产生巨大的生态效益。生态用地不但包括农业用地、草地、林地、水域湿地，而且包括具有潜在生态服务功能的未利用土地，其能够通过提供气候调节、维持生物多样性等方式，直接或间接地改良区域或全球的生态环境和人地关系。由于其庞大的生态系统服务功能支撑着全球的生命系统，而一直都是国内外研究的热点问题（Grondin et al.，2014）。然而，由于国外没有严格意义上的生态用地概念，国内学者对其界定标准也一直存在分歧，生态用地的深入研究和精细化管理遇到瓶颈（欧阳志云等，2015）。在国内，早期生态用地的研究主要集中在城市区域，以生态用地内涵揭示和分类为主要研究内容，后逐渐扩展到生态用地评价及演化机制、服务功能价值测算和生态用地需求量测算研究（费建波等，2019）。近年来，大量学者基于生态用地演变规律和驱动力分析，开展了城市化区域生态用地优化方面的研究。例如，李明玉等（2016）以延龙图地区为例，从生态服务功能、景观生态空间格局及生态敏感性三方面选取指标，对延龙图地区城市生态用地的生态重要性进行空间识别，以期为延龙图地区的土地利用规划和生态用地优化提供数据支撑和科学依据。王惠明（2016）以长株潭核心区为研究对象，基于三期遥感数据，分析了土地利用结构变化、空间动态演变以及空间格局变化，借助 CLUE-S 模型，模拟多情景目标下 2020 年的土地利用变化情况，通过对比分析几种情景，优化了生态用地空间格局。蒋五一（2019）以特大城市上海为例，基于宏观尺度、中观尺度和微观尺度，分析了 1990—2018 年上海市生态用地的时空格局变化，基于 InVEST 模型对表征固碳服务、生境质量、水源涵养、水土保持等功能的指标进行评价，并进行了全域生态系统服务功能的重要性分级，从市域、镇域和社区三个层面进行规划管理体系建构，为特大城市在多个尺度上构建生态用地规划管理技术提供了一种可行的研究案例。刘金雅等（2020）选取京津冀城市群的林地、草地和水域三种重要生态用地作为研究对象，基于变化轨迹分析方法识别了土地利用变化的时空动态演变规律，并用空间自相关分析探讨了不同尺度上三种重要生态用地流失的空间自相关格局，找出生态用地流失的高发区，提出针对性的保护建议，以期为京津冀城市群土地资源的合理配置提供依据。党雪薇（2021）以关中平原城市群为研究区域，基于 1990—2018 年土地利用数据，分析了城镇扩张对各类生态用地的直接影响，综合运用元胞自动机、最小累积阻力、马尔科夫链等模型方法，设计情景方案，对 2030 年的土地利用变化进行模拟优化，提出未来城市群空间优化建议。范少华（2021）以北部湾城市群为研究对象，分别对生态用地与热岛效应进行了 19 年跨度的数据分析，研究了生态用地的变化趋势与热岛效应的相关性，基于最小累积阻力模型，构建了生态用地降温扩张缓冲区、降温廊道和降温战略节点等空间格局，提出以生态源地为中心的源地-廊道-节点布局模式，以此优化生态用地整体结构。

　　各类生态用地数量结构是否合理、空间布局是否最优，影响着生态用地所提供的生态功能能否满足区域生态安全的要求。生态用地优化过程是在区域生态用地识别的基础上优化生态用地的数量结构及空间格局，以实现区域生态用地的优化配置。国外虽然没有对生态用地这一土地利用属性的优化配置进行专门研究，但在其他土地利用类型的模拟优化上有较深入的探索。1994 年荷兰瓦赫宁根大学提出了用于土地利用变化模拟的 CLUE 模型；在此基础上，费尔堡等人（Verburg et al.，2004）提出了改进后的 CLUE-S 模型，该模型首次将社会经济驱动因子融入空间优化过程中，定量分析了人类活动与土地利用之间的相关关系。随着技术的发展，智能算法开始在土地利用优化配置领域大放异彩。陈略峰等人（Chen et al.，2021）针对空间规划这类多目标非线性优化问题，提出了一种基于种群随机化的多目标遗传算法，并证明了算法的有效性。埃瑟林顿（Etherington，2016）在最小阻力模型概念的基础上使用最低成本建模，阐述了最小阻力模型在当前景观生态学中的应用。洛西里等人（Losiri et al.，2016）以耦合元胞自动机-马尔科夫链-多层感知器构建了城市扩张模型，并以此模拟了曼谷的城市扩张过程。田光进等人（Tian et al.，2016）以天津市为例，采用元胞自动机与多智能体系统模型相结合的方法，模拟了区域尺度上的城市扩张及其侵占其他用地的时空动态演变过程。随着"3S"技术和空间建模技术的广泛应用，国内学者开始用景观生态学源地-廊道-基质的观点开展生态用地优化布局研究。近年来，SD模型、多智能体模型等土地利用模拟模型的引入，不仅可以方便地动态显示区域生态用地的演变过程，而且可用来模拟不同情景下区域生态用地未来的空间变化趋势，如王梓洋等（2021）基于多智能体模型，利用Netlogo软件实现了2025年多情景下兰州市城镇用地扩张模拟，为兰州市的国土空间规划和生态环境布局优化提供了决策支持。

第四节　研究目标与内容

一、研究目标

本书对最小生态用地进行提取，不仅为我国生态用地保护研究提供新的案例，也为图们江地区重要节点城市土地利用生态规划提供理论基础、数据支撑和科学依据，有利于维护研究区的生态安全，对延边州国家生态文明先行示范区建设和图们江地区重要节点城市绿色转型发展引领区建设起到积极推动作用。本书将逻辑回归模型与地理信息系统相结合，模拟图们江地区重要节点城市2025—2035年城市生态用地的空间格局状态，并结合生态重要程度空间布局进行模拟优化。建立以生态用地保护为目标的景观安全格局，可为图们江地区重要节点城市今后的土地利用规划管理提供科学依据和借鉴，有助于城市的生态安全环境保护和可持续发展。以生态敏感性、生态系统服务功能的分析结果为基础，分析图们江地区重要节点城市生态系统的重要性分布格局，主要把图们江地区重要节点城市生态系统分为极重要区、高度重要区，探索图们江地区重要节点城市的生态系统现状；在空间分布方面，图们江地区重要节点城市生态系统的重要性还存在着较大差异。要从驱动力指数、压力指数、状态指数、影响指数和响应指数这五个因子里所有具体的不同指标入手，系统地探究延边州生态系统胁迫变化原因以及生态环境的变化情况。

二、研究内容

随着经济的发展，全球范围内的城市数量在快速增加，城市人口数量急速增长，同时促使城市用地规模不断扩大，这必然要求城市更多地向自然空间扩张。伴随着大量的生态用地消失，区域生态环境遭受了严重破坏。本书主要研究内容如下：

（1）选取研究指标。对理查德·福尔曼（Richard Forman）的"集中与分散"景观规划思想进行详细剖析，结合延龙图地区生态系统特点，确立符合本研究的指标评价体系。从景观组分、生态系统服务功能和景观格局三个方面选取用地类型、水源涵养、生物多样性保护、种子斑块等七个指标，生成相应的专题图，最终得到延龙图地区生态用地综合评价专题图。专题图赋值标准统一为 1—5 五个级别，这五个级别分别对应低、较低、中等、较高和高。根据延龙图地区生态用地综合评价得分，由低到高依次提取出生态用地占总用地面积的 30%、40%、50%、60%的生态用地分布图，根据"集中与分散"思想并与其他城市进行比较，对延龙图地区最小生态用地进行多尺度分析，最后根据最小生态用地的分布特点提出用地保护的相应建议。

（2）进行驱动力分析。探索延龙图地区城市生态用地不同重要性程度区域，制定相应的保护方案，并且针对生态用地不同重要性程度进行模拟优化，构建合理的生态用地空间格局，这对实施可持续发展战略具有重要的理论和实践意义。首先，从数量、形状、连通性、可达性、镶嵌度、空间分布性六个方面，选取十八个指标建立延龙图地区城市生态用地评价指标体系；对延吉市 1990 年、2005 年、2014 年城市生态用地进行回顾性评价，对龙井市 2014 年和图们市 2014 年城市生态用地进行现状评价。其次，从生态服务功能、水资源安全、景观空间格局、生态敏感性四个方面，选取六个指标建立延龙图地区城市生态用地重要性评价指标体系，明确各生态用地类型的重要性程度，并建立相应的保护方案。

（3）开展生态用地的保护研究。首先借鉴国内外对生态用地内涵及分类的相关研究，并参考现行的国土资源管理的用地分类标准，将延龙图地区生态用地分为林地、水域、园地、绿地、耕地、其他生态用地六个一级类，并细分为十八个二级类。其次借助 Fragstats 4.2 软件计算延龙图地区各生态用地景观格局指数，对延龙图地区生态用地进行景观格局分析，在此基础上揭示延龙图地区生态用地存在的问题。最后，基于构建的景观安全格局，分别从生态"源地"、不同水平安全格局、生态廊道、辐射道、生态节点五个方面对延龙图地区生态用地进行了保护研究，并提出相应的保护措施。

（4）生态系统具有为人类的生存以及社会经济的发展提供所需资源等多方面的功能，是人类社会经济可持续发展的基础。随着我国城市化进程的加速，在城市经济发展的同时，人们干预自然的能力也不断增强，导致生态环境遭受破坏，生态系统自身的协调能力逐渐下降，既威胁了人类的生存，又制约着社会经济的发展。以延龙图地区为研究区域，以生态环境目前的状况作为评价基础，在生态敏感性和生态系统服务功能的分析结果上，对延龙图地区的生态系统重要性进行分析，明确各重要性分区的空间格局状况，结合现存的问题，提出对未来发展的规划建议。

（5）对延边州各县市的生态系统胁迫进行分析。通过观察分析生态胁迫指标因子的时空格局状况，做出合理的规划并提出适当的建议，为延边州地区生态环境保护和经济建设决策提供重要科学依据。首先以延边州生态系统胁迫评估为目标，以土地利用变化和社会经济因素为基础，把生态系统胁迫作为衡量生态系统的重要指标，基于 DPSIR 模型，结合延边州的自然、人文和社会等特征，选取十七个代表延边州生态系统驱动力、压力、状态、影响、响应五方面因素的胁迫指标，建立延边州生态系统胁迫指标体系；详细地对每一个指标因子的数值做具体的动态变化特征分析，并根据延边州的实际情况，探究产生变化的原因。其次采用主成分分析法，综合评价各县市、不同时段生态系统胁迫的相对大小，从时间维度和空间维度对延边州不同年份、不同县市的生态系统胁迫程度进行详细具体的描述，综合分析延边州各县市的生态系统胁迫程度，合理规划城市发展并改善生态环境，以期实现区域的可持续发展，为政府和相关部门机构提供有价值的生态环境建设方案。最后利用综合指数法，从 DPSIR 模型的五项因子的角度，在驱动力指数、压力指数、状态指数、影响指数和响应指数五个方面对延边州生态环境进行分析，并通过熵值法确定各项指标的权重大小，综合计算五项因子指数，具体解析不同指标所带来的影响。

（6）通过研究 1996 年、2006 年和 2016 年延边州各县市的土地利用变化及其空间特征，采用模型模拟延边州食物生产、净初级生产力、土壤保持和生境质量四种生态系统服务；更深一步地对土地利用变化和生态系统服务的相互关系进行探讨，结合 CA-Markov 模型模拟预测 2050 年三种情景下的土地利用格局；最后通过生态系统服务权衡度来进一步探究三种情景下的生态系统服务权衡与协同效应，从而探索最佳土地利用模式，为延边州的区域生态安全与可持续性发展提供科学的建议和参考。

第二章 图们江快速城市化地区生态安全评价与预警

随着社会经济的快速发展，我国的城市化水平快速增长。人们在享受快速城市化带来的舒适和便利的同时，也不得不面对随之而来的一系列城市生态环境问题，如严重的大气污染、水体污染、固体垃圾污染、生物多样性减少等。这些城市问题已经严重威胁到城市的生态安全，为此国家颁布了一系列城镇生态规划措施，众多城市也在各项发展规划中加强了生态规划的比例，以期保障规划实施的生态安全。围绕图们江地区快速城市化发展过程中存在的严重生态环境问题，以及在城市规划编制阶段可能会忽略的一些潜在的生态问题和隐患，有针对性地开展城市生态安全的研究，对实现图们江地区城市可持续发展及完善城市规划将起到重要而积极的作用。开展城市生态安全评价与预警研究，是我国快速城市化发展中保障城市生态安全的客观要求，有助于促进城市健康发展，为人们提供良好的城市生态环境。

延吉市作为图们江地区的快速城市化区域，是吉林省东部最大的中心城市，是以工业、商贸业、旅游业为主的具有民族特色的边疆开放城市，是东北亚经济圈中图们江流域"大三角"的三个支点城市（俄罗斯的符拉迪沃斯托克、朝鲜的清津、中国的延吉）之一。延吉市地理位置的特殊性和重要性决定了其独特的地位，然而作为支撑延吉市发展的生态环境受到城市化进程、旅游业发展和基础设施建设等人类活动的影响，遭到一定程度的破坏，导致生态环境结构发生一系列的变化。鉴于此，基于可持续生存与发展的需要，系统分析延吉市生态安全的现状，客观合理地开展延吉市生态安全评价及其预警研究，有利于促进图们江地区城市的生态与经济、社会的协调发展，对制订生态调控方案、构建生态安全格局、落实可持续发展战略和振兴东北计划等都具有重要的意义。

第一节　城市生态安全评价指标体系构建

生态环境作为一个复合系统，拥有庞大的组织结构、能量流及动态流，只有建立覆盖面广、信息量大的指标体系，才能更好地反映其生态安全状况。区域差异决定了反映区域生态安全的指标也应有所不同，这种差异只有通过生态系统的"个性"来体现。本章从逆向角度出发关注生态不安全状态，导致不安全状态产生的各种外部影响因素，以及它们之间的因果互动演变关系。本章用到的主要数据为延吉市 2006—2013 年的各项统计指标数据，数据主要来源于搜数网、延吉市国民经济和社会发展统计公报以及延吉市环保局等。

一、指标体系选取原则

生态安全指标体系的选取将遵循以下五个原则：

（1）科学性。指标体系应建立在指标选取、测定方法、数据获取等每个步骤都是科学、合理的基础之上，从而使构建的评价系统模型科学、选取合理、层次分明。只有这样所建立的指标评价体系才能更准确地度量和反映延吉市生态安全状况及发展趋势。

（2）可操作性。为了更好地把指标应用到实践中，指标的定量化数据应易于获取和更新，确保数据收集和加工处理的有效性和代表性。选择的指标须充分考虑实用、可行并且具有较高的可操作性。指标及其权重的确定应充分体现与生态安全评价目标相一致。

（3）综合性。生态环境是由一系列相互联系、相互影响、相互制约的因素组成的复合系统。指标选取时须统筹考虑各因素，选取的指标尽可能全面、客观、准确地反映生态环境的整体性和综合性。

（4）针对性。生态安全评价以说明问题为目的，指标的选取应有针对性，以突出重点、揭露问题本质为主，无须面面俱到，指标繁多反而易顾此失彼。评价指标要尽可能地少而精，评价方法要尽可能地简练、有效，保证数据收集和加工处理的有效性和合理性。

（5）完整性。评价指标选取时应进行综合划分，并全面反映延吉市生态安全的主要特征和发展状况，并使评价目标与指标体系有机结合起来，从而使评价更加科学、合理。

二、指标体系构建

基于生态安全的定义，逆向关注生态不安全状态及导致其产生的因素，主要有外部驱动（EXD）、压力（P）及调控（R），把水、大气、土地、生物作为生态系统的四个子系统，综合分析在这些因素作用下的自然生态安全特征，从而建立基于自然生态安全的 S-PRD 模型（生态不安全状态-压力-调控-外部驱动模型）（图 2–1）。其中，生态脆弱性是指生态系统自身的脆弱性或敏感性，易受到外部干扰的影响。而生态服务功能不安全性是由于生态脆弱性，生态系统的服务功能（如水系统、土地系统、大气系统、生物系统）变得不稳定或不安全。生态安全概念模型展示了生态脆弱性如何导致生态服务功能的不安全性，而外部驱动因素通过增加压力进一步加剧了这种不安全性。调控机制则在一定程度上可以缓解这些压力，形成一个动态的反馈循环。

根据生态安全概念模型，生态不安全这一结果由以下三个要素相互作用产生：①来自社会经济系统对自然系统的压力（P），主要包括环境污染、生态破坏以及资源的不合理利用，它是导致生态不安全产生的主要原因；②来自社会经济对自然生态不安全问题的调控（R），主要包括环境污染治理、生态修复和资源管理，它对生态安全状态起反馈作用；③社会经济系统自身发展过程中的人口增长、土地利用变化和经济发展的外部驱动（EXD）。

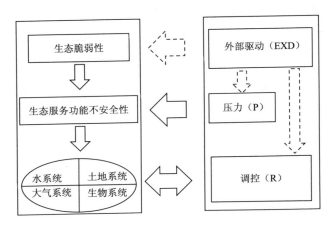

图 2-1   生态安全概念模型

本研究以水、大气、土地、生物四大圈层子系统为基础构建生态安全评价系统，基于 S-PRD 概念模型开展对四大系统的机理分析，综合分析生态系统的脆弱性状态，以及社会经济系统生态服务功能的不安全性、生态环境胁迫、人类社会对生态安全问题的调控措施、社会经济发展的外部驱动，以及由这些要素相互作用构成的生态安全系统特征，进而建立延吉市生态安全评价模型（图 2-2）。

为了解决指标信息完备性和计算简化性两者之间的矛盾，采用相关分析工具对部分指标进行剔除处理。剔除原则如下：为保证信息的相对完备性，仅对指标数大于等于 4 个的要素层指标进行剔除；定义双侧检验显著水平在 0.01 水平的指标为重复指标，结合定性分析对其进行剔除；指标相关性在 0.95 以上的指标结合剔除数量综合考虑。各要素相关分析见表 2-1 至表 2-5。

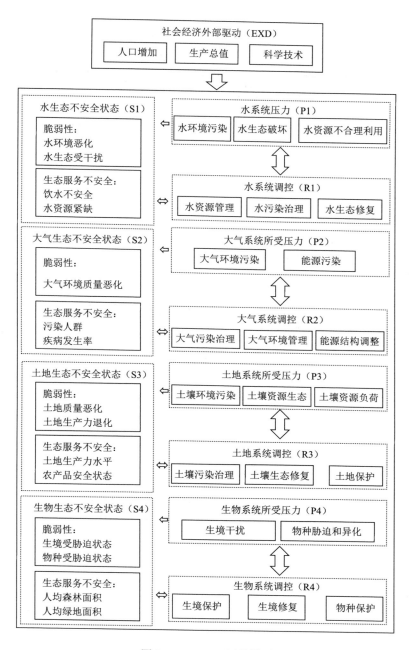

图 2–2 S-PRD 评价模型

表 2–1　水压力（P1）要素指标相关关系矩阵

	p1	p2	p3	p4	p5	p6	p7
p1	1	0.314 1	0.020	0.815*	−0.802*	0.314	−0.177
p2			−0.885**	0.545	−0.719	1.000**	0.398
p3			1	−0.112	0.511	−0.885**	−0.327
p4				1	−0.701	0.545	0.095
p5					1	−0.719	−0.161
p6						1	0.398
p7							1

注："*"代表显著性水平在 0.05 水平（双侧检验），"**"代表显著性水平在 0.01 水平（双侧检验），下同。

表 2–2　大气压力（P2）要素指标相关关系矩阵

	p8	p9	p10	p11	p12	p13
p8	1	0.638 1	−0.392	0.570	−0.474	−0.543
p9			−0.922**	0.990**	−0.897**	−0.197
p10			1	−0.930**	0.786*	−0.083
p11				1	−0.925**	−0.230
p12					1	0.297
p13						1

表 2–3　大气调控（R2）要素指标相关关系矩阵

	r4	r5	r6	r7	r8
r4	1	0.571	0.836*	0.970**	−0.917**
r5		1	0.589	0.683	−0.251
r6			1	0.883**	−0.813*
r7				1	−0.835*
r8					1

表 2-4 土地调控（R3）要素指标相关关系矩阵

	r9	r10	r11	r12	r13	r14
r9	1	−0.699 1	0.744	−0.747	0.783*	0.076
r10			−0.398	0.178	−0.433	0.284
r11			1	−0.876**	0.993**	0.274
r12				1	−0.883**	−0.467
r13					1	0.306
r14						1

表 2-5 外部驱动（EXD）要素指标相关关系矩阵

	d1	d2	d3	d4	d5	d6	d7
d1	1	0.481	0.878**	0.894**	0.901**	0.886**	0.881**
d2			0.202	0.264	0.269	0.495	0.688
d3			1	0.996**	0.990**	0.900**	0.660
d4				1	0.989**	0.918**	0.674
d5					1	0.930**	0.701
d6						1	0.813*
d7							1

最终建立一个包含 3 个层次（系统层、要素层、指标层）、50 项指标（13 项不安全状态指标、16 项压力指标、15 项调控指标、6 项外部驱动指标）的延吉市生态安全评价指标体系（表 2-6）。

表 2-6 延吉市生态安全评价指标体系

生态系统	生态安全要素及内涵	指标层	
水	生态不安全状态（S1）	主要地表水体及海域水质超标所反映的水系统脆弱性	集中式饮用水源地水质达标率（%）	s1
			生活用水量（万吨）	s2
			水域面积（km²）	s3

续表

生态系统	生态安全要素及内涵		指标层	
水	压力（P1）	水环境污染（主要水污染源的废水排放量及主要污染物排放量），水资源不合理利用	工业废水中化学耗氧量排放量（万吨）	p1
			万元工业增加值废水排放强度（t/万元）	p2
			城镇生活污水中化学需氧量产生量（t）	p3
			城镇生活污水中氨氮排放量（t）	p4
			城市污水排放量（万吨/日）	p5
			人均日生活用水量（L）	p7
	调控（R1）	水污染治理	工业废水排放达标率（%）	r1
			生活污水集中处理率（%）	r2
			污水处理率（%）	r3
大气	生态不安全状态（S2）	综合污染情况	API 指数≤100 的天数占全年天数比例（%）	s4
			二氧化硫浓度年均值（mg/m³）	s5
			二氧化氮浓度年均值（mg/m³）	s6
	压力（P2）	主要大气污染物排放	工业二氧化硫排放量（万吨）	p8
			工业烟尘排放量（万吨）	p9
			工业废气排放总量（万标/m³）	p10
			生活及其他烟尘排放量（t）	p11
			可吸入颗粒物浓度年平均值（mg/m³）	p13
	调控（R2）	大气污染治理	工业烟尘达标排放率（%）	r4
			环境噪声达标区覆盖率（%）	r5
			烟尘控制区覆盖率（%）	r6
			清洁能源使用率（%）	r8
土地	生态不安全状态（S3）	土地脆弱性	年降水量（mm）	s7
			年内最大降水量（mm）	s8
		土地生产力水平	耕地未有效灌溉面积比例（%）	s9
			旱涝保收面积（km²）	s10

续表

生态系统	生态安全要素及内涵		指标层	
土地	压力（P3）	土壤污染	农业化肥施用量（t/km²）	p14
			农药总施用强度（t/km²）	p15
		土地资源负荷	人口密度（人/km²）	p16
			城市建设用地面积（km²）	p17
	调控（R3）	土地污染治理	工业固体废物处置利用率（%）	r9
			生活垃圾无害化处理率（%）	r10
			医疗危险废物处置率（%）	r11
			环境污染治理本年完成投资总额（亿元）	r12
		耕地保护	当年增加耕地面积（km²）	r14
生物	生态不安全状态（S4）	生境脆弱性	森林覆盖率（%）	s11
			建成区绿化覆盖率（%）	s12
		生态服务	人均公共绿地面积（m²）	s13
	压力（P4）	生境干扰	水产品产量（t）	p18
	调控（R4）	生境保护	自然保护区面积（km²）	r15
			公园面积（km²）	r16
		生境恢复	退耕还林还草占地（km²）	r17
社会经济系统	外部驱动（EXD）	人口	总人口数（人）	d1
			恩格尔系数（%）	d2
		生产总值	国内生产总值（亿元）	d3
			规模以上工业总产值（亿元）	d4
		科学技术	科学技术支出（亿元）	d6
			图书馆图书总藏量（千册）	d7

第二节　城市生态安全动态回顾评价

基于 S-PRD 模型，结合延吉市生态安全的实际状况，利用 UNES（urban

natural ecological security）指标 2006—2013 年数据，通过构造 UNES 分要素指数，分析和评价延吉市 2006—2013 年生态安全动态演变特征；利用灰关联矩阵分析方法对延吉市 UNES 进行回顾性灰关联评价，探究影响延吉市 2006—2013 年生态安全的关键要素；构建灰敏感度评价模型，开展回顾性灰敏感评价，找出 2006—2013 年影响延吉市生态安全的关键指标。

生态安全动态回顾评价主要是通过对生态不安全状态、压力、调控和外部驱动多年的年际变化趋势、互动影响关系以及各要素内部指标对要素指数的敏感程度进行分析，从而得到生态安全动态演变规律以及关键影响因素。

一、城市生态安全回顾评价

由于权重的大小直接决定评价结果，指标权重数值的变动影响评价对象的优劣顺序，这就使科学、合理、客观确定指标权重显得尤为重要。为更好地考察系统内部之间各要素的相互影响，本研究选取客观赋权法中的两种方法——熵值法和变异系数法取平均值对指标进行赋权。指标权重结果见表 2-7。

进行生态安全评价与分析，需要构造生态安全 UNES 各分要素综合指数，分要素指数计算方式为：

$$y_j = \sum_{i=1}^{n} a_{ij} X_{ij} \qquad (2\text{--}1)$$

其中

$$X_{ij} = \frac{x_{ij}}{\sqrt{\dfrac{1}{n-1}\sum_{i=1}^{n}\left(x_{ij} - \bar{x}_{ij}\right)^2}} \left(j = 1, 2, \cdots, m\right) \qquad (2\text{--}2)$$

式中，y_j 为生态系统第 j 个分要素指数值；a_{ij} 为第 i 个分要素第 j 个指标的权重；X_{ij} 为第 j 个分要素第 i 个指标的指标值；x_{ij} 为第 j 个分要素第 i 个指标的原始数据；$\bar{x}_{ij}$ 为第 j 个分要素第 i 个指标的多年平均值；n 为第 j 个分要素所含指标数；m 为要素个数。

表 2–7　延吉市生态安全评价指标权重

指标	熵值法	变异系数	综合权重	指标	熵值法	变异系数	综合权重	指标	熵值法	变异系数	综合权重
s1	0.008 4	0.026 8	0.017 6	p5	0.017 9	0.004 9	0.011 4	r6	0.023 0	0.005 2	0.014 1
s2	0.024 0	0.007 9	0.015 9	p7	0.024 5	0.006 6	0.015 6	r8	0.060 6	0.002 0	0.031 3
s3	0.015 4	0.010 2	0.012 8	p8	0.017 9	0.039 9	0.028 9	r9	0.009 0	0.002 2	0.005 6
s4	0.013 3	0.002 9	0.008 1	p9	0.015 6	0.074 5	0.045 0	r10	0.019 7	0.005 7	0.012 7
s5	0.009 5	0.017 3	0.013 4	p10	0.025 7	0.101 0	0.063 4	r11	0.029 8	0.002 0	0.015 9
s6	0.022 0	0.006 4	0.014 2	p11	0.017 5	0.040 0	0.028 8	r12	0.024 2	0.028 7	0.026 5
s7	0.013 1	0.019 0	0.016 0	p13	0.009 9	0.010 1	0.010 0	r14	0.016 0	0.038 3	0.027 2
s8	0.010 0	0.026 3	0.023 1	p14	0.064 6	0.026 7	0.045 7	r15	0.023 7	0.003 1	0.013 4
s9	0.052 1	0.025 3	0.038 7	p15	0.013 6	0.004 2	0.008 9	r16	0.010 3	0.002 4	0.006 3
s10	0.008 3	0.019 6	0.013 9	p16	0.014 1	0.003 8	0.009 0	r17	0.012 9	0.037 0	0.024 9
s11	0.010 8	0.006 9	0.008 9	p17	0.057 7	0.002 8	0.030 3	d1	0.035 2	0.006 1	0.020 7
s12	0.013 6	0.014 9	0.014 2	p18	0.026 9	0.013 8	0.020 4	d2	0.022 3	0.005 2	0.013 7
s13	0.014 9	0.021 4	0.018 1	r1	0.009 6	0.003 0	0.006 3	d3	0.018 8	0.032 9	0.025 8
p1	0.020 4	0.051 1	0.035 7	r2	0.010 0	0.006 2	0.008 1	d4	0.016 9	0.031 4	0.024 1
p2	0.018 2	0.042 3	0.030 3	r3	0.010 4	0.032 8	0.021 6	d6	0.016 7	0.034 9	0.025 8
p3	0.013 3	0.008 4	0.010 8	r4	0.010 1	0.003 0	0.006 5	d7	0.010 2	0.007 1	0.008 6
p4	0.029 2	0.049 5	0.039 4	r5	0.008 3	0.016 5	0.012 4				

由于四大系统的生态安全水平对整体生态系统来说同样重要，因此，对四大系统赋予同样权重。构造 UNES 综合指数，公式如下：

$$Z_k = \frac{1}{4}\sum_{s=1}^{4} y_{sk} (k=1,2,3) \qquad (2\text{–}3)$$

式中，Z_k 为第 k 个 UNES 综合指数值；y_{sk} 为第 s 个子系统的第 k 个分要素指数值。依据以下图表（图 2–3 至图 2–7 和表 2–8），分别对延吉市 UNES 分要素指数动态演变趋势进行回顾评价：

水系统生态不安全状态评价值在 2006—2010 年处于持续恶化状态，而 2011—2013 年则处于缓慢改善阶段。评价值在 0.265 8—0.347 1 波动，对应

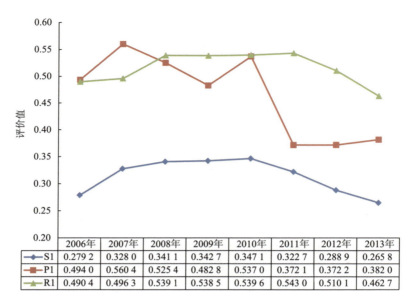

	2006年	2007年	2008年	2009年	2010年	2011年	2012年	2013年
S1	0.279 2	0.328 0	0.341 1	0.342 7	0.347 1	0.322 7	0.288 9	0.265 8
P1	0.494 0	0.560 4	0.525 4	0.482 8	0.537 0	0.372 1	0.372 2	0.382 0
R1	0.490 4	0.496 3	0.539 1	0.538 5	0.539 6	0.543 0	0.510 1	0.462 7

图 2–3　水系统生态安全分要素评价值（2006—2013 年）

年份分别是 2013 年和 2010 年。变化幅度最大的年份是 2006—2007 年，高达 17.48%；变化幅度最小的年份是 2008—2009 年，为 0.47%。水系统所受压力评价值在整个研究期内波动下降，评价值在 0.372 1—0.560 4 波动，年际变化绝对值和变化幅度都最大；水系统调控评价值在 2006—2011 年总体处于上升阶段，后两年则处于下降阶段，评价值在 0.462 7—0.543 波动，年际变化绝对值和变化幅度都较小。

大气系统生态不安全状态评价值在整个研究期呈波动下降状态，分别在 2007 年、2011 年有两个不显著的波谷，谷值分别是 0.432 7 和 0.437 7。评价值在 0.424 9—0.481 5 波动，对应的年份分别是 2013 年和 2006 年。变化幅度最大的年份是 2012—2013 年，高达 10.26%；变化幅度最小的年份是 2009—2010 年，为 0.15%。大气压力评价值在 2006—2011 年呈明显上升态势，而在 2011—2013 年则缓慢下降。评价值在 0.188 7—0.436 0 波动，2010—2011 年的年际变化幅度和变化绝对值最大，分别是 52.07%和 0.149 0。大气调控评价值处于绝对高位状态，始终围绕 1.7 上下波动。

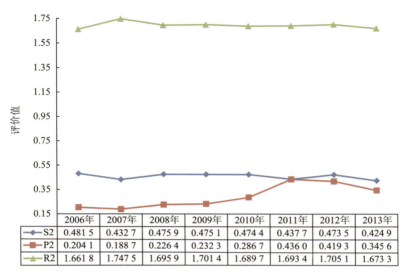

图 2-4 大气系统生态安全分要素评价值（2006—2013 年）

	2006年	2007年	2008年	2009年	2010年	2011年	2012年	2013年
S2	0.481 5	0.432 7	0.475 9	0.475 1	0.474 4	0.437 7	0.473 5	0.424 9
P2	0.204 1	0.188 7	0.226 4	0.232 3	0.286 7	0.436 0	0.419 3	0.345 6
R2	1.661 8	1.747 5	1.695 9	1.701 4	1.689 7	1.693 4	1.705 1	1.673 3

　　土地系统生态不安全状态评价值总体处于波动上升趋势：2006—2007 年基本保持恒定，2007 年后形成三个波动周期（一年不安全状态恶化，下一年又有所缓解）。安全值在 0.221 6—0.376 2 上下波动，对应的年份分别是 2007 年和 2010 年。变化幅度最大的年份是 2007—2008 年，高达 41.2%，最小年份是 2006—2007 年，为 1.82%。土地压力评价值亦呈波动上升趋势，评价值在 1.242 8—1.436 0 波动，对应年份分别是 2006 年和 2012 年。土地调控评价值基本保持稳定，评价值在 1.081 7—1.201 9 波动，趋势线起伏不大，年际变化绝对值和变化幅度最小。

　　生物系统生态不安全状态总体呈现逐步恶化。评价值在 0.203 3—0.265 2 波动，极小值和极大值对应的年份分别是 2006 年和 2011 年。年际变化幅度最大的年份是 2007—2008 年，为 14.39%。年际变化幅度最小的年份是 2009—2010 年，为 0.77%。压力评价值总体趋向稳定，在 0.098 8—0.164 3 波动，最值对应的年份分别是 2006 年和 2012 年。调控力度评价值始终处于高位并呈波动上升趋势。评价值在 0.545 5—0.642 3 波动，最值对应的年份分别是 2006 年和 2012 年。

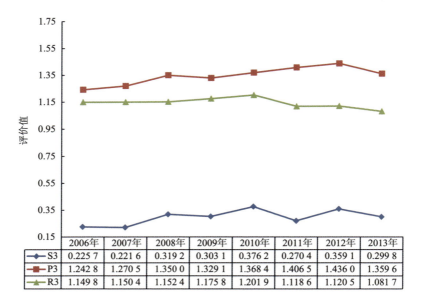

	2006年	2007年	2008年	2009年	2010年	2011年	2012年	2013年
◆ S3	0.225 7	0.221 6	0.319 2	0.303 1	0.376 2	0.270 4	0.359 1	0.299 8
■ P3	1.242 8	1.270 5	1.350 0	1.329 1	1.368 4	1.406 5	1.436 0	1.359 6
▲ R3	1.149 8	1.150 4	1.152 4	1.175 8	1.201 9	1.118 6	1.120 5	1.081 7

图 2-5　土地系统生态安全分要素评价值（2006—2013 年）

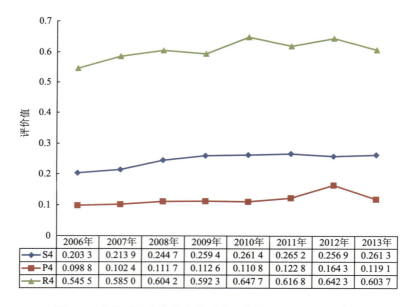

	2006年	2007年	2008年	2009年	2010年	2011年	2012年	2013年
◆ S4	0.203 3	0.213 9	0.244 7	0.259 4	0.261 4	0.265 2	0.256 9	0.261 3
■ P4	0.098 8	0.102 4	0.111 7	0.112 6	0.110 8	0.122 8	0.164 3	0.119 1
▲ R4	0.545 5	0.585 0	0.604 2	0.592 3	0.647 7	0.616 8	0.642 3	0.603 7

图 2-6　生物系统生态安全分要素评价值（2006—2013 年）

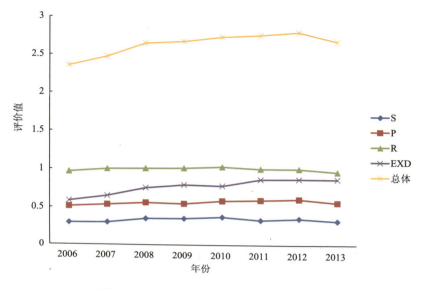

图 2-7　生态安全评价值（2006—2013 年）

表 2-8　生态安全评价值（2006—2013 年）

	2006 年	2007 年	2008 年	2009 年	2010 年	2011 年	2012 年	2013 年
S	0.297 4	0.299 1	0.345 2	0.345 1	0.364 8	0.324 0	0.344 6	0.313 0
P	0.509 9	0.530 5	0.553 4	0.539 2	0.575 7	0.584 4	0.598 0	0.551 6
R	0.961 9	0.994 8	0.997 9	1.002 0	1.019 7	0.993 0	0.994 5	0.955 4
EXD	0.583 0	0.644 8	0.746 4	0.784 3	0.770 7	0.855 5	0.860 3	0.858 2
总体	2.352 2	2.469 2	2.642 9	2.670 6	2.730 9	2.756 9	2.797 4	2.678 2

　　生态不安全状态评价值在 2006—2008 年缓慢上升，2009—2013 年呈现"先升后降"的两个周期，总体逐步恶化。评价值在 0.297 4—0.364 8 波动，最值对应的年份分别是 2006 年和 2010 年。变化幅度最大的年份是 2007—2008 年，为 15.41%；变化幅度最小的年份是 2008—2009 年，为 0.03%。压力评价值总体呈上升趋势。评价值在 0.509 9—0.598 0 波动，对应年份分别是 2006 年和 2012 年。变化幅度最值对应年份分别是 2010—2011 年（最小）和 2012—2013 年（最大）。调控评价值始终保持高位平稳状态。评价值在 0.955 4—1.019 7 波动，对应年份分别是 2013 年和 2010 年。外部驱动评价值一

直呈波动上升趋势。评价值在 0.583 0—0.860 3 波动，年际变化幅度和变化的绝对值较大。

总体生态安全值在 2006—2012 年处于上升阶段，而 2013 年则有所下降。安全值在 2.352 2—2.797 4 波动，对应年份分别是 2006 年和 2012 年。变化幅度最大的年份是 2007—2008 年，为 7.1%；变化幅度最小的年份是 2008—2009 年，为 1.1%。

二、城市生态安全回顾灰色关联评价

灰色关联度分析法作为灰色系统理论的一个重要组成部分，可以利用较少的数据、资料而比较精确地寻找各种变化因素与参考因素之间的关联性。这种关联性用关联度代表。关联度大表明比较因素与参考因素相关性较高，关联度小则表明比较因素与参考因素相关性较弱。关联度系数的大小，可以精确地表述各比较因素与参考因素之间的关联强弱关系。灰色关联度分析法可以用来做灰关联敏感性分析。生态不安全状态的时间序列值是生态安全的系统行为特征值，其影响因素有压力、调控、外部驱动，这类指数的时间序列值则是系统分析中的相关因素的行为时间序列。

生态安全作为一个灰色巨系统，在发展过程中可能产生各种污染物，对生态环境造成一定程度的破坏以及对资源进行的不合理利用等，这些都会导致生态安全问题的产生、加剧，且都难以准确量化。利用灰色关联度分析法评价延吉市生态安全的关键要素与关键指标，从而为生态管理提供科学依据。

灰色关联度分析法步骤：

（1）灰关联因子集。假设灰关联因子集有多个参考列，则每个参考列与所有比较列构成一个灰关联子空间，所有的灰关联子空间构成多参考列灰关联空间，多参考列灰关联空间的灰关联度以参考列为行排列，构成灰关联矩阵。令 y_i，u_i，$i \in I$ 分别为参考初始化与原始数据序列，$\boldsymbol{Y}$ 为参考序列全体，即

$$\boldsymbol{Y} = \left| y_i, i \in \boldsymbol{I} \right| \qquad (2\text{-}4)$$

令 x_i，w_i，$j \in J$ 为比较初始化与原始数据序列，X 为比较数列的全体，即

$$X = \left| x_j, j \in J \right| \tag{2-5}$$

M 为标准化方法，则 X 与 Y 构成多参考列灰关联因子集 XY，为

$$XY = \begin{cases} i \in I = (1,2,\cdots,M) \\ j \in J = (1,2,\cdots,M) \\ y_i = \left[y_i(1), y_i(2), \cdots, y_i(n) \right] \\ \theta y_i(k) \in y_i \Rightarrow k = (1,2,\cdots,n) \\ x_j = \left[x_j(1), x_j(2), \cdots, x_j(n) \right] \\ \theta x_j(k) \in x_j \Rightarrow k = (1,2,\cdots,n) \\ y_i = Mu_i \\ x_j = Mw_j \end{cases} \tag{2-6}$$

（2）决策矩阵及初始化处理。设灰关联因子集指标集合为

$$V = \left(v_1, v_2, \cdots, v_p \right) \tag{2-7}$$

方案集合为

$$Z = \left(z_1, z_2, \cdots, z_p \right) \tag{2-8}$$

记相对理想决策方案 x_o 对指标 v_j 的属性值为 v_{oj}，且满足：当因素指标 v_j 为效益型指标时，$x_{oj} = \max(x_{1j}, x_{2j}, \cdots, x_{nj})$；当因素指标 v_j 为成本型指标时，$x_{oj} = \min(x_{1j}, x_{2j}, \cdots, x_{nj})$；当因素指标 v_j 为适中型指标时

$$x_{oi} = \mathrm{mean} x_i = \frac{1}{n} \sum_{i=1}^{n} x_{ij} \tag{2-9}$$

称矩阵 $A = (x_{ij})_{(n+1) \times p} (i=0,1,2,\cdots,n; j=1,2,\cdots,p)$ 为方案集 X 对指标集 V 的决策矩阵。

$$x_{ij} = \begin{bmatrix} x_{ij} / x_{oi}, i \in I_1 \\ x_{ij} / x_{oi}, i \in I_2 \\ \min(x_{ij}, x_{oi}) / \max(x_{ij}, x_{oi})(i \in I_3) \end{bmatrix} (j=1,2,\cdots,p) \tag{2-10}$$

式中，I_1，I_2，I_3 分别表示效益型、成本型和适中型的下标集合。经过初始化处理，$x_{oj} = 1(j=1,2,\cdots,p)$，$x_o = (x_{o1}, x_{o2}, \cdots, x_{op}) = (1,1,\cdots,1)$ 即为理想方案。

（3）计算灰关联系数。令 $\Delta_{ij}(k)$ 为 x_j 对于 y_i 在 k 点的差异信息，则 Δ 为

XY 的差异信息集，即

$$\Delta = \begin{bmatrix} i \in \boldsymbol{I}, k \in \boldsymbol{K}, \Delta_{ij} = \left| y_i(k) - x_i(k) \right| \\ y_i(k) \in y_i = \boldsymbol{M}u_i \\ x_i(k) \in y_j = \boldsymbol{M}w_j \end{bmatrix} \tag{2-11}$$

式中，Δ_{ij} 为 *XY* 上的差异信息序列；$\Delta_{ij}(\max)$ 为 *XY* 的上环境参数，$\Delta_{ij}(\max) = \max\limits_{i}\max\limits_{j}\max\limits_{k}\Delta_{ij}(k)$；$\Delta_{ij}(\min)$ 称为 *XY* 的下环境参数，$\Delta_{ij}(\min) = \min\limits_{i}\min\limits_{j}\min\limits_{k}\Delta_{ij}(k)$。取 $\theta \in [0, 1]$ 为分辨系数（一般取 0.5），则 Δ_{GR} 为 *XY* 上灰关联差异空间信息空间，即 $\Delta_{GR}=[\Delta,\theta,\Delta_{ij}(\max),\Delta_{ij}(\min)]$。灰关联系数

$$\gamma\left[y_i(k), x_j(k)\right] = \frac{\min\limits_{i}\min\limits_{j}\min\limits_{k}\Delta_{ij}(k) + \theta \max\limits_{i}\max\limits_{j}\max\limits_{k}\Delta_{ij}(k)}{\Delta_{ij}(k) + \theta \max\limits_{i}\max\limits_{j}\max\limits_{k}\Delta_{ij}(k)} \tag{2-12}$$

（4）计算灰关联度。*XY* 上灰关联度式表示为 $\phi(y_i, x_j) = \frac{1}{n}\sum\limits_{k=1}^{n}\phi\left[y_i(k), x_j(k)\right]$，或

$$\phi = \phi(y_i, x_j) = \begin{bmatrix} \phi(y_1, x_1) & \cdots & \phi(y_1, x_s) \\ \cdots & \cdots & \cdots \\ \phi(y_m, x_1) & \cdots & \phi(y_m, x_s) \end{bmatrix} \tag{2-13}$$

从不安全状态来看，调控是成本型指数，压力是效益型指数，而外部驱动是适中型指数。依据灰关联矩阵分析方法进行如下分析：

（1）UNES 综合指数 P、R、EXD 在 2006—2013 年时间序列，对综合指数 S 在 2006—2013 年时间序列数据的灰关联度。

（2）UNES 子系统压力和调控要素指数 P1、P2、P3、P4、R1、R2、R3、R4 在 2006—2013 年时间序列对综合指数 S 在 2006—2013 年时间序列数据的灰关联度。

（3）UNES 子系统不安全状态 S1、S2、S3、S4 在 2006—2013 年时间序列对综合指数 S 在 2006—2013 年时间序列数据的灰关联度。

表 2-9　生态安全分要素灰关联度（2006—2013 年）

	LP			LR		LEXD	
	0.572 5			0.887 2		0.577 7	
S	LP1	LP2	LP3	LP4	LR1	LR2	LR3	LR4
	0.902 3	0.704 2	0.839 6	0.748 9	0.593 4	0.883 7	0.840 0	0.517 4
	LS1		LS2		LS3		LS4	
	0.591 3		0.488 5		0.587 1		0.602 6	

从综合指数来看，调控（R）对于生态不安全状态（S）的影响最大（0.887 2），其次是外部驱动（EXD），最小是压力（P），说明影响延吉市 2006—2013 年生态不安全状态的主导因素是调控。压力的灰关联度虽然小于调控和外部驱动的灰关联度，但也应当重视起来。外部驱动在人口、土地等方面加大了措施来调控生态不安全的严重程度，但是相比之下，经济发展、人口素质的提高等因素，不但可以加大调控措施的调控力度，而且更有助于生态环境的保护，因此应控制外部驱动中消极因素的作用，充分发挥积极因素的作用。

从各子系统分要素指数来看，大气、土地的调控力度 R2（0.883 7）、R3（0.840 0）相对于其压力 P2（0.704 2）、P3（0.839 6），与不安全状态的灰关联度更大；而水、生物的调控力度 R1（0.593 4）、R4（0.517 4）与不安全状态的灰关联度要小于其所受到的压力 P1（0.902 3）、P4（0.748 9）。说明延吉市的水、生物不安全状态有恶化的趋势，需要进一步加大调控力度，改善其现状。

延吉市各子系统不安全状态对城市总体不安全状态的灰关联度排序为：生物系统＞水系统＞土地系统＞大气系统。这说明在这四个主要系统中，生物系统相对而言最不安全，而大气系统相对最安全。

三、城市生态安全回顾灰色关联敏感性评价

通过不确定因素与城市生态不安全状态的密切程度，分析各因素作用的

强弱，从而判断影响延吉市生态安全敏感性因素的强敏感性因素、弱敏感性因素，并评价分析其对生态安全的影响。

灰敏感度评价模型步骤如下：

（1）敏感序列与子序列。判断指标体系中各指标的类型：效益型、成本型、适中型。选取对要素层影响最大的指标作为敏感指标，并把敏感指标所对应的指标值向量记为 $Y_0=(x_{10}, x_{20}, \cdots, x_{n0})$，把其他指标作为子指标，把子指标所对应的指标向量记为 $Y_j=(x_{1j}, x_{2j}, \cdots, x_{nj})(j=1, 2, \cdots, m)$ 作为子序列。

（2）初始化指标值矩阵。按照成本型、效益型和适中型指标对 Y_0 和 Y_j 进行初始化处理，初始化方法同灰关联初始化处理方法，记 Y_0' 和 Y_j' 分别为初始化结果，得到初始化指标矩阵 $B=(Y_0', Y_j')$。

（3）计算 Y_0' 和 Y_j' 的关联度系数。

$$y_{ij} = \frac{\min\limits_{l \leqslant i \leqslant m}\min\limits_{l \leqslant j \leqslant m}\left|x_{i0}'-x_{ij}'\right| + \phi\max\limits_{l \leqslant i \leqslant m}\max\limits_{l \leqslant j \leqslant m}\left|x_{i0}'-x_{ij}'\right|}{x_{i0}'-x_{ij}' + \phi\max\limits_{l \leqslant i \leqslant m}\max\limits_{l \leqslant j \leqslant m}\left|x_{i0}'-x_{ij}'\right|} \qquad (2\text{--}14)$$

（4）构造灰关联度指数。

$$x_i = \frac{1}{m}\sum_{j=1}^{m}y_{ij} \Big/ \sum_{i=1}^{n}\left(\frac{1}{m}\sum_{j=1}^{m}y_{ij}\right) \qquad (i=1,2,\cdots,n) \qquad (2\text{--}15)$$

x_i 反映了第 i 个指标与敏感指标的关联程度在该灰敏感分析空间中所占比例。x_i 越大，说明第 i 个指标与敏感指标越靠近，对母指标所对应的对象越敏感。

把子系统生态安全分要素 S、P、R 及其外部驱动要素层指标看作灰关联敏感分析空间，基于延吉市 UNES 各要素指标 2006—2013 年指标数据，根据灰敏感度评价方法计算各个要素层内指标的灰敏感度及其排序（从大到小），结果如下列各表（表 2–10 至表 2–14）。

从表 2–10 可以看出，水生态不安全状态 S1 中各项指标灰敏感度排序为：s2（生活用水量）＞s3（水域面积）＞s1（集中式饮用水源地水质达标率）。水系统生态不安全状态主要受生活用水量的影响。

表 2-10　水生态安全（2006—2013 年）指标的灰敏感度指数及其排序

不安全状态 S1		压力 P1		调控 R1	
指标	灰敏感度指数	指标	灰敏感度指数	指标	灰敏感度指数
s2	0.779 6	p3	0.682 5	r3	0.678 8
s3	0.673 5	p5	0.681 7	r1	0.678 5
s1	0.668 6	p7	0.681 2	r2	0.678 3
		p4	0.680 6		
		p2	0.678 6		
		p1	0.676 0		

压力 P1 中各项指标灰敏感度排序为：p3（城镇生活污水中化学需氧量产生量）＞p5（城市污水排放量）＞p7（人均日生活用水量）＞p4（城镇生活污水中氨氮排放量）＞p2（万元工业增加值废水排放强度）＞p1（工业废水中化学耗氧量排放量）。水系统所受压力主要来自生活用水方面。虽然工业废水中化学耗氧量排放量的敏感度系数最低，但是也应重视。

调控 R1 中各项指标灰敏感度排序为：r3（污水处理率）＞r1（工业废水排放达标率）＞r2（生活污水集中处理率）。从以上排序和分析可以看出，污水处理率的敏感度最大。

从表 2-11 可以看出，大气生态不安全状态 S2 中各项指标的灰敏感度排序：s6（二氧化氮浓度年均值）＞s4（API 指数≤100 的天数占全年天数比例）＞s5（二氧化硫浓度年均值）。说明影响大气生态不安全状态的主导因素是二氧化氮，这与延吉市环保局对大气质量的分析结果基本一致。

压力 P2 中各项指标的灰敏感度排序：p13（可吸入颗粒物浓度年平均值）＞p9（工业烟尘排放量）＞p11（生活及其他烟尘排放量）＞p8（工业二氧化硫排放量）＞p10（工业废气排放总量）。说明大气压力主要来自不合理的能源结构，考虑到延吉市的实际情况，污染源主要来自供热燃煤以及工业污染物。

表 2–11　大气生态安全（2006—2013 年）指标的灰敏感度指数及其排序

不安全状态 S2		压力 P2		调控 R2	
指标	灰敏感度指数	指标	灰敏感度指数	指标	灰敏感度指数
s6	0.937 5	p13	0.906 2	r8	0.897 5
s4	0.913 1	p9	0.897 9	r6	0.885 1
s5	0.844 2	p11	0.882 2	r5	0.838 4
		p8	0.869 8	r4	0.610 9
		p10	0.737 6		

　　调控 R2 中各项指标的灰敏感度排序：r8（清洁能源使用率）＞r6（烟尘控制区覆盖率）＞r5（环境噪声达标区覆盖率）＞r4（工业烟尘达标排放率）。清洁能源使用率和烟尘控制区覆盖率的敏感度较高，排在第一和第二位。环境噪声达标区覆盖率和工业烟尘达标排放率灰敏感度相对较小。

　　从表 2–12 可以看出，土地不安全状态 S3 中各项指标灰敏感度排序：s9（耕地未有效灌溉面积比例）＞s7（年降水量）＞s8（年内最大降水量）＞s10（旱涝保收面积）。结合实际情况综合考虑，说明土地生态不安全主要源于土地生产力，这是由于延吉市位于长白山北麓，且地势起伏。年降水量的灰敏感度较高也应引起重视。

表 2–12　土地生态安全（2006—2013 年）指标的灰敏感度指数及其排序

不安全状态 S3		压力 P3		调控 R3	
指标	灰敏感度指数	指标	灰敏感度指数	指标	灰敏感度指数
s9	0.901 8	p17	0.870 7	r11	0.906 1
s7	0.768 8	p14	0.806 3	r10	0.889 2
s8	0.739 8	p15	0.754 4	r12	0.886 6
s10	0.714 6	p16	0.732 1	r9	0.851 7
				r14	0.726 1

压力 P3 中各项指标灰敏感度排序：p17（城市建设用地面积）＞p14（农业化肥施用量）＞p15（农药总施用强度）＞p16（人口密度）。土地生态安全压力对城市建设用地面积最为敏感，农业化肥施用量和农药的施用强度排在第二和第三位，由此造成的农业非点源污染需高度重视。

调控 R3 中各项指标灰敏感度排序：r11（医疗危险废物处置率）＞r10（生活垃圾无害化处理率）＞r12（环境污染治理本年完成投资总额）＞r9（工业固体废物处置利用率）＞r14（当年增加耕地面积）。生活垃圾无害化处理率对于调控 R3 的影响十分重要。

从表 2–13 可以看出，生物不安全状态（S4）中各项指标灰敏感度排序：s11（森林覆盖率）＞s12（建成区绿化覆盖率）＞s13（人均公共绿地面积）。森林覆盖率对生物不安全状态的影响较为显著。调控 R4 中各项指标灰敏感度排序：r15（自然保护区面积）＞r16（公园面积）＞r17（退耕还林还草占地）。自然保护区面积对缓解生物生态不安全的贡献率最大。

表 2–13　生物生态安全（2006—2013 年）指标的灰敏感度指数及其排序

不安全状态 S4		压力 P4		调控 R4	
指标	灰敏感度指数	指标	灰敏感度指数	指标	灰敏感度指数
s11	0.913 5	p18	1	r15	0.871 4
s12	0.816 2			r16	0.869 1
s13	0.749 6			r17	0.715 2

从表 2–14 可以看出，外部驱动系统各指标灰敏感度排序：d2（恩格尔系数）＞d3（国内生产总值）＞d6（科学技术支出）＞d4（规模以上工业总产值）＞d1（总人口数）＞d7（图书馆图书总藏量）。说明在各外部驱动指标中对生态不安全状态的敏感度最高的是恩格尔系数；敏感度较低的有总人口数和图书馆图书总藏量。外部驱动中各项指标灰敏感度均大于 0.9，说明来自社会经济系统的外部驱动对生态安全的影响是良性的。

表 2–14　外部驱动系统生态安全（2006—2013 年）指标的灰敏感度指数及其排序

指标	d2	d3	d6	d4	d1	d7
灰敏感度指数	0.997 5	0.983 0	0.973 9	0.971 3	0.953 8	0.911 5

第三节　城市生态安全预警

城市生态安全预警由城市生态安全预测评价以及城市生态安全灰色关联预测评价两大部分组成。城市生态安全预测评价结果由综合评价指数反映，生态用地综合评价结果赋值为 1—5，赋值与重要程度成正比，即赋值越高其重要性越高。城市生态安全灰色关联预测评价包含分要素灰关联度评价与灰敏感度评价。

一、城市生态安全预测评价

评价结果由综合评价指数所反映，生态用地综合评价结果赋值为 1—5，赋值与重要程度成正比，即赋值越高其重要性越高。

预测是对某一事物的行为特征量（值）在未来时期或时间段的变化做出的一种估计或推测。生态安全预测评价，不仅是生态安全研究的主要内容，而且也是生态安全研究的重要手段、方式。生态安全发展趋势预测，建立在生态安全评价基础之上，对比历史资料和环境现状，从中发现生态环境质量的变化情况，运用制定的生态安全评价等级划分标准作为对比依据，预测生态安全的发展趋势，为生态安全的预测、调控奠定坚实的理论基础（赵庆良，2008）。

灰色系统理论以"部分信息已知、部分信息未知"的"小样本""贫信息"不确定性系统为研究对象，主要通过对"部分"已知信息的生成、开发，并提取有价值的信息，实现对系统运行行为、演化规律的正确描述和有效监控

（邵君，2010）。灰色系统理论经过几十年的发展已建立一整套理论体系，GM(1,1)模型就是其中的显著代表。

生态安全系统具有要素量大、关系难以量化等特征，从而导致不确定性。GM(1,1)模型作为一种连续的微分模型，可以对不确定系统指标进行预测，还可对系统的发展趋势及变化进行评价、分析。而其他建模方法只能建立离散的递推模型，这样的模型更不利于对系统做全面的分析。经过对各种预测模型和方法的优缺点对比，本章拟选用灰色 GM(1,1)模型来预测。

灰色 GM(1,1)模型预测步骤依次为：创建原始序列，累加序列生成，邻值序列生成，GM(1,1)模型微分方程，求出 a 和 b 的数值，输出模型方程，还原 x(0)预测值，预测模型检验。

为保证所进行的预测应用于实际有较高的精度，应对预测进行检验。灰色理论通常采用三种方法检验 GM(1,1)模型预测的精度：残差检验，关联度检验，后验差检验（即均方差检验）。方差比和小误差概率检验都属于后验差检验。参考相关文献并结合本研究的研究需要，本研究给出灰色 GM(1,1)模型预测的精度检验等级表（表 2–15）（苗承玉，2012）。

表 2–15 GM(1,1)模型预测的精度检验等级参照

指标临界值 精度等级	相对误差 α	关联度系数 ε_0
一级	0.01	0.90
二级	0.05	0.80
三级	0.10	0.70
四级	0.20	0.60

由于本研究对指标体系的每个指标都分别进行预测操作，数据量较大，这里只给出最终的检验结果（表 2–16）。

表 2–16　指标预测及检验汇总

指标	2014 年预测值	2015 年预测值	2016 年预测值	2017 年预测值	2018 年预测值	相对误差	关联度系数	检验等级
s1	98.9	99.6	100	100	100	0.617 1	0.042 4	四级
s2	1 498	1 441	1 386	1 333	1 282	0.687 7	0.044 9	四级
s3	3.05	2.91	2.77	2.64	2.52	0.674 9	0.060 7	四级
p1	0.012	0.009 4	0.007 4	0.005 8	0.004 6	0.648 7	0.571 0	不合格
p2	0.733	0.557	0.422	0.321	0.243	0.624 1	0.138 0	四级
p3	11 458	11 672	11 889	12 112	12 337	0.671 5	0.048 4	四级
p4	1 266	996	783	615	484	0.673 8	0.135 0	四级
p5	7.77	7.99	8.23	8.47	8.72	0.865 3	0.015 6	二级
p7	108	105.8	103.8	101.7	99.6	0.703 9	0.038 0	三级
r1	99.7	99.7	99.8	99.9	99.9	0.738 4	0.019 8	三级
r2	83.6	81.1	78.6	76.2	73.9	0.669 0	0.026 5	四级
r3	100	100	100	100	100	0.632 4	0.175 0	四级
s4	89.43	89.48	89.53	89.57	89.62	0.618 7	0.020 0	四级
s5	0.028 3	0.028	0.027 7	0.027 4	0.027 1	0.779 5	0.088 3	三级
s6	0.035 8	0.035 5	0.035 1	0.034 8	0.034 5	0.511 7	0.178 0	不合格
p8	0.725	0.801	0.883	0.974	1.075	0.661 3	0.132 5	四级
p9	0.526	0.669	0.851	1.084	1.379	0.759 0	0.150 3	四级
p10	6 378 936	9 624 080	14 520 120	21 906 914	33 051 576	0.691 5	0.392 7	不合格
p11	1 415	1 208	1 031	880	752	0.586 6	0.368 9	不合格
p13	0.075 1	0.073 7	0.072 4	0.071 1	0.069 7	0.736 0	0.053 7	三级
r4	95.7	95.2	94.7	94.2	93.7	0.797 8	0.027 6	三级
r5	90	91	92	93	94	0.682 3	0.013 0	四级
r6	97	98	99	100	100	0.611 9	0.029 3	四级
r8	66.8	66.2	65.7	65.2	64.7	0.624 2	0.013 9	四级
s7	558.45	568.24	578.21	588.35	598.67	0.653 5	0.173 9	四级
s8	47.1	45.5	44.1	42.7	41.3	0.703 7	0.109 0	三级
s9	0.765 5	0.827 7	0.894 9	0.967 7	1.046 4	0.667 9	0.462 5	不合格
s10	2.814	2.784	2.755	2.725	2.696	0.653 1	0.020 1	四级
p14	13 733	14 704	15 743	16 856	18 047	0.661 9	0.172 5	四级

续表

指标	2014年预测值	2015年预测值	2016年预测值	2017年预测值	2018年预测值	相对误差	关联度系数	检验等级
p15	0.660 6	0.660 8	0.660 9	0.661 0	0.661 2	0.660 2	0.030 3	四级
p16	287	285	283	281	279	0.653 3	0.026 3	四级
p17	33.07	33.41	33.75	34.09	34.45	0.653 6	0.018 2	四级
r9	99	100	100	100	100	0.638 1	0.019 3	四级
r10	83.77	81.34	78.98	76.68	74.46	0.682 1	0.019 1	四级
r11	97.7	97.5	97.4	97.3	97.1	0.605 8	0.020 9	四级
r12	4.004	3.675	3.373	3.097	2.843	0.622 5	0.139 8	四级
r14	110	111	111	111	112	0.646 0	0.139 9	四级
s11	60.5	59.8	59.1	58.3	57.6	0.639 5	0.024 8	四级
s12	48.3	50.6	52.1	54.2	56.3	0.781 2	0.082 7	三级
s13	11.48	12.42	13.42	14.5	15.67	0.685 2	0.083 9	四级
p18	157	165	173	182	191	0.742 5	0.062 3	三级
r15	2133	2135	2138	2141	2143	0.664 7	0.026 6	四级
r16	128.6	128.3	127.9	127.6	127.3	0.776 8	0.015 1	三级
r17	109	120	132	145	160	0.711 6	0.176 1	四级
d1	544 416	556 033	567 898	580 015	592 392	0.621 1	0.027 4	四级
d2	29.61	29.21	28.81	28.41	28.02	0.506 8	0.041 1	不合格
d3	479.13	590.63	728.09	897.53	1 106.41	0.658 3	0.036 4	四级
d4	270.64	310.57	356.38	408.95	469.28	0.611 7	0.088 3	四级
d6	0.491	0.564	0.648	0.745	0.857	0.618 7	0.167 6	四级
d7	844.9	851.4	858	864.6	871.3	0.606 7	0.047 2	四级

经过对指标数据的相对误差和关联系数的比较、分析，将 p1、s6、p10、p11、s9、d2 指标剔除。然后基于延吉市生态安全 2006—2018 年的指标数据，运用熵值法和变异系数法加权赋值（表 2–17），并对延吉市 2006—2018 年 UNES 分要素动态演变趋势进行分析与评价。

表 2–17　加权赋值表

指标	熵值法	变异系数	综合权重	指标	熵值法	变异系数	综合权重	指标	熵值法	变异系数	综合权重
s1	0.020 7	0.023 5	0.022 2	p7	0.022 7	0.009 5	0.016 2	r8	0.023 5	0.003 1	0.013 3
s2	0.023 9	0.013 5	0.018 7	p8	0.023 0	0.044 2	0.033 6	r9	0.021 1	0.002 3	0.011 7
s3	0.024 1	0.017 1	0.020 6	p9	0.021 7	0.088 9	0.055 3	r10	0.023 5	0.020 3	0.016 9
s4	0.021 5	0.002 7	0.012 1	p13	0.021 1	0.011 9	0.016 5	r11	0.024 6	0.001 8	0.013 2
s5	0.020 8	0.017 2	0.019 0	p14	0.023 2	0.031 4	0.027 3	r12	0.026 1	0.041 3	0.033 7
s7	0.021 4	0.017 2	0.019 3	p15	0.021 7	0.003 7	0.012 7	r14	0.021 9	0.032 9	0.027 4
s8	0.021 0	0.034 8	0.027 9	p16	0.021 7	0.004 4	0.013 1	r15	0.022 9	0.002 9	0.012 9
s10	0.020 8	0.017 4	0.019 1	p17	0.027 4	0.004 0	0.015 7	r16	0.021 4	0.002 4	0.011 9
s11	0.022 0	0.007 2	0.014 6	p18	0.024 5	0.019 0	0.021 8	r17	0.022 2	0.042 4	0.032 3
s12	0.022 0	0.018 2	0.020 1	r1	0.020 9	0.002 9	0.011 9	d1	0.023 4	0.008 8	0.016 1
s13	0.022 7	0.030 9	0.026 8	r2	0.023 7	0.001 0	0.017 3	d3	0.026 5	0.070 9	0.048 7
p2	0.022 5	0.086 9	0.054 7	r3	0.021 0	0.028 8	0.024 9	d4	0.024 1	0.050 5	0.037 3
p3	0.024 8	0.009 8	0.017 3	r4	0.021 7	0.003 1	0.012 4	d6	0.023 9	0.052 1	0.038 0
p4	0.023 8	0.082 4	0.053 2	r5	0.020 7	0.015 3	0.018 0	d7	0.021 0	0.007 0	0.014 0
p5	0.022 7	0.009 5	0.016 1	r6	0.022 9	0.005 5	0.014 2				

　　依据以下图表（图 2–8 至图 2–12 和表 2–18），对延吉市生态安全及其生态子系统分要素 2006—2018 年动态演变趋势进行分析。

　　水生态不安全状态评价值在整个研究期内呈小幅波动但基本保持缓慢下降趋势：从 2006 年不安全状态开始持续恶化，在 2010 年达峰后不安全状态恶化程度有所缓解。对照水系统所受压力和调控发展变化可以发现：2006—2010 年调控下降而压力则缓慢增加，2011—2018 年压力和调控的变化趋势相同，都处于缓慢下降状态。在未来五年内水系统将处于稳定状态。按照目前调控力度的发展趋势，显然不能缓解压力对水系统的胁迫，考虑到水系统的地位以及重要性，应加强对水系统的调控力度。

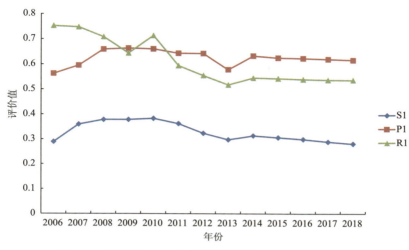

图 2-8　水系统生态安全分要素评价值（2006—2018 年）

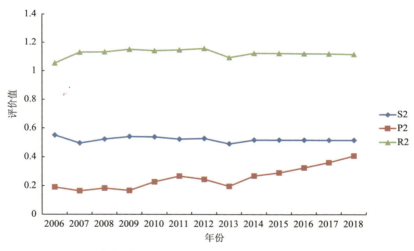

图 2-9　大气系统生态安全分要素评价值（2006—2018 年）

大气生态不安全状态在 2006—2018 年呈小幅波动，在 2007 年、2013 年形成两个波谷，但总体趋势平稳。对比压力与调控可以发现，二者的变化趋势相反：当调控力度加强时，压力增强的趋势有所减缓；当调控基本不变或下降时，压力增强的趋势又有所加重。在未来五年内，调控若保持稳定状态，压力可能大幅度增加。虽然调控措施在一定程度上减弱了不安全程度的恶化发展趋势，但是治标不治本。考虑到延吉市的实际情况，应在加强自身调控力度的基础之上，寻求区域大气联合整治与监控。

土地生态不安全状态在 2006—2013 年变化幅度较大，形成两个显著波峰，2014—2018 年保持平稳状态；压力与调控的变化呈现相反趋势。在未来五年内，调控力度若平稳发展，而压力会小幅度增加。说明土地调控力度应加强，同时由于土地生态环境自身的承载力缘故，土地系统所面临的持续增长压力应该会得到一定程度的缓解。

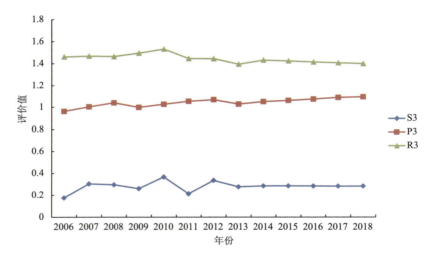

图 2-10　土地系统生态安全分要素评价值（2006—2018 年）

生物生态不安全状态在 2006—2018 年处于持续恶化状态。对比压力与调控发现，二者的变化趋势相近：当调控力度加大时，压力有所增强；当调控基本不变或下降时，压力又有所缓解。在未来五年内，压力与调控都将处于缓慢增长状态，说明现有生物调控力度不能有效缓解压力对生物子系统的胁迫，调控力度应大幅度加强。

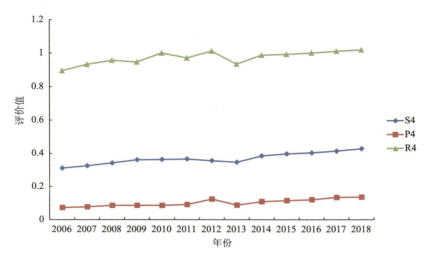

图 2-11　生物系统生态安全分要素评价值（2006—2018 年）

　　2006—2018 年，生态不安全状态处于一个小幅波动但总体趋向稳定的态势。按目前的发展情况进行预测，虽然社会经济系统对生态系统压力强度逐年增加，但同时较高的调控强度很好地缓解了压力对生态系统的胁迫作用。在未来五年内，压力增强的速度将加快，所以需要注意继续加大对各个生态子系统的调控力度。

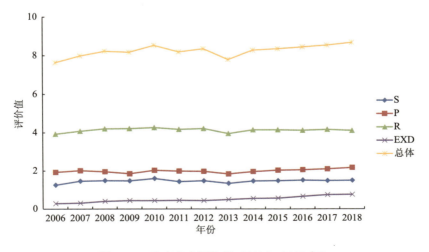

图 2-12　生态安全评价值（2006—2018 年）

总体生态安全值在 2006—2018 年呈波动上升趋势。安全值在 2.161 7—2.800 4 波动，最值对应年份分别是 2006 和 2018 年。变化幅度最大的年份是 2017—2018 年，变化幅度为 3.2%；变化幅度最小年份是 2008—2009 年，变化幅度为 0.4%。2014—2018 年，总体生态安全呈上升趋势，评价值在 2.522 5—2.800 4 波动。变化幅度最大的是 2013—2014 年，为 6.8%；变化幅度最小的是 2014—2015 年，为 2.4%。

表 2–18　生态安全评价值（2006—2018 年）

	2006 年	2007 年	2008 年	2009 年	2010 年	2011 年	2012 年
S	0.333	0.373 7	0.387 8	0.387	0.416 3	0.368 5	0.388 7
P	0.496 8	0.499 9	0.503 8	0.475 8	0.516 1	0.503 5	0.500 6
R	0.995 2	1.033	1.056 7	1.067	1.086 3	1.052	1.066
EXD	0.336 7	0.372 9	0.442 1	0.470 7	0.476 2	0.514 7	0.522 6
总体	2.161 7	2.279 5	2.390 4	2.400 5	2.494 9	2.438 7	2.477 9
	2013 年	2014 年	2015 年	2016 年	2017 年	2018 年	
S	0.354	0.378 3	0.378 2	0.377 8	0.377 9	0.378 4	
P	0.459 9	0.497 4	0.505 5	0.516 0	0.529 1	0.545 1	
R	1.003 4	1.046 6	1.045 8	1.044 4	1.043 4	1.042 1	
EXD	0.543 8	0.600 2	0.646 0	0.699 3	0.761 6	0.834 8	
总体	2.361 1	2.522 5	2.575 5	2.637 5	2.712 0	2.800 4	

二、城市生态安全灰色关联预测评价

（一）分要素灰关联度评价

运用灰关联矩阵分析法计算延吉市 2014—2018 年五年间的生态系统原因要素（压力、调控、外部驱动）及其子系统分要素对结果要素（生态不安全）的灰关联度，生态不安全状态内部各子系统状态要素对系统整体要素的灰关联度，结果如表 2–19。

表 2–19　延吉市生态安全分要素灰关联度（2014—2018 年）

S—P, R, EXD	S—P_i, R_j (i, j=1, 2, 3, 4)	S—S_i (i=1, 2, 3, 4)
0.554 9	0.525 5	0.530 8
0.618 0	0.514 7	0.505 5
0.500 0	0.584 9	0.573 9
	0.524 1	0.507 9
	0.563 1	
	0.515 3	
	0.922 7	
	0.577 3	

依据表 2–19 对延吉市 UNES 分要素指数进行灰关联度（L）分析：

（1）2014—2018 年，生态不安全影响因素的灰关联度排序为：$L_R > L_P > L_{EXD}$，说明调控力度是影响生态不安全的最主要因素。

（2）各子系统压力和调控要素对城市生态不安全状态的灰关联度排序为：$L_{R3} > L_{P3} > L_{R4} > L_{R1} > L_{P1} > L_{P4} > L_{R2} > L_{P2}$。压力方面，土地压力是该五年主导生态不安全的主要因素，其次是水压力和生物压力，最小的是大气压力。调控方面，土地措施是主导城市生态不安全的主要因素，其次是生物措施和水措施，影响最小的是大气调控。

（3）各子系统生态不安全对整体生态不安全的灰关联度排序：$L_{S3} > L_{S1} > L_{S4} > L_{S2}$，说明土地系统已成为生态系统中最不安全的子系统，其次是水系统和生物系统，大气系统是相对最安全的子系统。

（二）灰敏感度评价

以延吉市各个子系统为灰敏感度指标分析空间，依据灰敏感度评价模型计算延吉市 2014—2018 年 UNES 指标的灰敏感度及其排序，结果如下（表 2–20 至表 2–24）。

表 2–20　水生态安全（2014—2018 年）指标的灰敏感度指数及其排序

不安全状态 S1		压力 P1		调控 R1	
指标	灰敏感度指数	指标	灰敏感度指数	指标	灰敏感度指数
s2	0.859 6	p5	0.964 5	r1	0.875 4
s3	0.858 0	p7	0.886 0	r3	0.833 6
s1	0.856 7	p3	0.843 7	r2	0.738 8
		p2	0.762 9		
		p4	0.751 8		

从表 2–20 可以看出，水生态不安全状态 S1 中各项指标的灰敏感度排序为：s2（生活用水量）＞s3（水域面积）＞s1（集中式饮用水源地水质达标率）。压力 P1 中各项指标的灰敏感度排序为：p5（城市污水排放量）＞p7（人均日生活用水量）＞p3（城镇生活污水中化学需氧量产生量）＞p2（万元工业增加值废水排放强度）＞p4（城镇生活污水中氨氮排放量）。调控 R1 中各项指标灰敏感度排序为：r1（工业废水排放达标率）＞r3（污水处理率）＞r2（生活污水集中处理率）。

与 2006—2013 年数据（表 2–10）相比：S1 中指标数值大幅度提高，P1、R1 中数值指标都大幅降低；S1 排列顺序未发生变化，P1 和 R1 中排列顺序发生较大变化的分别是 p3 和 r1。

从表 2–21 可以看出，大气生态不安全状态 S2 中各项指标的灰敏感度排序：s4（API 指数≤100 的天数占全年天数比例）＞s5（二氧化硫浓度年均值）。压力 P2 中各项指标的灰敏感度排序：p13（可吸入颗粒物浓度年平均值）＞p9（工业烟尘排放量）＞p8（工业二氧化硫排放量）。调控 R2 中各项指标的灰敏感度排序：r4（工业烟尘达标排放率）＞r6（烟尘控制区覆盖率）＞r8（清洁能源使用率）＞r5（环境噪声达标区覆盖率）。

与 2006—2013 年数据（表 2–11）相比：S2 和 P2 中各指标排列顺序未发生变化，P2 各项指标数值都有所降低，R2 中指标值变化最大的是 r4。

表 2–21　大气生态安全（2014—2018 年）指标的灰敏感度指数及其排序

不安全状态 S2		压力 P2		调控 R2	
指标	灰敏感度指数	指标	灰敏感度指数	指标	灰敏感度指数
s4	0.904 3	p13	0.852 9	r4	0.921 5
s5	0.865 5	p9	0.787 2	r6	0.880 3
		p8	0.748 9	r8	0.853 7
				r5	0.752 4

从表 2–22 可以看出，土地不安全状态 S3 中各项指标灰敏感度排序：s10（旱涝保收面积）＞s7（年降水量）＞s8（年内最大降水量）。压力 P3 中各项指标灰敏感度排序：p17（城市建设用地面积）＞p16（人口密度）＞p15（农药总施用强度）＞p14（农业化肥施用量）。调控 R3 中各项指标灰敏感度排序：r11（医疗危险废物处置率）＞r9（工业固体废物处置利用率）＞r10（生活垃圾无害化处理率）＞r12（环境污染治理本年完成投资总额）＞r14（当年增加耕地面积）。

表 2–22　土地生态安全（2014—2018 年）指标的灰敏感度指数及其排序

不安全状态 S3		压力 P3		调控 R3	
指标	灰敏感度指数	指标	灰敏感度指数	指标	灰敏感度指数
s10	0.863 7	p17	0.881 4	r11	0.955 9
s7	0.860 1	p16	0.862 1	r9	0.949 8
s8	0.783 6	p15	0.841 2	r10	0.917 3
		p14	0.774 2	r12	0.897 4
				r14	0.845 6

与 2006—2013 年数据（表 2–12）相比，S3 中各项指标数值均增加，s10 的指标排列顺序发生变化；P3 中指标数值和排列顺序均发生较大变化；R3 中指标值均增加，r11 的排列顺序未发生变化。

从表 2–23 可以看出，生物不安全状态 S4 中各项指标的灰敏感度指数排序：s11（森林覆盖率）＞s13（人均公共绿地面积）＞s12（建成区绿化覆盖率）。调控 R4 中各项指标灰敏感度排序：r15（自然保护区面积）＞r16（公园面积）＞r17（退耕还林还草占地）。

表 2-23　生物生态安全（2014—2018 年）指标的灰敏感度指数及其排序

不安全状态 S4		压力 P4		调控 R4	
指标	灰敏感度指数	指标	灰敏感度指数	指标	灰敏感度指数
s11	0.915 5	p18	1	r15	0.856 0
s13	0.897 9			r16	0.830 9
s12	0.852 3			r17	0.746 4

与 2006—2013 年数据（表 2-13）相比，S4 中的指标值和排列顺序均发生变化；调控 R4 中除 r17 以外的指标均有所下降，排列顺序未发生变化。

从表 2-24 可以看出，外部驱动系统各指标灰敏感度排序：d3（国内生产总值）＞d1（总人口数）＞d4（规模以上工业总产值）＞d7（图书馆图书总藏量）＞d6（科学技术支出）。与 2006—2013 年数据相比，指标数值都大幅下降，且排列顺序变化较大。

表 2-24　外部驱动系统生态安全（2014—2018 年）指标的灰敏感度指数及其排序

指标	d3	d1	d4	d7	d6
灰敏感度指数	0.862 9	0.855 1	0.841 6	0.806 4	0.749 2

（三）指标发展次序评价

依据指标灰敏感度的预警和发展次序评判区间，对延吉市生态安全指标灰敏感预警与发展次序进行评价，结果见表 2-25 至 2-26。

对于生态不安全状态指标设定状态预警评判区间，对于压力指标设定压力预警评判区间，标准如下：

Ⅰ（重度预警）：$D_s \geqslant 0.88$

Ⅱ（中度预警）：0.76≤D_s＜0.88

Ⅲ（轻度预警）：0.64≤D_s＜0.76

Ⅳ（无度预警）：D_s＜0.64

对于调控设定发展次序评判区间，标准如下：

Ⅰ（优先发展）：D_s≥0.88

Ⅱ（次要发展）：0.76≤D_s＜0.88

Ⅲ（第三发展）：D_s＜0.76

表 2-25　延吉市生态安全指标灰敏感预警及其排序

评判分类	重度预警	中度预警	轻度预警
生态不安全状态预警及排序	s11（森林覆盖率） s4（API 指数≤100 的天数占全年天数比例） s13（人均公共绿地面积） s10（旱涝保收面积） s7（年降水量）	s5（二氧化硫浓度年均值） s2（生活用水量） s3（水域面积） s1（集中式饮用水源地水质达标率） s12（建成区绿化覆盖率） s8（年内最大降水量）	
压力预警及排序	p18（水产品产量） p5（城市污水排放量） p7（人均日生活用水量） p17（城市建设用地面积）	p16（人口密度） p13（可吸入颗粒物浓度年平均值） p3（城镇生活污水中化学需氧量产生量） p15（农药总施用强度） p9（工业烟尘排放量） p14（农业化肥施用量） p2（万元工业增加值废水排放强度）	p4（城镇生活污水中氨氮排放量） p8（工业二氧化硫排放量）
外部驱动预警及排序		d3（国内生产总值） d1（总人口数） d4（规模以上工业总产值） d7（图书馆图书总藏量）	d6（科学技术支出）

表 2–26　延吉市调控指标发展次序评价

发展排序	优先发展	次要发展	第三发展
发展指标	r11（医疗危险废物处置率） r9（工业固体废物处置利用率） r4（工业烟尘达标排放率） r10（生活垃圾无害化处理率） r12（环境污染治理本年完成投资总额） r6（烟尘控制区覆盖率）	r1（工业废水排放达标率） r15（自然保护区面积） r14（当年增加耕地面积）	r8（清洁能源使用率） r3（污水处理率） r16（公园面积） r5（环境噪声达标区覆盖率） r17（退耕还林还草占地） r2（生活污水集中处理率）

在本研究中，设定外部驱动指标 d1（总人口数）、d6（科学技术支出）为对生态不安全的效益型外部驱动指标，d3（国内生产总值）、d4（规模以上工业总产值）、d7（图书馆图书总藏量）为对生态不安全的适中型外部驱动指标。成本型外部驱动指标归为优先发展，效益型外部驱动指标归为次要发展，适中型外部驱动指标归为第三发展。

三、城市生态安全预警分析

生态安全预警体系应包括以下三部分：

（1）明确警义。警义可分为警素和警度。警素指对生态安全变化起关键作用的要素与指标；警度指警素的发展速度、发展潜力、灰关联度以及灰敏感预警的范围。

（2）识别警兆。依据生态安全动态演变发展趋势，基于警素发展速度、灰关联度以及灰敏感度动态演变发展趋势，进行警兆识别。

（3）确定警源。根据生态安全 S-PRD 机理分析，确定警源产生变化的原因。

生态安全管理主要包括三大部分：监测警源与警兆、分析警情与预报警度、根据可能出现的警情制定预防管理措施。

依据以上分析对 2014—2018 年延吉市的生态安全及其空间分异的警义、

警兆进行分析，结果见表 2-27。

表 2-27　延吉市生态安全警义、警兆分析

年份	趋势预警	关键要素灰关联预警	发展度动态预警
2014 ↓ 2018	生态不安全程度小幅波动，总体缓慢恶化	调控将成为生态不安全变化的主要因素； 土地压力将成为第一预警要素； 土地生态安全问题将成为生态安全的主要问题	整体：EXD＞P＞R； 各子系统：除生物系统外调控大于压力； 结论：调控发展度总体偏低，压力发展度较大，调控不足以缓解压力以及外部驱动负效应所带来的威胁，因此调控发展度需要预警

四、预警管理措施

对延吉市生态安全的评价结果进行对策分析，针对各项状态预警和发展预警指标设定相应的监测、对策方案，一旦出现异常情况即刻实施应急举措。

（1）水系统：加强节水宣传，提高居民节水意识；加强对污水排放的管控，提高废水排放标准；大力兴修水利工程，搞好小流综合治理，提高水调节能力；合理发展淡水养殖。

（2）大气系统：改造污染严重企业，淘汰落后工艺以及陈旧设备，限制、关闭一批煤耗高、热效低、污染重的工业锅炉和供暖设施；实施清洁能源替代和煤炭的清洁利用计划，逐步推进清洁燃气、乙醇代油等的应用。

（3）土地系统：缓解土地系统压力，重视土地生态；加大对耕地灌溉设施的建设力度；保护土地资源，合理利用每一寸土地。

（4）生物系统：提高人均公共绿地面积以及森林覆盖率。

本 章 小 结

本章研究基于 S-PRD 概念模型，对延吉市生态安全进行了系统的评价与预警研究，旨在揭示延吉市生态环境的现状、演变特征及未来趋势。通过灰色关联分析与 GM(1,1)预测模型的应用，得出了以下主要结论：

第一，延吉市的生态安全总体上表现为较为稳定的状态，但部分指标显示出一定的生态压力。水资源、大气质量和土地利用是当前生态安全面临的主要挑战，尤其是快速发展的旅游业和交通基础设施建设对生态环境造成了较大影响。

第二，基于 2006—2013 年的 UNES 分要素指数数据，延吉市的生态安全状态在这段时间内经历了一定的波动。通过灰色关联分析，发现水资源和大气质量是影响生态安全的关键因素。尽管生物多样性和土地利用在一定程度上缓解了生态压力，但仍需要加强管理和调控。

第三，预测结果表明，若不采取有效的干预措施，延吉市的生态安全状况在 2014—2018 年会进一步恶化，尤其是在水资源和大气质量方面。灰色预测模型显示，生态系统的自我调节能力有限，外部驱动因素如经济快速发展和人口增长将持续对生态安全构成威胁。

第四，针对延吉市生态安全存在的问题，提出的管理措施包括加强生态环境监测与预警系统建设，推进绿色基础设施建设，实施严格的环境保护政策，提高公众环境保护意识。这些措施的实施将有助于提升延吉市的生态安全水平，促进区域的可持续发展。

第三章　图们江地区重要节点城市最小生态用地空间范围识别

随着经济的发展，全球的城市数量在快速增加，城市人口数量急速增长，城市用地规模不断扩大，导致城市向自然空间的扩张加速。伴随着大量的城市近邻生态用地消失，区域生态环境也遭受严重破坏。在面对城市经济发展与城市生态保护之间的矛盾时，认识城市发展中所需生态用地的底线以及如何高效地在空间上配置这些生态用地，才能更有效地指导城市规划建设，为城市的持续发展提供良好的自然基础。

"延龙图"是延吉市-龙井市-图们市的简称，位于东北亚地区环日本海经济圈的西岸，地处中、俄、朝三国交界地区，隔海与日本相望，与俄罗斯、朝鲜交界。延龙图特殊的地理位置具备了发挥对外开放功能的潜力和条件，是吉林省甚至整个东北、蒙古国、俄罗斯贝加尔湖以东地区通过图们江出海口与世界发生经济联系的通道，是国内企业"进军"俄、朝的重要桥头堡，在发展面向东北亚地区的对外贸易、出口加工、跨境旅游等方面优势明显。延龙图虽偏离东北区主要经济增长轴哈大城市带，是哈大经济发展主轴辐射的末梢，但是东北地区东部发展带的重要节点，以及图们江地区开发的核心区域。近几年来随着生态文明建设的大力开展，延龙图地区也逐渐开始重视生态用地的保护，以图合理利用土地资源，在加快经济发展步伐的同时兼顾生态文明的建设。研究延龙图地区的生态用地评价，以及最小生态用地空间识别，可以为延龙图地区发展和整合提供决策依据，并直接或间接地引领区域生态系统的可持续发展，同时可以为其他城市的最小生态用地空间识别研究提供新思路。

第一节 生态用地综合评价方法

本章研究的数据包括延吉市、龙井市和图们市的 2014 年 Pleiades-1 卫星影像（分辨率 0.5 米），延龙图地区的 2016 年全景 TM 遥感影像（分辨率 30 米），涵盖近红外、红、蓝等多个波段，以及 2016 年的全景 DEM（分辨率 30 米）和实地考察获得的土地利用数据。此外，研究还结合了延龙图地区的植被、气象、经济等自然和人文统计资料。气象站点数据来自延边朝鲜族自治州州气象局，土壤质地数据来自中国科学院资源科学数据中心。

由于影像数据在大气条件和传感器等因素的影响下会发生一定程度的几何畸变，为了使图像结果更接近实际情况，需要对影像进行预处理。

首先以研究区 1∶10 000 地形图为标准，在 ERDAS 软件中对影像的几何畸变进行校正和配准，配准过程需要选取至少 4 个控制点，使遥感影像与 1∶10 000 地形图进行配准，达到减少甚至去除几何畸变的目的；其次利用 ArcGIS 软件中内嵌变换工具对坐标进行统一，将所有影像坐标系统一为北京 54 坐标系（BJZ54）。

在完成上述步骤后，对影像进行目视解译，对于用地类型尚不明确的地方进行实地考察，以便于分类管理基础资料并在评价过程中实现数据共享。通过建立空间数据库，根据景观格局指数对空间数据进行运算。

一、评价指标体系构建

评价指标体系的构建是极其重要的，指标体系的构建是否科学关系到研究结果是否具有研究意义与科学性，是本研究中生态综合评价的前提。评价指标体系的构建需要参考前人研究所运用的指标，也需要结合研究区域的特点与本书的研究意义加以完善和创新，既以景观评价为基础，又要拥有自己的评价特征，是一种多因子的评价。其中每个因子由于对生态功能的影响不同，其重要性也就不同，因此指标的选取与权重的赋予成为重中之重。

二、评价指标选取的原则

评价指标的选取将遵循以下五个原则：

（1）综合性：由于不同城市对生态功能的需求各不相同，生态用地的综合性需要考虑不同生态本底的城市其自然生态系统与社会经济系统之间的平衡，对每个研究区应该选取能够代表其核心功能的指标加以精确测算，因此本研究需要从人文、自然、社会、经济等诸多方面选取有代表性的因子。

（2）层次性：层次性能够反映指标的完整程度以及对指标的理解与运用，一般都是按照从宏观到微观、从抽象到具体的顺序对指标进行选取，这样得到的指标更易使用。

（3）统一性：笔者认为不同的指标体系对于不同景观类型的评价具有针对性，而由于指标体系的不同，景观之间的可比性也会相应地被削弱；同时景观格局是整体的、相互作用的、不可分割的，因此指标选取的规则应该统一，统一的指标更加符合本次研究，能够增加各个指标之间的可比性。

（4）可获取性：数据是建立指标的核心，因此数据的可获取性就显得尤为重要，数据不仅要易于获取，还要易于分析。

（5）科学性：指标体系的科学性与结果的研究价值的高低有直接的关系，因此评价指标体系必须准确科学地反映出影响评价对象的主要因素和信息。

三、综合指数表达

本研究中，综合指数表达拟采取如下步骤：

第一步，从景观组分、生态服务功能、景观格局 3 个方面，选取 7 个指标，分别为斑块类型、斑块面积、状态指标、土壤侵蚀敏感性、水源涵养、生物多样性保护和种子斑块，生成相应的专题栅格数据。

第二步，按照评价指标体系第二层次中的分类对各自所属指标进行乘积运算。

第三步，对第二层次中 3 个指标进行加权叠加运算得出综合评价指数，其算式如下：

生态用地综合评价=景观格局×W_1+景观组分×W_2+生态服务功能×W_3

采用层次分析法（AHP）对延龙图地区生态用地综合评价指标体系中的各指标进行权重赋值，即通过专家咨询法对评价指标两两比较构成矩阵，计算权重向量并做一致性检验。其中，W_1= 0.3，W_2= 0.4，W_3= 0.3，为 3 个指标因子各自的权重值。

第二节 生态用地综合评价

一、景观组分评价

延龙图地区景观组分评价主要是由用地类型、状态、斑块面积大小 3 个部分组成。其中状态指标由绿色植被的状态及归一化差分植被指数（normalized difference vegetation index，NDVI）与距离水域的距离组成。

（一）用地类型

本研究将生态用地看作不同的景观类型，以理查德·福尔曼的景观规划思想为主要衡量标准，对城市生态用地的重要性进行空间评价。依据前人文献，结合延龙图地区的生态特性，从本研究的目的出发，重点参考现行国土资源管理的用地分类标准，将延龙图地区的用地类型分为：林地、水域、绿地、园地、耕地、其他生态用地 6 个一级类，并细分为 18 个二级类（表 3–1）。

表 3-1 生态用地分级

一级类	林地	水域	园地	绿地	耕地	其他生态用地
二级类	有林地 灌木林地 其他林地	河流水面 湖泊水面 水库水面 坑塘水面	果园	庭院绿地 广场绿地 公园绿地 防护绿地	水田 水浇地 旱地	空闲地 裸地 荒草地

谢高地等人（2003）在进行青藏高原生态资产价值评估时做了较为深入的研究，对不同生态系统的单位面积（每公顷）生态服务价值进行赋值，最终得到中国不同陆地生态系统的单位面积生态服务价值表（表 3-2）。

表 3-2 各生态系统单位面积生态服务价值

类别	森林	草地	农田	湿地	水体	荒漠
气体调节	3 097	707.9	442.4	1 592.7	0	0
气候调节	2 389.1	796.4	787.5	15 130.9	407	0
水源涵养	2 831.5	707.9	530.9	13 715.2	18 033.2	26.5
土壤形成与保护	3 450.9	1 725.5	1 291.9	1 513.1	8.8	17.7
废物处理	1 159.2	1 159.2	1 451.2	16 086.6	16 086.6	8.8
生物多样性保护	2 884.6	964.5	628.2	2 212.2	2 203.3	300.8
食物生产	88.5	265.5	884.9	265.5	88.5	8.8
原材料	2 300.6	44.2	88.5	61.9	8.8	0
娱乐文化	1 132.6	35.4	8.8	4 910.9	3 840.2	8.8
合计	19 334	6 406.5	6 114.3	55 489	40 676.4	371.4

资料来源：谢高地等（2003）。

徐俏等人（2003）根据各生态系统单位面积生态服务价值的大小，对各生态用地类型进行了等级划分，其结果为：生态环境保护一类区，价值大于3.5 万元/公顷，如湿地、针叶林；生态环境保护二类区，价值大于 3 万元/公顷，如针阔混交林、草地、花坛、阔叶林、灌木林、疏林、经济林；生态环境保护三类区，价值大于 2 万元/公顷，如农田。陶星名等人（2006）在对杭州市生态系统服务价值进行研究测算中，采用了科斯坦萨等人（Costanza et al.，1997）定义的 17 种生态系统服务价值评估系数和统计资料，对各土地类型的生态服务功能进行估算，得出的相关生态系统单位面积的自然资本结果为：水域，2.112 万元/公顷；林地，0.595 万元/公顷；园地，0.516 万元/公顷；牧草地，0.483 万元/公顷；耕地，0.278 万元/公顷。根据谢高地、徐俏、陶星名等学者的研究成果，综合考虑用地类型及其生态价值，结合延龙图地区的地理现状，将研究区 7 种用地类型（第 7 种类型指非生态用地）分为 5 大类，并对之进行 1—5 赋值（表 3–3）。

表 3–3　用地类型评分

用地类型	评价分值
水域	5
林地	4
绿地/园地	3
耕地/其他生态用地	2
非生态用地	1

（二）状态

状态指标的分级标准中，绿色植被的状态指标用归一化植被指数来代表。植被指数（vegetation index）指从多光谱遥感数据中提取的有关地球表面植被状况的各种数值，通常是使用红光波段和近红外波段通过数学运算进行线性或非线性组合得到的数值，用以表征地表植被分布和质量情况。归一化植被指数能够很好地反映植被的生长状况，其算法与叶面积指数、有效光合辐射、叶绿素浓度、绿叶面积和蒸腾速率等多种植被生态指标有关，因此能很好地体现研究区域绿色植被的覆盖及生长状态。

利用 2016 年 6 月与 10 月 TM 影像，在 ERDAS 软件的 NDVI 模块中求出研究区域的植被覆盖情况，并在 ArcGIS 空间分析模块中将 NDVI 分为五级。本研究对绿色植被状态指标的分级参考了解伏菊等人（2005）对大兴安岭区域进行研究所采用的 NDVI 分级标准（表 3–4）。植被覆盖程度越高，评价分数越高，而水域的状态由生态用地距水域的距离表示，距离水域越近的区域评价分数越高。

表 3–4　生态用地绿色植被状态评分

状态		评价分值
NDVI	与水域距离	
>60%	<2 km	5
50%—60%	2—3 km	4
40%—50%	3—4 km	3
30%—40%	4—5 km	2
<30%	>5 km	1

（三）斑块面积

斑块面积受区域尺度、自身分类的影响很大，当斑块面积达到某一数值时就会处于稳定，不会受到外界干扰。本研究将野猪列为基准动物，根据成年野猪四季的家域面积来确定种子斑块的面积（于庆等，2012）。研究表明成年野猪各季节的家域面积存在差异：冬季，雌性成体野猪的家域面积为 813.77公顷，雄性成体野猪的家域面积为 62.04 公顷，雌性成体野猪比雄性成体的家域面积大 751.73 公顷；春季，雄性成体野猪的家域面积扩大到 505.67 公顷，雌性成体野猪的平均家域面积为 636.66±208.75 公顷；夏季，雄性成体野猪的家域面积为 94.89 公顷，雌性成体野猪的平均家域面积为 186.21 公顷，比雄性大 91.32 公顷（王文等，2007；孟根同等，2013）。根据研究需要，研究区域以东北虎为基准保护动物，确立生态用地面积大于 1 000 公顷的斑块，为最高赋值（5），详细分类见表 3–5。

表 3–5　斑块面积分级评分

面积范围	评分标准
>1 000 ha	5
700—1 000 ha	4
300—700 ha	3
100—300 ha	2
<100 ha	1

（四）景观组分评价结果

　　运用 ArcGIS 空间分析功能分别将研究区域的用地类型、状态以及斑块面积三个因子的专题图相互叠加，最终得到景观组分专题图，其赋分情况与景观组分的优劣情况成正比，即得分越高景观组分越合理，其中深绿色的部分为赋值最低的区域，即景观组分最不合理的区域，红色区域为赋值最高的区域，即景观组分最合理的区域（图 3–1）。景观组分合理的区域为三道湾镇大

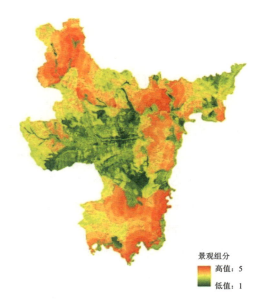

图 3–1　景观组分评价

部，依兰镇西南部，长安镇北部，开山屯镇、三合镇、智新镇大部；景观组分较不合理的区域分布在研究区的中部与西部，主要为老头沟镇东南部，朝阳川镇、延吉市、龙井市大部，小营镇、东盛涌镇西部，智新镇北部。

二、生态系统服务功能评价

生态系统服务功能的稳定建立在自然交替演变的基础上，通常表现为景观单元空间上的异质性。生态系统的服务功能，是自然生态系统提供给人们用于维持并保证人类社会生产与发展的各种自然的条件与效用。本研究选取土壤侵蚀敏感性、水源涵养、生物多样性三种影响因子对延龙图地区的生态系统服务功能进行评价。

（一）土壤侵蚀评价方法及结果

1. 评价方法

土壤侵蚀是一种人与自然相互作用的动态过程。土壤侵蚀敏感性是指研究区域在自然条件下可能发生土壤侵蚀的概率，用以反映土壤生态系统对人类行为作用的敏感程度（高文兰，2012），即敏感度越高的地区发生土壤侵蚀的概率越大，反之则越小。评价方法中比较具有代表性的模型是通用土壤侵蚀方程（universal soil loss equation，USLE）（王效科等，2001）。在考虑资料的可获取性及研究区域尺度的前提下，本部分仅选择在自然情况下与土壤侵蚀敏感性关系较大的降雨、土壤质地、地形起伏度和植被等因素进行分析，而 USLE 方程中农业措施与生态系统的自然敏感性关系并不密切，故本部分暂不做分析。

参考姚美岑（2018）的研究，通用土壤侵蚀方程公式如下：

$$A = R \times K \times LS \times C \qquad (3-1)$$

式中，A 为土壤侵蚀量，R 为降水侵蚀力，K 为土壤质地因子，LS 为地形起伏度，C 为地表覆盖因子。结合本研究区域的特点，确定研究区土壤侵蚀敏感性评价的因子。

其他因素的分级在王效科等人和严冬等人（2010）研究的分级标准基础上做出适度更改，具体分级标准见表3–6。

2. 评价结果

运用 ArcGIS 空间分析功能将地形起伏度、降水侵蚀力、土壤质地以及地表植被覆盖程度四个专题图进行叠加，得到延龙图地区土地侵蚀量估值，运用自然断点法将敏感度按 1—5 进行赋值，赋值越小表明敏感性越大，反之敏感性越小。

表 3–6　土壤侵蚀敏感性影响因子分级标准

分级	轻度敏感	中度敏感	高度敏感	极敏感
降水侵蚀力（R）	<400 mm	400—500 mm	501—600 mm	>600 mm
地形起伏度（LS）	<15°	15°—30°	31°—50°	>50°
土壤质地因子（K）	石砾、重黏	轻黏、重壤	中壤、轻壤	砂壤、砂土
地表覆盖因子（C，用 NDVI 度量）	<20	20—35	36—50	>50

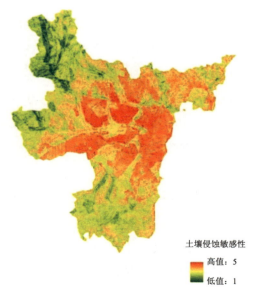

土壤侵蚀敏感性

高值：5

低值：1

图 3–2　土壤侵蚀敏感性评价

从图 3-2 中可以看出延龙图地区土壤侵蚀敏感性以延吉市为中心，从中心到周围逐渐增高。敏感性高的地方主要集中在延龙图地区北部，包括三道湾镇北部、依兰镇北部，穿过石岘镇连接月晴镇，以及延龙图地区南部，包括智新镇大部、白金乡和三合镇南部。敏感性低的区域集中在延龙图地区中部，包括延吉市周边、小营镇全部、东盛涌镇北部、朝阳川镇东部、长安镇西部。总体来说，延龙图地区土壤侵蚀敏感性不高。

（二）水源涵养评价

1. 评价方法

水源涵养是指养护水资源，其重要性取决于整个区域对受评价地区水资源的依赖程度，随所处流域级别不同存在差异（Xu *et al.*，2008）。目前常用的水源涵养重要性评价方法一般是参照生态环境部生态功能评估暂行规定，以河流的上、中、下游以及距离的远近作为评价标准。根据本研究区的区域特性选取河流、湖泊、水源保护区等因素对水源涵养进行评价，参考延边州水利局提供的关于延龙图地区水源保护区的划定标准，对水源保护区进行分级，具体分级标准见表 3-7、表 3-8。

表 3-7 水源涵养重要性分级

影响目标	类型、范围	评价分级
河流、水库、水源保护区	河流两侧<2 km	5
	河流两侧 2—3 km	4
	河流两侧 3—4 km	3
	河流两侧 4—5 km	2
	河流两侧>5 km	1
林地	常绿阔叶林、落叶阔叶林、针阔混交林	5
	灌木林地	4
	疏林地	3
农田	旱地、水田	2
其他地区	城镇用地	1

表 3–8　河流和湖泊水源涵养重要性分级

河流、湖泊、饮用水保护区类型	评价分级
河流型饮用水源一级保护区、湖泊水库型饮用水源一级保护区	5
河流型饮用水源二级保护区、湖泊水库型饮用水源二级保护区	4
河流和湖泊饮用水源准保护区（一、二级保护区外的汇水区）	3
其他区域	1

2. 评价结果

根据上述分类标准对距河流距离、生态用地分类以及水源保护区进行赋值，最终得到研究区域的水源涵养分级图（图 3–3），得分高低与水源涵养程度成正比，即得分越高表明水源涵养程度越好，反之越差。深绿色的区域为水源涵养差的区域，主要集中在延龙图地区中部偏西的位置，包括老头沟镇东南部，朝阳川镇、龙井市、延吉市大部，依兰镇南部，长安镇西部，以及东盛涌镇、德新乡、智新镇交界处。水源涵养较好的区域主要位于延龙图地区西部，即三道湾镇大部。总的来说，延龙图地区水源涵养分区较为集中，水源涵养等级区分较为明显。

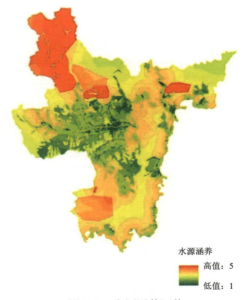

水源涵养

高值：5

低值：1

图 3–3　水源涵养评价

（三）生物多样性评价

1. 评价方法

生物多样性的重要性是指在研究区域内生物多样性保护的重要程度，生物多样性是自然界生命的支持系统，在维持城市可持续发展、区域生态平衡等方面有着不可替代的作用。国家《生态功能区划技术暂行规程》对生物多样性的重要程度进行了详细的分级（表 3-9）。目前国内按照生态系统类型或者评价单元调查生物种类的工作尚未展开，短期内也很难有较大的进展，因此本研究采用了替代的方法对研究区域的生物多样性进行评价。

表 3-9　生物多样性重要性评价方法

生态系统或物种占全省物种数量的比率	重要性
优先生态系统或物种数量比率＞30%	极重要
物种数量比率 15%—30%	重要
物种数量比率 5%—15%	中等重要
物种数量比率＜5%	不重要

生物资源与其生长环境密切相关，特别是水源与光照。由于地球的光照是由低纬度向高纬度递减，形成不同的气候带；由于水陆的差异，形成不同的水量；有的地方由于海拔的不同，形成垂直地带性变化。一般来说，光照多、水量多的地方物种更丰富。从分区的要求来看，基于水源与光照（即温度）的生物多样性评价是成立的，既能够反映空间的差异变化，又不用厘清研究区域内物种的种类。该方法如公式所示：

$$DM = \left(P \times 50\% + T \times 50\%\right) \times \sum_{i=1}^{n} \frac{em_i}{A} \times CD_i \, (i = 1, 2, 3, \cdots, 7) \qquad (3-2)$$

式中 DM 为研究区生物多样性评价分数；P 为某一年的降水标准化数据；T 为该年平均温度数据；em_i/A 为各用地类型所占比例；CD_i 为不同用地类型的等级，即不同用地类型所对应的权重，其中：林地与水域为 7，绿地与园地为 5，耕地为 3，其他生态用地与建筑用地为 1。最终根据 DM 的数值将研究区生态用地生物多样性评分划分为 1、2、3、4、5 五个等级，分别代表生物多样性由低到高五个级别。

2. 评价结果

基于公式，运用 ArcGIS 空间分析模块将平均降水专题图、年平均温度专题图以及用地类型专题图进行叠加，将延龙图地区生物多样性分为 1—5 五个级别，其重要程度与评分成正比，即 1 代表物种最匮乏的地域，5 代表物种丰富度最高的地域（图 3–4）。从图中可以看出，延龙图地区生物多样性呈现由西向东逐渐增高的地带式分布。深绿色的区域为生物多样性较低的地区，主要集中在研究区域的西北部以及延吉市周围，以三道湾镇、小营镇生物多样性最为匮乏，应注意对这些地区生物多样性的保护。红色的区域为生物多样性高的区域，只集中在研究区域的东面，包括凉水镇、石岘镇、图们市、月晴镇、开山屯镇以及三合镇的大部分地区。

生物多样性
高值：5
低值：1

图 3–4　生物多样性分级评价

（四）生态系统服务功能评价结果

根据得到的土壤侵蚀敏感性指标、水源涵养指标、生物多样性指标，将这三个指标的重要性分为1—5五个级别，进行叠加，最终得到生态系统服务功能评价结果（图3–5），1—5的评分分别代表低、较低、中等、较高和高。

生态系统服务功能
高值：5
低值：1

图3–5 生态系统服务功能评级

延龙图地区景观生态功能较高的区域集中在东南部，包括依兰镇南部、长安镇与东盛涌镇东部，石岘镇与月晴镇大部，凉水镇西部；生态系统服务功能较低的区域集中在研究区域的中心地带，延吉市最低，老头沟镇、朝阳川镇与长安镇次之。

三、景观格局评价

种子斑块是维持区域生态稳定的重要组成部分，通过对研究区域种子斑块（seed）的选取，建立城市生态景观格局的基础构架，根据这些重要景观组分的空间约束，可确定其他生态景观单元基于"集中与分散"格局的重要性评价。岛屿生态学和景观生态学也都有大量的科学观察证明，维护自然与景观格局基底的连续性与完整性，对人类生态环境的可持续发展以及生物多样性的保护具有十分重要的意义。以种子斑块为基础构架，通过与其周边 5 千米范围内的自然基底相关联，形成了贯通东西的绿带，增强了生态景观的连续性，构成了区域较为理想的城市生态景观格局。

（一）种子斑块

种子斑块主要从保护性用地和大型斑块两个方面进行选取。研究表明大型植被斑块具有多种效益以及重要的生态功能，在各种土地利用类型中，生态效益最大的是林地。我国法律法规明确规定的保护性用地主要包括：自然保护区、水产种质资源保护区、风景名胜区、森林公园、地质公园、水利风景区、国家级公益林地等，并已建立了相应的法律制度（表 3–10）。

表 3–10　保护性用地主要类型

类别		内容与范围	行政主管部门	建设管控依据
自然保护区		指对有代表性的自然生态系统、珍稀濒危野生动植物物种的天然集中分布区、有特殊意义的自然遗迹等保护对象所在的陆地、陆地水体或者海域，依法划出一定面积予以特殊保护和管理的区域。包括国家级、地方级自然保护区	由环境保护部门主管，林业、农业、建设、地质矿产、水利、海洋等有关部门分职责管理	《自然保护区条例》（1994）
分区	自然保护区核心区	自然保护区内保存完好的天然状态的生态系统以及珍稀、濒危动植物的集中分布。禁止任何单位和个人进入；除主管部门批准外，也不允许进入从事科学研究活动		《自然保护区条例》（1994）第二十七条
	自然保护区缓冲区	只准进入从事科学研究观测活动		《自然保护区条例》（1994）第二十八条
	自然保护区实验区	可以进入从事科学试验、教学实习、参观考察、旅游以及驯化、繁殖珍稀、濒危野生动植物等活动		《自然保护区条例》（1994）第二十九条

类别	内容与范围	行政主管部门	建设管控依据
水产种质资源保护区	指为保护水产种质资源及其生存环境，在具有较高经济价值和遗传育种价值的水产种质资源的主要生长繁育区域，依法划定并予以特殊保护和管理的水域、滩涂及其毗邻的岛礁、陆域。包括国家级和省级水产种质资源保护区	农业部门和省级人民政府渔业行政主管部门	《水产种质资源保护区管理暂行办法》（2011）第十七条至第二十一条
分区	风景名胜区 指具有观赏、文化或者科学价值，自然景观、人文景观比较集中，环境优美，可供人们游览或者进行科学、文化活动的区域。包括国家级和省级风景名胜区	由建设部门主管，文物保护、宗教等其他部门分职责管理	《风景名胜区条例》（2006）第二十条至第三十一条；《风景名胜区建设管理规定》（1993）
	风景区特级保护区 包括风景区自然保护核心区以及其他不应进入游人的区域，在区内不得搞任何建筑设施		《风景名胜区规划规范》（2000）第 4.1.3 条
	风景区一级保护区 区内可以安置必需的步行游赏道路和相关设施，严禁建设与风景无关的设施，不得安排旅宿床位，机动交通工具不得进入此区		《风景名胜区规划规范》（2000）第 4.1.3 条
	风景区二级保护区 区内可以安排少量旅宿设施，但必须限制与风景游赏无关的建设，应限制机动交通工具进入此区		《风景名胜区规划规范》（2000）第 4.1.3 条
	风景区三级保护区 区内应有序控制各项建设与设施，并应与风景环境相协调		《风景名胜区规划规范》（2000）第 4.1.3 条
森林公园	指森林景观优美，自然景观和人文景物集中，具有一定规模，可供人们游览、休息或进行科学、文化、教育活动的场所。包括国家级、省级、市级、县级森林公园	由林业部门主管	《森林公园管理办法》（2011）第十一条、第十二条；《国家级森林公园管理办法》（2011）第十三条、第十五条、第十八条
地质公园	指在地球演化的漫长地质历史时期，由于各种内外动力地质作用，形成、发展并遗留下来的珍贵的、不可再生的地质自然遗产。包括国家级、省级、县级地质遗迹保护区	对独立存在的地质遗迹保护区，由国土部门主管；对于分布在其他类型自然保护区的地质遗迹保护区，在自然保护区管理机构协助下实施管理	《地质遗迹保护管理规定》（1995）第十七条、第十八条、第十九条

续表

类别		内容与范围	行政主管部门	建设管控依据
水利风景区		指以水域（水体）或水利工程为依托，具有一定规模和质量的风景资源与环境条件，可以开展观光、娱乐、休闲、度假或科学、文化、教育活动的区域。包括国家级、省级水利风景区	由水利部门主管	《水利风景区管理办法》（2004）第十三条
国家级公益林地		指生态区位极为重要或生态状况极为脆弱，对国土生态安全、生物多样性保护和经济社会可持续发展具有重要作用，以发挥森林生态和社会服务功能为主要经营目的的重点防护林和特种用途林		《国家级公益林管理办法》（2013）；《国家级公益林区划界定办法》（2009）
分区	一级	原则上不得开展生产经营活动，严禁林木采伐行为	由林业部门主管	《国家级公益林管理办法》（2013）第十六条
	二级	在不破坏森林生态系统功能的前提下，可以合理利用的林地资源，适度开展林下种植养殖和森林游憩等非木质资源开发与利用，科学发展林下经济		《国家级公益林管理办法》（2013）第十七条、第十八条
	三级	应当以增加森林植被、提高森林质量为目标，加强森林资源培育，科学经营、合理利用		《国家级公益林管理办法》（2013）第十九条

　　基于保护性用地与大型斑块的约束条件，本研究选取了三峰山风景区、日光山森林公园、黄草沟森林公园、六道水库以及水源保护区、图们市枫梧水库、石头河水库水源保护区、凤梧野生动物自然保护区、琵岩山生态保护区、天佛指山生态保护区、帽儿山生态保护区以及海兰湖水库作为种子斑块，图 3–6 为延龙图地区的种子斑块图，由图中可以看出种子斑块较均匀地分布在研究区域内。

种子斑块

图 3-6　种子斑块分布

（二）与种子斑块的距离

根据选取的种子斑块，以与种子斑块的距离建立缓冲区，距离种子斑块越近的范围越重要，功能性也就越强，按照距离的不同所赋的值也有所不同。表 3-11 为距离指数赋值表。

表 3-11　距种子斑块的距离分级

与种子斑块的距离	距离指数
<2 km	5
2—5 km	4
5—8 km	3
8—11 km	2
>11 km	1

　　根据已选取的种子斑块，分别做 2 千米、5 千米、8 千米、11 千米四种距离不等的缓冲区，形成景观格局分级图（图 3-7）。缓冲区由内向外延伸，以 11 千米的距离为界，种子斑块与其周围 11 千米范围内的自然基底相关联，生态景观保持连续性，构成了延龙图地区较为理想的城市生态景观格局。将与种子斑块距离大于 11 千米的景观单元的景观格局评价分值项赋为最小值"1"，小于等于 1 千米的景观单元的景观格局评价分值项赋为最大值"5"，其间的评价分值依据距离关系和渐变关系分别进行赋值。

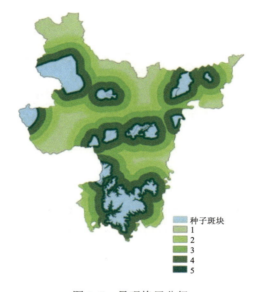

种子斑块
1
2
3
4
5

图 3-7　景观格局分级

四、生态用地综合评价

　　通过将已有的景观组分、生态系统服务功能、景观格局专题图进行等权叠加，得到生态用地综合评价结果。综合评价得分为 1—5，综合评价的得分高低与生态用地价值成正比，即得分高的区域生态用地价值也高，反之亦然。

　　根据评价结果，各区域的生态用地综合评价情况如下：

得分为 5 的区域主要集中在依兰镇、石岘镇、凉水镇、龙井市、白金乡等地，占总面积的 26.65%。这些地方的生态用地价值最高，说明其生态系统功能和景观格局最为优越，生物多样性丰富，生态环境相对稳定，是当地生态系统的核心区域。这些区域不仅提供了重要的生态服务功能，如水源涵养、土壤保持和气候调节，还具有很高的美学和文化价值。因此，这些区域应被优先保护，以确保其生态功能的长期可持续性。

得分为 4 的区域分布较为广泛，涵盖了小营镇、图们市市区、月晴镇、三合镇等地。这些区域的生态用地价值较高，生态系统功能较强，但可能受到一定的人类活动影响。尽管如此，这些区域依然具有较高的生态价值和恢复潜力，是生态保护和管理的重点区域。通过适当的保护措施，如限制开发、实施生态修复项目，可以进一步提升这些区域的生态功能。

得分为 3 的区域分布在长安镇、朝阳川镇、东盛涌镇、德新乡、开山屯镇等地。这些区域的生态用地价值中等，生态系统功能较为一般，可能存在一定程度的生态破坏和退化现象。需要通过加强管理和维护，如实施生态恢复工程、提升植被覆盖率等措施，来改善生态环境，提升生态系统的稳定性和服务功能。

得分为 2 的区域分布在延吉市市区、龙井市市区附近。这些区域的生态用地价值较低，生态系统功能较弱，生态环境较为脆弱，可能受到较严重的人类活动干扰，如农业开垦、城市建设等。需要制定和实施针对性的生态修复和改进措施，如恢复自然植被、改善水土流失状况等，以提高这些区域的生态功能和环境质量。

得分为 1 的区域面积最少，占总面积的 9.98%，分布在老头沟镇等地。这些区域的生态用地价值最低，生态系统功能最为薄弱，可能面临严重的生态退化和环境问题。应优先进行生态修复和保护，如通过封山育林、恢复湿地等措施，来恢复生态系统的功能和稳定性，提升生态用地的价值。

第三节 最小生态用地空间范围识别

在城镇化进程中，合理规划和保护生态用地是确保生态系统健康与可持续发展的关键。通过识别最小生态用地空间范围，我们能够在满足城市发展需求的同时，最大限度地保护生态环境。本节通过情景分析，综合评价了延龙图地区不同比例生态用地的空间分布和生态连通性，探讨了各种情景下的生态用地配置及其对城市生态系统的影响，以确定最适宜的最小生态用地比例。

一、情景分析

评价结果由综合评价指数反映。生态用地综合评价结果赋值为 1—5，赋值与重要程度成正比，即赋值越高其重要性越高，需要受保护的程度也就越高；反之，赋值越低其重要性越低。将赋值后的延龙图地区生态用地综合评价图运用 ArcGIS 进行处理，根据赋值由高到低模拟了四种情景，生态用地范围分别占研究区域总面积的 30%、40%、50%、60%［图 3–8(a)—(d)］。

四类情景模式下提取的生态用地范围图（图 3–8）显示，当提取的生态用地面积占研究区域面积的 30%时，只有几个较大的斑块，生态用地的空间分布不够均匀，呈现明显的孤立性，斑块与斑块之间缺少有效的连续空间；当提取的生态用地面积占研究区域面积的 40%时，尽管围绕种子斑块边缘的生态景观有所增加，但各斑块间仍比较孤立，生态斑块空间连续不够；当提取的生态用地面积占研究区域面积的 50%时，能够保护大面积的生态用地，而且斑块间的空间连接有一定增加，但连通性还是不够完善；当提取的生态用地面积占研究区域面积的 60%时，与 50%的情景相比，生态用地区域边缘更加完整，生态用地的连通性也显著增加（图 3–9），较好地保护了种子斑块的边缘地带和生态景观的空间连续，完全符合"集中与分散"理论，大小斑

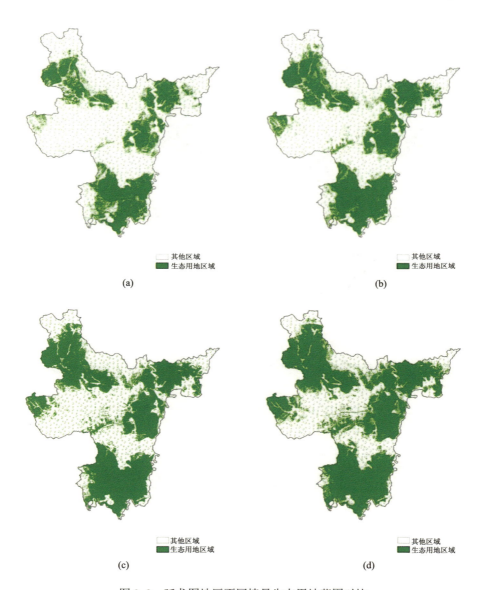

图 3-8　延龙图地区不同情景生态用地范围对比

块分布错落有致，廊道与基质连通性好。从生态学的角度，有研究表明大体上 1 平方千米的建设用地，至少需要 2 平方千米有一定植被覆盖的非建设用地作为保证。提取研究区域 60% 的面积作为生态用地范围的情景下，保护了多数同类型的生态用地面积，而且自然景观要高于半自然半人工的景观，符

合生态用地的受保护比例，因此选取 60%的生态用地区域作为延龙图地区的
最小生态用地空间范围是合理的。

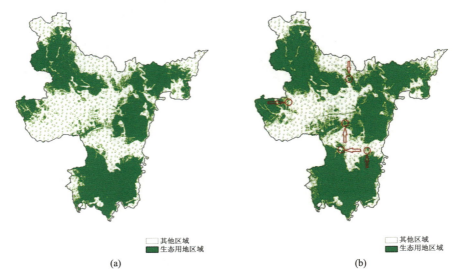

图 3-9　生态用地占研究区域面积 50%(a)与 60%(b)情景下的生态用地连通性对比

对不同情景下生态用地土地利用结构进行统计，统计结果见表 3-12。

表 3-12　不同情景下各用地类型面积占同类型土地面积比例

	生态用地占研究区域土地面积的百分比			
	30%	**40%**	**50%**	**60%**
林地	30.21%	43.56%	52.34%	76.14%
耕地	3.28%	6.37%	10.21%	24.72%
水域	2.56%	5.79%	20.45%	42.80%
园地	28.16%	38.97%	58.65%	75.56%
绿地	5.23%	8.76%	13.68%	63.06%
其他生态用地	0	1.23%	4.26%	10.05%

从表 3-12 可以看出，当选取的生态用地面积占研究区土地面积的 30%、
40%与 50%时，各用地类型的面积占同类型土地面积的比例均呈现平稳增加的

趋势；但当选取的生态用地占研究区域总面积的 60%时，可以看出耕地、水域、绿地面积占比均大幅度增加，其中绿地面积占比增幅最大，增长到 63.06%，而另外三种用地类型的面积占比也均有明显增加。因此选取 60%为延龙图地区最小生态用地空间范围的阈值，自然的生态用地面积高于半人工半自然的生态用地面积，既保护了生态的多样性，又维护了生态功能。

二、最小生态用地空间范围识别

本研究将从用地类型与空间位置两个方面对延龙图地区最小生态用地范围进行识别。首先，将所提取的延龙图地区最小生态用地空间范围与延龙图生态用地进行叠加。为了便于识别，将最小生态用地图层的透明度设置为 60%，得到延龙图地区最小生态用地类型分布图（图 3–10）。从图中可以看出，最小生态用地大部分为林地，有一小部分为耕地，还有水域、极少的园地和绿地。延龙图地区最小生态用地类型以大片林地为主，体现了主要的生

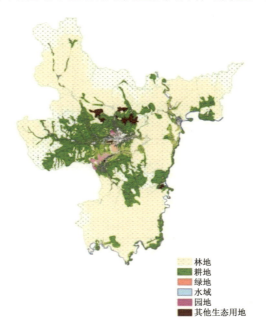

林地
耕地
绿地
水域
园地
其他生态用地

图 3–10　延龙图地区最小生态用地类型分布

态功能，又有少量的其他用地类型，符合基质的多样性，是合理的。

其次，将所提取的最小生态用地与乡镇图层进行叠加，设置最小生态用地透明度为 40%，以识别其空间位置。分析结果表明，延龙图地区最小生态用地符合"集中与分散"理论，有三个大的斑块分布在研究区域的北部、西部和南部，其他地方散落了一些小斑块，小斑块组成廊道将大斑块紧密相连。根据景观生态学的理论，城市生态系统的最优模式就是"集中与分散"相结合的空间布局模式，即具有重要生态功能的土地类型尽可能地集聚成几个大型的斑块，并相对均匀地散布于城市及周边地区，这些大型斑块之间通过建设生态廊道连接在一起。

综上所述，选取 60% 生态用地面积作为延龙图地区的最小生态用地是科学且合理的。

三、多尺度最小生态用地分析

城市具有典型的尺度性特征，不同尺度反映出来的生态结构、过程与功能及其相互关系具有较大的差异性，因此城市生态用地空间结构的评价与分析也应充分考虑尺度问题。

（一）大尺度最小生态用地分析

尺度研究的根本目的在于通过适宜的研究手段揭示和把握本征尺度的规律性。根据最小生态用地空间识别结果，对延龙图地区最小生态用地中不同用地类型的面积进行统计，结果见表 3–13。

表 3–13 大尺度最小生态用地面积统计

用地类型	林地	耕地	水域	园地	绿地	其他生态用地
面积（km²）	2 798.09	183.63	31.03	24.12	10.80	5.53
占同类型土地面积百分比（%）	76.14	24.72	42.80	75.56	63.06	10.05

从各用地类型的面积统计来看，延龙图地区不同用地类型在最小生态用地中的面积由大到小排序为：林地＞耕地＞水域＞园地＞绿地＞其他生态用地。林地所占面积最大，占最小生态用地总面积的 91.64%，表明延龙图地区林地在生态功能上发挥主要作用；园地、绿地和其他生态用地面积相对较小，面积占比均不足 1%，但是都具有重要的生态功能，维持了最小生态用地中用地类型的多样性，是组成延龙图地区最小生态用地不可替代的一部分。

根据占同类型土地面积百分比统计来看，延龙图地区不同用地类型最小生态用地占同类型土地面积的百分比由大到小排序为：林地＞园地＞绿地＞水域＞耕地＞其他生态用地。与各用地类型的面积排序对比来看，最大与最小依旧是林地与其他生态用地，耕地的变化最为明显，说明在最小生态用地中耕地面积的基数较大，但是其生态功能相对较低。

论及延龙图地区大尺度最小生态用地分布，林地在最小生态用地面积与占同类型土地面积百分比中都是最大的，这说明在保护用地类型多样性的前提下，自然的生态用地要高于半人工半自然的生态用地受保护比例，而园地与绿地面积较少，需要重点保护，以防最小生态用地类型过于单一，多类型的最小生态用地才能发挥出最大的生态效益。

（二）中尺度最小生态用地分析

为了比较不同区域（延吉市、龙井市、图们市）最小生态用地的差异，以 2016 年的土地利用数据为基础，对林地、耕地、水域、园地、绿地以及其他生态用地在最小生态用地中的面积进行统计，结果见表 3–14。

表 3–14　中尺度最小生态用地面积统计（km²）

	林地	耕地	水域	园地	绿地	其他生态用地	总面积
延吉市	824.63	68.35	9.84	12.55	10.41	2.58	928.36
龙井市	1 196.23	62.35	11.83	11.49	0.20	2.42	1 284.52
图们市	777.24	52.93	9.36	0.09	0.19	0.53	840.34

从用地类型角度对延龙图地区最小生态用地进行分析，对三市各类型最小生态用地面积进行排序。延吉市各类型土地在最小生态用地中的面积由大到小依次为：林地＞耕地＞园地＞绿地＞水域＞其他生态用地。龙井市各类型土地在最小生态用地中的面积由大到小依次为：林地＞耕地＞水域＞园地＞其他生态用地＞绿地。图们市各类型土地在最小生态用地中的面积由大到小依次为：林地＞耕地＞水域＞其他生态用地＞绿地＞园地。根据三市的排序不难看出，林地与耕地均为面积最大的用地类型，而水域面积三市的对比差异不大，差异最为显著的是绿地面积，延吉市的绿地面积占三市最小生态用地绿地总面积的 96.4%，因此龙井市与图们市需要加强对绿地的保护与建设。

从人口角度对延龙图地区最小生态用地进行分析（图 3-11），可以看出最小生态用地占生态用地面积的百分比呈现出延吉市＜龙井市＜图们市，而三市的人口数量呈现出延吉市＞龙井市＞图们市的特征，因此可以得出，延、龙、图三市最小生态用地面积占比与三市的人口数成反比，即人口越多的城市最小生态用地所占面积越小，反之则越大。这表明人类活动的增多与城市的扩张会削弱生态系统的完整性，降低生态功能，不利于最小生态用地保护。

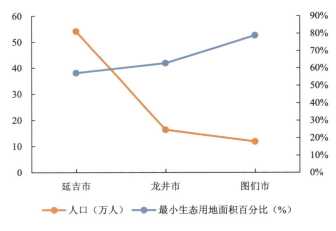

图 3-11　中尺度人口与面积占比对比

　　从延龙图地区中尺度最小生态用地分布总的态势来看，六种用地类型在三个市均有分布，体现了最小生态用地类型的多样性，其最小生态用地面积由大到小排序依次为：龙井市＞延吉市＞图们市，其中图们市最小生态用地面积最小，但占图们市生态用地面积的比例却达 78.94%，是三市中最小生态用地所占比重最高的，说明图们市生态系统最为完整，其生态用地的保护也最好；而延吉市最小生态用地面积只占延吉市生态用地面积的 57.14%，低于最小生态用地选取的阈值；龙井市最小生态用地面积占龙井市生态用地面积的比例为 62.79%，与最小生态用地选取阈值接近，说明龙井市最小生态用地分布最为合理。

（三）小尺度最小生态用地分析

　　以 2016 年研究区遥感影像数据，借助 ArcGIS 软件，统计研究区 15 个乡镇及 3 个县级市市区的最小生态用地中不同类型的生态用地面积，参见表 3–15。

表 3–15　小尺度最小生态用地面积统计（km²）

	林地	耕地	水域	园地	绿地	其他生态用地	总面积
三道湾镇	441.39	6.62	5.33	0	0	0	453.34
朝阳川镇	120.00	37.74	0.02	9.92	0	0.76	168.44
依兰镇	226.92	6.63	2.95	0	0	1.57	238.07
小营镇	32.23	11.55	1.53	0	1.37	0	46.68
延吉市市区	4.09	5.80	0.01	2.63	9.04	0.25	21.83
老头沟镇	180.11	14.61	1.04	0	0	0	195.76
东盛涌镇	106.30	29.98	6.44	0	0.12	0.02	142.86
智新镇	269.73	9.58	3.95	9.31	0.07	0.12	292.75
德新乡	24.34	0.55	0	0	0	0	24.89
开山屯镇	113.57	0.57	0	0	0	0	114.14
白金乡	236.35	2.31	0	0	0	0	238.66
三合镇	265.74	1.71	0.29	0	0	0	267.74
龙井市市区	0.09	3.05	0.12	2.17	0.01	2.28	7.73

续表

	林地	耕地	水域	园地	绿地	其他生态用地	总面积
石岘镇	202.76	9.33	4.01	0	0	0	216.10
凉水镇	220.70	1.26	0	0	0	0	221.96
长安镇	151.19	8.20	4.24	0	0	0.46	164.10
月晴镇	202.18	33.52	1.09	0.09	0.04	0	236.92
图们市市区	0.41	0.62	0.02	0	0.14	0.07	1.26

　　根据 15 个乡镇及 3 个县级市市区最小生态用地面积统计,延龙图地区最小生态用地面积分为四个等级。三道湾镇最小生态用地面积占比最大,超过 400 平方千米;其次为智新镇、三合镇、白金乡、依兰镇、月晴镇、凉水镇、石岘镇,超过 200 平方千米;再次为老头沟镇、朝阳川镇、长安镇、东盛涌镇、开山屯镇,面积在 100—200 平方千米;最后最小生态用地面积小于 100 平方千米的为小营镇、德新乡、延吉市市区、龙井市市区与图们市市区,其中图们市市区最小,只有 1.26 平方千米。从地理位置上看,前两个等级的乡镇远离经济活动中心,地势较高,人类活动对这些乡镇的生态用地破坏较小,基本保存了生态系统的完整性,而属于第四等级的地区主要分布在延吉市、龙井市、图们市周围,城市化进程相对较快,人为破坏较为严重,其生态系统完整性较差,随着社会经济系统的发展、城市化进程的加快,大部分生态用地转化为建设用地,因而最小生态用地的面积相对较少。

　　根据最小生态用地面积中各用地类型面积统计来看,在林地中以三道湾镇面积最多,超过 400 平方千米,占最小生态用地中林地面积的 15.8%,其次为依兰镇、智新镇、白金乡、三合镇、石岘镇、凉水镇与月晴镇,林地面积都超过 200 平方千米,龙井市市区林地面积最小,只有 0.09 平方千米。在耕地中,朝阳川镇、东盛涌镇、月晴镇、老头沟镇与小营镇这 5 个乡镇耕地面积均大于 10 平方千米,5 个乡镇耕地面积总和占最小生态用地中耕地总面积的 69.38%,这些乡镇主要分布在城区的周边,为城市提供粮食。在水域中,三道湾镇、东盛涌镇、石岘镇、长安镇、依兰镇与智新镇水域面积较大,其总和占最小生态用地中水域总面积的 86.73%，其余乡镇及市区水域面积较少。最小生态用地中园地主要集中分布在朝阳川镇与智新镇，2 个镇园地面积总和达到 19.23 平方千米，占最小生态用地中园地总面积的 79.72%，其他乡镇及市区园地面积总和只有不到 5 平方千米。在绿地中，延吉市市区绿地面积最大，达到 9.04 平方千米，占最小生态用地中绿地总面积的 83.78%，其次为小营镇，绿地面积占最小生态用地中绿地总面积的 12.70%，其他乡镇及市区绿地分布相对较少，面积总和小于 1 平方千米；在其他生态用地中，龙井市市区、依兰镇与朝阳川镇的其他生态用地分布较多，其他乡镇及市区分布很少甚至没有。

就延龙图地区小尺度最小生态用地分布而言，林地与耕地在乡镇中均有分布，而园地分布范围最集中，只分布在朝阳川镇、延吉市市区、智新镇、月晴镇和龙井市市区；在延吉市市区、龙井市市区、智新镇，最小生态用地包含全部六种用地类型，而德新乡、开山屯镇、白金乡与凉水镇这 4 个乡镇最小生态用地类型分布较为单一，只有林地与耕地分布。

四、最小生态用地保护措施与对策

（一）最小生态用地保护措施

延龙图地区最小生态用地的空间分布较好地体现了"集中与分散"相结合的空间布局模式，区域是由几个相对较大的、生态质量相对较好的大型植被斑块通过廊道联结成的一个整体。以所提取的最小生态用地范围为基础，通过生态保育与建设，能够在延龙图地区建立起良好的生态景观构架，为延龙图地区的景观规划提供新思想，因此对延龙图地区最小生态用地的保护是尤为重要的。

（1）要增大具有重要生态功能的景观斑块面积，使斑块破碎度降低。通过图 3-8(d)能够看出，延龙图地区最小生态用地中有很大一部分为大型斑块，大型斑块很好地保护了生态的完整性，为野生动物的繁殖创造了良好的条件。今后工作的重点是保护大型斑块，增加造林面积，避免人类建设用地的侵占和破坏。

（2）由于斑块之间的连通性较差，应增强廊道保护与建设，使得各景观斑块之间相互联结形成一个有机的整体。延龙图地区最小生态用地虽然符合"集中与分散"理论，但是斑块之间的联系不够紧密。廊道的作用是将大块的斑块联结起来，便于生态流动。经研究发现，延龙图地区生态用地间潜在的生态廊道大多数所处的区域生态系统优良，完全能够发挥其在景观生态过程中的连通作用，今后保护应主要放在维护上。但是有些生态廊道距离建设用地很近，甚至是穿过建设用地的，就需要对该地段的生态廊道进行修复，防止其被建设用地侵占或破坏而造成生态流中断；应该在此地段或就近人为地建立新的生态廊道，以保证生态廊道的连续性。今后建设的重点应放在主干廊道的布局上，需要不断完善廊道宽度、乔灌草结合度及其连通性等，并分别将公园、广场、庭院和防护绿地景观通过绿色廊道相联结，将其整体的生态效益发挥出来；可以筹划在社区构建无机动车行驶的绿色通道，先从一个普通社区开始规划并建设景观车道，建设远离车辆行驶的既安静又安全舒适的绿色道路，将景区与居住区、商业步行街、休闲娱乐健身场所等连接起来，不仅方便人们的工作与衣食住行，还会使城市变得更加整洁安全，生态环境更好。

（3）具有重要生态功能的景观斑块在空间上分布有些集中。具有重要生态功能的景观斑块在空间上均匀分布是极其重要的。从最小生态用地的分布图（图3-10）可以看出，延龙图地区最小生态用地分布不太均匀，延龙图地区中部最小生态用地相对较少，应该积极保护延吉市内的城市生态用地，改善薄弱的地区，以减少各斑块之间的距离，使得最小生态用地在空间上均匀分布。

（二）最小生态用地保护对策

延龙图地区生态环境相对较好，有大片林地维护了区域的生物多样性以及区域生态的可持续发展，但是城市内的生态用地情况不容乐观，针对研究区域生态用地在空间上差距较大的现状，提出以下几点对策：

1. 拓展生态产业，推进产业转型

延边州在开展生态文明示范城市工作中，目标之一就是建立生态环境损害终身追究制度，可以说生态保护一直是延龙图地区发展的战略方向之一。进一步优化空间格局和产业结构，促进生产方式与生活方式的调整，符合地区的经济社会发展方向，有利于生态环境与经济社会统筹兼顾，实现人与社会和谐发展。通过积极推动地区绿色生态项目的建设，突出延边地区朝鲜族特色，"下好生态棋，主打绿色牌"，从而真正地把绿色生态优势转化为区域经济的产业优势，实现延龙图地区工业的绿色转型升级。

（1）在延龙图新区建设过程中，积极发展朝阳产业，促进区域经济向绿色产业转型。延龙图新区致力于建设具有朝鲜族特色的生态型都市，打造延龙图全域示范区。因而延龙图地区应充分利用自然生态环境、边境区位、民俗文化等优势，进行生态旅游的开发。本区生态环境优良，野生动植物资源丰富，空气质量良好，属于最佳的宜居之地，可大力地开发生态观光、养生健身、休闲度假等方面的旅游产品，推动地区旅游业朝着品质化方向进行转型发展。充分利用区域内朝鲜族文化与人文景观，按照布局合理、错位发展的原则，打造具有地标性的人文景观与自然山水相互辉映的文化产业园区、民俗体验园区。

（2）确立以生态建设为目标来建设城市，打造生态城市，加大力度进行相关的建设改造，并从源头上严格控制污染企业项目。从建设项目环境管理的角度着手，不引进污染重工业，坚持做到对于不符合国家环境保护政策、不符合区域环境功能区划、污染物不能稳定达标的产业项目一律拒批，为"绿色城市"的迅速崛起奠定基础。进一步加强资源的节约利用，发展循环经济，推进绿色清洁生产，强化对土地、森林、大气、水体等生态系统的维护，减少自然环境资源的不必要消耗和污染物的无序排放，逐步打造绿色生产方式和生活方式，兼顾生态效益和社会效益，实现生态和发展双赢，优先推动生态的健康型产业，推动长白山生态绿色特色食品产业的发展。

（3）推动林业生态转型发展。保护与发展并行，强化森林资源管理与经营，严格落实国有林区停伐政策，坚持森林经营的科学流程，强化对森林资源的全方位和全过程监管。深入推进国有林场和国有林区改革，大力发展矿泉水、绿化苗木、红松果等项目，重点推进绿化苗木、中药材、珍贵树种培育，发展林下林地经济、森林矿泉水等绿色产业，有序地引导林区人口向县域和区域中心镇迁移。

2. 加强生态法治体系建设

强化延龙图地区的生态法治建设，建立规范长效的生态保护机制。构建统一的环境监管体制，强化相关生态文明的法治体系建设。利用"3S"技术对生态系统评价的各要素进行监测，以确保生态空间的各项指标符合要求。传统的"先发展、后治理"得不偿失，所以，在地区建设中应落实"保护重于治理"的原则，在保护中求发展，在发展中注重自然生态环境的合理规划。应在我国已有的生态安全相关法规的体系下，尽快建立合乎延龙图地区自身特点的生态安全法规体系，使生态安全得以制度化。对区域内各保护区建设应统筹进行长远规划，兼顾保护与开发，合理地制定保护范围，防止日后的发展受到限制。

3. 开展生态项目，加大投入力度

结合国家生态文明先行示范区建设和长白山区林业转型发展，延龙图地区应积极开展资源综合利用。目前，延龙图地区已经在生态保护方面完成了一系列工程，例如，2016年的布尔哈通河防洪护堤维修工程，有效增强了布尔哈通河的防洪能力，改善了布尔哈通河的生态环境，提升了布尔哈通河南岸的水系景观，对延吉市加快建设图们江区域生态宜居、开放前沿城市起到了很好的促进作用。政府作为延龙图地区进行生态建设的主体力量，对于相关生态建设工程的实施、管护和利用应积极担负起主要的责任，并大力开展对新建项目和专项生态规划的环境评价，积极落实工程实施过程中的监督管理工作，加大对于生态建设的投入，进一步强化对生态环境的保护。

本 章 小 结

本章在明确了最小生态用地的意义的基础上，对延龙图地区最小生态用

地的空间范围进行测算与识别，得出了以下主要结论：

第一，从景观组分、生态系统服务功能和景观格局三个方面，选取斑块类型、斑块面积、状态、土壤侵蚀敏感性、水源涵养、生物多样性保护和种子斑块等七个指标，生成相应的专题图，最终得到对延龙图地区生态用地的综合评价。综合评价结果分 1—5 五个级别，分别对应低、较低、中等、较高和高，明确了各级别生态用地的重要性和保护需求。

第二，确立生态用地占总用地面积的 60% 为延龙图地区最小生态用地提取阈值。在此阈值下，林地占总最小生态用地面积的 91.64%，其次是耕地和水域，此外还有少部分为园地和绿地。该比例下的最小生态用地分布符合"集中与分散"理论，有效保护了区域生态功能和景观多样性。

第三，对延龙图地区最小生态用地进行多尺度分析，发现大尺度下林地占比最高，中尺度和小尺度分析进一步揭示了不同用地类型在最小生态用地中的具体分布特点和空间连接状况，明确了最小生态用地在区域生态保护中的核心地位。

第四，通过本章研究提出了三条对延龙图地区主要生态用地的保护建议：一是增加具有重要生态功能的景观斑块面积，降低斑块破碎度；二是增强生态斑块之间的连通性，通过廊道建设实现景观斑块的有机连接；三是促进生态斑块的均匀分布，避免过度集中，提高生态系统的整体稳定性和抗干扰能力。

第四章 图们江地区重要节点城市生态用地空间结构评价与空间格局优化

　　城市生态用地空间结构是指城市生态用地及其周围环境组成的城市生态用地数量、形状、绿化结构以及连通性、可达性、镶嵌度等空间结构特征。生态用地空间结构决定其生态系统服务功能，格局的变化将会引起生态系统服务功能的变化。城市生态用地空间结构评价就是运用城市生态学、景观生态学、城市规划学以及环境科学等的相关理论和方法，对城市生态用地及其周围环境的空间关系进行评价（蔡云楠等，2014）。

　　本章从图们江地区城市规划需求出发，基于景观生态学和生态系统服务功能理论和方法，以城市生态系统服务功能为导向，分析图们江地区东部发展带的重要节点城市（延吉市、龙井市、图们市）的生态用地空间结构与生态系统服务功能的关系，并以生态系统服务功能优化和提升为目标，探讨生态用地空间结构的评价方法和标准，提出城市生态用地在市域、场地两个尺度上的评价内容与方法，为图们江地区城市规划、绿地系统规划以及城市生态综合规划提供技术支撑。

　　本章以《延吉市城市总体规划（2009—2030）》《龙井市土地利用总体规划（2006—2020）》和《图们市土地利用总体规划（2006—2020）》划定的城市边界作为研究范围。

第一节　城市生态用地空间结构评价

一、城市生态用地类型划分

我国现行的城乡用地分类一般基于土地的自然属性和覆盖特征，并主要使用国土管理和城乡规划部门的管理职能进行设计，对土地的类型划分各有侧重（李锋、王如松，2004）。在《中华人民共和国土地管理法》中，将土地利用分为以下三种类型，即农用地、建设用地、未利用地。2001 年中华人民共和国国土资源部颁发了《全国土地分类（试行）》（国土资发〔2001〕255 号），对三大类用地进行了类型细分，后又在此基础上进一步调整，于 2007 年颁布了《土地利用现状分类》（GB/T21010-2007），作为现行的国土资源管理的用地分类标准。在类型划分上，按土地用途对城镇和乡村的建设用地进行了统一划分，体现了城乡统筹发展的要求。

本研究参考此用地划分标准，结合延龙图地区城市生态用地特征，制定符合该研究区域的城市生态用地分类（表 4-1）。

二、城市生态用地指标评价体系构建

要将可持续的生态理念融入各层次的土地利用与空间形态规划之中，最有效的方法是把握城市生态用地空间结构与生态系统服务功能之间的相互作用，以功能最优化为目标，利用有限的土地资源，实现城市生态用地的合理布局，从而合理安排城市的土地利用形式和空间形态，从可持续发展的角度解决城市生态用地的规模、布局、形态等问题。因此，通过研究生态用地空间结构与生态过程以及生态系统服务功能之间的相互关系，识别影响生态过程进而影响生态系统服务功能的主要生态用地空间结构要素，建立评价指标体系。而城市生态用地指标评价体系需要通过选择指标以及确定指标权重来实现。

表 4–1　延龙图地区城市生态用地分类

一级类				对应类型
名称	编码	名称	描述	
非生态用地	—	—	—	建设用地
生态用地	01	天然湿地	指天然水体并具有多种环境功能的生态系统	生态用地
	02	人工湿地	指受人为作用的湿地，包括坑塘水面、人工鱼塘等	
	03	林地	树木郁闭度≥20%的天然、人工林地	
	04	园地	本章中指苹果梨园	
	05	耕地	包括水田、水浇地、旱地	
	06	庭院绿地	指居住区内部绿化，事业单位区内绿化，房前屋后、区内小游园、区内其他绿化	
	07	广场绿地	城市内部广场绿化	
	08	公园绿地	指用于居民游憩、娱乐，且具有美化环境等功能的绿地	
	09	防护绿地	指道路、河流两旁的防护林带	
	10	其他生态用地	包括空闲地、设施农用地、沙地、裸地、荒草地等	

（一）指标的选择

城市生态用地的数量、形状、连通性、可达性、镶嵌度、空间分布性影响着生态用地的生态过程，从不同方面影响着生态服务功能的发挥，也是生态用地空间结构的主要表征因素。因此，本研究将生态用地的数量、形状、连通性、可达性、镶嵌度以及空间分布性六个方面的因素作为评价项，突出生态服务功能，筛选评价指标，对生态用地的空间结构进行评价。指标及评价体系见表 4–2。

表 4–2　延龙图地区城市生态用地指标评价体系

类型	指标
数量（B1）	生态用地面积（C1）
	生态用地占国土面积的比例（C2）
	森林覆盖率（C3）
	城市水面率（C4）
	建成区绿地率（C5）
	人均公园绿地面积（C6）
形状（B2）	建成区大型生态用地空间分布指数（C7）
	河流曲度指数（C8）
连通性（B3）	斑廊连通性指数（C9）
	最小邻近距离（C10）
	大型生态斑块间隔离度指数（C11）
	重要生态廊道断点密度指数（C12）
可达性（B4）	公园绿地服务半径覆盖率（C13）
镶嵌度（B5）	生态用地总边缘对比度指数（C14）
空间分布性（B6）	生态景观破碎度指数（C15）
	多样性指数（C16）
	均匀度指数（C17）
	全局生态用地 Moran 指数（C18）

（二）指标权重确定

主观赋权法主要是由专家根据经验主观判断而得到结果，如 AHP 法、Delphi 法等，这种方法人们研究较早，也较为成熟，但客观性较差。客观赋权法的原始数据是由各指标在评价中的实际数据组成的，它不依赖人的主观判断，因而此类方法客观性较强，具体方法有变异系数法、熵值法。熵值法直接根据指标实测值经过一定数学处理后获得权重。本研究采用熵值法计算各指标的权重。

对研究数据的处理是由公式 4–1 计算第 j 项指标下第 i 年份指标值的比

重，由此可以建立数据的权重矩阵，详见表 4–3。

$$Y = \left\{ y_{ij} \right\}_{m \times n} \tag{4–1}$$

其后，计算指标信息熵值和信息效用值。某项指标的信息效用价值取决于该指标的信息熵 e_j 与 1 的差值，它的值直接影响权重的大小，信息效用值越大，对评价的重要性就越大，权重也就越大。

表 4–3　延龙图地区城市生态用地评价指标权重矩阵

类型	权重	指标	权重
数量	0.323 952	生态用地面积	0.067 155
		生态用地占国土面积的比例	0.039 609
		森林覆盖率	0.041 619
		城市水面率	0.070 465
		建成区绿地率	0.063 869
		人均公园绿地面积	0.061 297
形状	0.082 883	建成区大型生态用地空间分布指数	0.041 934
		河流曲度指数	0.046 082
连通性	0.279 936	斑廊连通性指数	0.045 76
		最小邻近距离	0.062 166
		大型生态斑块间隔离度指数	0.055 898
		重要生态廊道断点密度指数	0.071 52
可达性	0.058 317	公园绿地服务半径覆盖率	0.061 928
镶嵌度	0.053 153	生态用地总边缘对比度指数	0.056 445
空间分布性	0.201 758	生态景观破碎度指数	0.067 375
		多样性指数	0.047 328
		均匀度指数	0.050 562
		全局生态用地 Moran 指数	0.048 988

三、城市生态用地空间结构评价

利用 ERDAS 软件，对延龙图地区的多源遥感影像进行了预处理，以建立延龙图地区各类型生态用地的土地利用数据库，获得延龙图地区各类型生态用地的土地利用数据库。收集的影像包括：1990 年延吉市航拍影像（0.5 米分辨率）、2005 年快鸟卫星 TM 遥感影像（0.6 米分辨率）、2014 年 Pleiades-1 卫星 TM 遥感影像（0.5 米分辨率），龙井市、图们市 2014 年 Pleiades-1 卫星 TM 遥感影像（0.5 米分辨率），以及 2013 年延龙图全景 TM 遥感影像（3 米分辨率）等。对所有影像进行几何校正、辐射校正和大气校正，以确保空间一致性和高质量要求。利用近红外、红、蓝等多个波段对影像进行处理，提取地物信息，并结合多时相影像进行时间序列分析，动态监测土地利用变化。通过监督分类方法，根据选取的训练样本对影像进行分类，识别不同类型的生态用地，并通过形态学滤波和平滑处理提升分类精度。将分类后的栅格数据转换为矢量数据，并利用 ArcGIS 等空间数据库管理系统，建立了延龙图地区的土地利用数据库，记录了不同年份和不同类型生态用地的信息。其中，延吉市城市生态用地分类如图 4-1；龙井市城市生态用地分类如图 4-7；图们市城市生态用地分类如图 4-11。

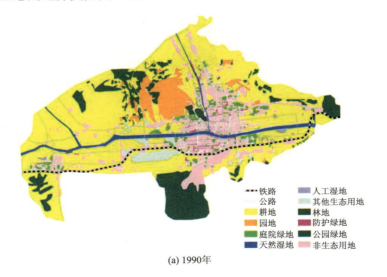

铁路　人工湿地
公路　其他生态用地
耕地　林地
园地　防护绿地
庭院绿地　公园绿地
天然湿地　非生态用地

(a) 1990年

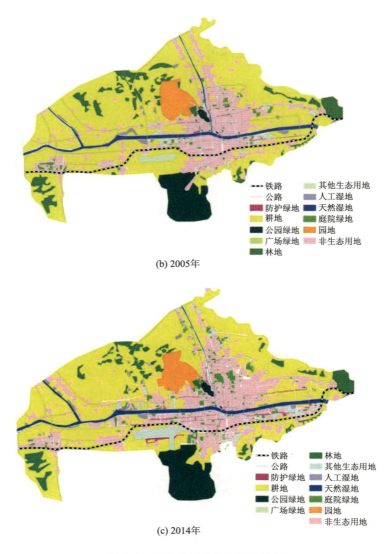

(b) 2005年

(c) 2014年

图 4–1　延吉市城市生态用地分类

（一）生态用地空间结构指标内涵与计算

1. 生态用地面积 C1

生态用地面积作为基本的量化指标，是所有生态功能发挥的前提，对于调节局部气候、防险避灾以及景观游憩等生态功能的发挥具有重要作用。生态用地面积可以通过实测、航拍图描绘或遥感解译获得，或由详细设计图纸量算获得。

2. 生态用地占国土面积的比例 C2

城市生态用地占国土面积的比例指城市各类生态用地面积占城市总面积的百分比。城市生态用地具有重要的生态、社会以及经济功能，保持一定比例的生态用地面积是维持城市生态安全的基础。计算方法如下：

$$ER = \frac{E1+E2+E3+E4+E5+E6+E7+E8+E9+E10}{A}$$ （4-2）

式中，ER 为城市生态用地占国土面积比例；E1 为天然湿地；E2 为人工湿地；E3 为林地；E4 为园地；E5 为耕地；E6 为庭院绿地；E7 为广场绿地；E8 为公园绿地；E9 为防护绿地；E10 为其他生态用地；A 为研究区城市国土面积。

3. 森林覆盖率 C3

该指标评价范围内森林面积占土地面积的百分比，既是反映一座城市森林面积占有情况或森林资源丰富程度及生态平衡状况的重要指标，又是确定森林经营和开发利用方针的重要依据之一（李海梅等，2004）。森林覆盖率与物种多样性维持功能联系最为紧密，对绿色空间水文调蓄和土壤保持功能的指示作用也很重要。物种多样性维持功能方面，受人为干扰较小的生态绿地是城市物种多样性维持的热点地区，具有较为丰富的动植物生境，为物种的生存繁殖提供了场地和资源条件。水文调蓄方面，森林覆盖率的增加在不同的气候区域有不同的影响，在多雨地区，森林覆盖率的增加，也将使年径流量增加。因此，森林覆盖率的提高能在一定程度上削洪补枯，稳定河川径流。土壤保持方面，有学者认为土壤侵蚀量随森林覆盖率的增加而减少，当覆盖率增加到 60% 时，林地对减少土壤侵蚀量的效益最显著（林齐宁，2003）。

森林覆盖率的计算方法如下：

$$C = F/L \times 100\%$$ （4-3）

式中，C 为区域森林覆盖率；F 为森林面积；L 为区域土地面积。

4. 城市水面率 C4

水面率是指承载水域功能的区域面积占区域总面积的比例。维持合理的水域面积，是发挥水体多种功能的基础，也是城市健康发展的需要。

合理水面率的计算主要考虑行洪蓄洪、污染净化、调节气候和景观功能。其中，考虑行洪蓄洪功能，可根据规划行洪除涝标准，评价现状水域防洪能力，如达到行洪除涝标准，则保持现状水面率；如不能达到标准，则采取措施增加蓄洪湖库的面积或提高工程外排能力。

5. 建成区绿地率 C5

城市绿地率则指研究区域内各类绿地总面积占城市面积的比例。绿地率是衡量建成区绿地的主要量化指标，也是保证绿色空间对建成区密度疏解程度的重要指标，直接关系各土地类型的环境质量、宜居程度以及景观视觉效果，对城市居民的身心健康有重要影响，对调节小气候、净化空气、景观游憩等生态服务功能均有指示意义。计算方法如下：

$$R = G/C \times 100\% \qquad (4\text{--}4)$$

式中，R 为绿地率；G 为绿地面积；C 为区域总面积。

6. 人均公园绿地面积 C6

城市公园绿地面积与城市常住人口之比，是反映城市发展规模与公园绿地建设是否配套的重要指标。计算方法如下：

$$PG = G1/P \times 100\% \qquad (4\text{--}5)$$

式中，PG 为人均公园绿地面积；G1 为城市公园绿地面积；P 为城市常住人口。

7. 建成区大型生态用地空间分布指数 C7

建成区大型生态用地空间分布指数是以建成区大型生态用地之间的距离反映建成区生态用地分布特征的指标，通常以最近邻点指数标示，可定量化评估建成区生态用地分布的均衡性。计算方法如下：

$$LI = D\sqrt{\frac{P}{A}} \qquad (4\text{--}6)$$

式中，LI 为最近邻点指数；D 为各绿地与最近绿地之间距离的平均值；P 为绿地斑块总数；A 为区域总面积。当 LI≤0.5，则表示生态用地呈聚集分布，值越小，聚集程度越大，0.5＜LI＜1.5 时为均匀分布；LI≥1.5 则为随机分布，值越大，斑块之间隔离度越强。三种分布形式见图 4–2。

 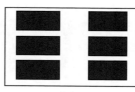 

(a) 聚集分布　　　　　　(b) 均匀分布　　　　　　(c) 随机分布

图 4–2　生态用地空间分布形式

8. 河流曲度指数 C8

河流曲度指数指河流的直线长度与自然长度之比，反映河流、河涌的弯曲程度。曲度指数越小，说明河流、河涌越弯曲。

使用高精度航拍图描绘河流或河涌的中线，量算其长度，通过下列计算公式可算得河流曲度指数。

$$CI = \frac{L}{NL} \times 100\% \qquad\qquad (4–7)$$

式中，CI 为河流曲度指数；L 为河流或河段的直线长度；NL 为河流或河段的自然长度。

9. 斑廊连通性指数 C9

连通性指数是计算景观要素之间连接数和潜在连接数的比，衡量要素之间连通程度的指标。从生物多样性保护的角度，该指标主要影响物种迁移，通过建立的生态廊道与绿地斑块有效连通性，发挥源和踏脚石的连接作用（刘滨谊、姜允芳，2002）；从景观游憩的角度，高连接度的城市斑廊，方便居民接近绿色空间，并且在绿色廊道中开展各项有利于身心的活动。通过连接度指数可进行定量评价。计算方法如下：

$$C = D / \left[n(n-1)/2 \right] \times 100\% \qquad\qquad (4–8)$$

式中，C 为斑廊连通性指数；D 为市域内连接具有较大规模绿地的廊道数；n 为纳入计算的绿地斑块数量。

C 的取值范围为 0—100%；当绿地之间无廊道连接时，C=0；当绿地之间廊道连接数达到最大值时，C=100%。如图 4–3 所示，4 个绿地斑块之间最大连接数为 6，其连接度为 100%，即图 4–3(c)中绿地达到的状况；图 4–3(b)中有三条连接斑块的廊道，其连接度为 50%；图 4–3(a)中斑块间无廊道，其连接度为 0。

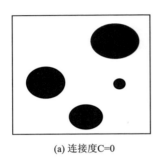 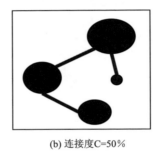 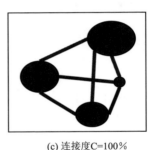

(a) 连接度C=0　　　　　　(b) 连接度C=50%　　　　　　(c) 连接度C=100%

图 4–3　绿色空间连接度示意

10. 最小临近距离 C10

其原理与大型生态斑块间隔离度指数 C11 相同。

11. 大型生态斑块间隔离度指数 C11

通常以两个大型斑块之间的最近距离为主要参数计算得出的指标，是用于表征物种迁移难易程度的重要指标。主要用于相同区域内生态绿地中破碎斑块的评价。计算方法如下：

$$II = \frac{\sum_{i=1}^{n} \min(D_i)}{n} \times 100\% \tag{4–9}$$

式中，II 为生态斑块隔离度指数；$\min(D_i)$ 为规模达到 10 公顷的生态斑块间的最小距离；n 为参与评价的生态斑块数量。

12. 重要生态廊道断点密度指数 C12

重要生态廊道断点密度指数是重要生态廊道断点数与生态廊道长度之

比，反映生态廊道的连通程度（鲁敏等，2004）。一般要求应尽量降低生态廊道的断点密度，根据生态廊道功能的不同，可以提出生态廊道断点密度的控制指标，同时要加强生态廊道断点区的生态规划和建设。

13. 公园绿地服务半径覆盖率 C13

公园绿地服务覆盖率指公园绿地服务半径覆盖的居住用地面积占居住用地总面积的比例。公园绿地为城市提供方便、安全、舒适、优美的休闲游憩环境，该指标反映了居民利用公园的公平性和可达性。计算方法如下：

$$RI = \frac{C_{500} + C_{300}}{R} \times 100\% \tag{4-10}$$

式中，RI 为公园绿地服务半径覆盖率；C_{500} 为大于 1 公顷公园绿地 500 米范围所覆盖的居住用地面积；C_{300} 为 0.4—1 公顷公园绿地 300 米范围所覆盖的居住用地面积；R 为居住用地总面积。

14. 生态用地总边缘对比度指数 C14

生态用地总边缘对比度指数是反映城市生态用地与城市非生态用地间交错程度的指标。生态用地总边缘对比度指数越大，越不利于对生态用地的保护。计算方法如下：

$$PE = \frac{\sum_{i=1}^{n}(P_i + d_i)}{P} \times 100\% \tag{4-11}$$

式中，PE 为生态用地总边缘对比度指数；P_i 为生态用地 i 与城市非生态用地公共边长度；d_i 为生态用地 i 与城市非生态用地差异权重，详见表 4-4；P 为生态用地边界总长度。

表 4-4　生态用地与城市非生态用地的差异权重

用地类型	其他生态用地	林地	园地	人工湿地	广场绿地	耕地	天然湿地	公园绿地	防护绿地	庭院绿地
权重	0.3	0.5	0.5	0.5	0.6	0.7	0.7	0.7	0.8	0.9

15. 生态景观破碎度指数 C15

生态景观破碎度指数用来描述景观元素或整个景观被分割的破碎程度。

计算方法如下：

$$F = \frac{N-1}{\overline{A}}, \; F_i = \frac{N_i-1}{\overline{A}_i} \qquad （4-12）$$

式中，F 表示的是景观破碎度指数，F_i 是某一要素的破碎度指数；$\overline{A}$ 是研究区内所有景观要素类型斑块的总面积；N 是斑块总数；$\overline{A}_i$ 是研究区内某一要素类型的总斑块面积；N_i 是某类景观要素的斑块总数。

16. 多样性指数 C16

生态景观多样性表征的是生态景观元素所占比例的变化情况。计算方法如下：

$$H = -\sum_{i=1}^{n} P_i \log_2 P_i \qquad （4-13）$$

式中，P_i 是第 i 种景观类型所占的面积比例；n 是研究区中景观类型的总数。H 值的大小反映景观要素的多少和各景观要素所占比例的变化，即景观多样性指数同时反映了景观的多度和一致性信息。

17. 均匀度指数 C17

生态景观均匀度指数是景观实际多样性指数（H）与最大多样性指数（H_{max}）的相对比值，用以描述景观里不同景观类型的分配均匀程度。n 为群落中物种数目。

计算方法如下：

$$E = （H / H_{max}）\times 100\%; \; H_{max} = -\log_2（1/n） \qquad （4-14）$$

式中，E 为生态景观均匀度指数。

18. 全局生态用地 Moran 指数 C18

通常用空间自相关指数（Global Moran's I）来度量要素位置和要素值。在给定一组要素及相关属性的情况下，该工具评估所表达的意义是用来判定区域内生态用地的空间分布是属于聚类模式、离散模式还是随机模式（路纪琪，2001；马建武等，2001）。该指数的值域为[-1，1]，取值为-1 表示完全负相关，取值为 1 表示完全正相关，而取值为 0 表示不相关。

本研究将得到的矢量数据建立数据库，然后综合运用 ArcMap 中字段编辑、计算以及 ArcToolbox 中的分析、数据管理、空间统计等工具，最终得到延吉市、龙井市、图们市城市生态用地指标值。

（二）延吉市城市生态用地空间结构评价

通过公式 4–2 至 4–14 计算得到延吉市 1990 年、2005 年、2014 年城市生态用地指标值（表 4–5）。

表 4–5 延吉市 1990 年、2005 年、2014 年城市生态用地指标值

类型	序号	指标		单位	序号	1990 年	2005 年	2014 年
数量	B1	生态用地面积		hm²	C1	13 391	12 815	12 036
		生态用地占国土面积的比例		%	C2	0.80	0.76	0.72
		森林覆盖率		%	C3	0.07	0.06	0.05
		城市水面率		%	C4	0.03	0.03	0.04
		建成区绿地率		%	C5	0.12	0.10	0.13
		人均公园绿地面积		m²/人	C6	0.004	0.002	0.002
形状	B2	建成区大型生态用地空间分布指数		无量纲	C7	0.029	0.029	0.030
		河流曲度指数	布尔哈通河	无量纲	C8	0.97	0.97	0.98
			烟集河			0.99	0.99	0.98
			朝阳河			0.99	0.99	0.99
连通性	B3	斑廊连通性指数		%	C9	0.1	0.2	0.1
		最小邻近距离		m	C10	168.03	255.43	155.82
		大型生态斑块间隔离度指数		%	C11	7	12	12
		重要生态廊道断点密度指数		无量纲	C12	0.001	0.002	0.044
可达性	B4	公园绿地服务半径覆盖率		%	C13	0.11	0.19	0.25
镶嵌度	B5	生态用地总边缘对比度指数		无量纲	C14	0.76	0.71	0.73
空间分布性	B6	生态景观破碎度指数		无量纲	C15	52.88	14.39	64.41
		多样性指数		无量纲	C16	1.57	1.85	1.19
		均匀度指数		无量纲	C17	15.29	16.15	11.64
		全局生态用地 Moran 指数		无量纲	C18	0.04	0.08	0.04

1. 数量

从 1990 年到 2014 年，延吉市城市生态用地面积总体上减少了 10.12%；森林覆盖率下降了 29.03%；城市水域系统基本没有太大变化，水域斑块趋于

稳定状态。而建成区绿地率发生了巨大变化，从 1990 年的 0.12 降低到 2005 年的 0.10，说明延吉市在这 15 年间发生了巨大的变化，城市空间的扩张影响了城市内部"绿色空间"（本研究将延吉市城市内部绿色空间分为天然湿地、防护绿地、广场绿地、公园绿地、庭院绿地、其他生态用地）格局，忽视了人与生态系统的和谐发展，适宜性降低。但是从 2005 年之后，延吉市大力发展城市生态系统，建成区绿地斑块迅速增加，到 2014 年，城市绿地的变化尤为显著，防护绿地和庭院绿地的面积显著增加，公园绿地和天然湿地也有所增加，但增幅相对较小。整体而言，延吉市在提升城市绿地覆盖率和改善生态环境方面取得了显著进展，城内内部绿色空间格局得到了优化（图 4-4）。

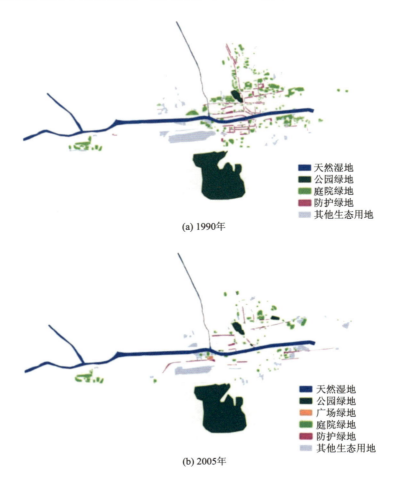

(a) 1990年

(b) 2005年

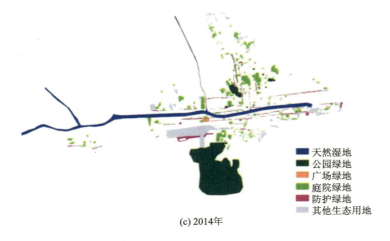

天然湿地
公园绿地
广场绿地
庭院绿地
防护绿地
其他生态用地

(c) 2014年

图 4-4　延吉市 1990—2014 年建成区绿地变化

2. 形状

根据表 4-5 中指标 C7 可知，延吉市在 1990—2014 年建成区生态用地空间分布属于聚集分布，体现出延吉市城市绿色空间格局稳定，无太大波动。从指标 C8 来看，延吉市的"蓝色空间"，即布尔哈通河、烟集河、朝阳河的形状基本无变化，反映出延吉市在 20 余年的发展中，对河流形状的影响几乎为零。

3. 连通性

生态斑块间连通性是生物迁移难易程度的重要表征，高连接度的城市斑廊方便居民接近绿色空间，并且在绿色廊道中开展各项有利于身心的活动。从上述指标来看，延吉市从 1990 年到 2005 年生态连通性降低，隔离度增加，而防护绿地的断点密度也在增加，表明在延吉市发展的 16 年中，城市的扩张影响了居民生活质量；自 2005 年起，延吉市内部生态斑块连通性增加，隔离度降低，城市发展注重居民与绿色空间的接触。

4. 可达性

本研究评价的可达性主要从居民到达公园绿地的难易程度来考虑，公园绿地能够为城市居民提供方便的、舒适的环境。从表 4-5 中指标 C13（公园绿地服务半径覆盖率）可知，延吉市从 1990 年到 2014 年的 25 年间，公园绿地服务半径覆盖率在逐年增加，表明居民享受舒适生活环境的便易度得到提高。

5. 镶嵌度和空间分布性

指标 C14（生态用地总边缘对比度指数）是体现各类型生态用地与非生态用地交错程度的指标，指数越大，越不利于生态用地的保护。从表 4–5 中 C14 指标变化上来看，延吉市 2005 年生态用地与非生态用地交错程度比 1990 年和 2014 年低，因此在 2005 年时更有利于对生态用地的保护；2014 年比 1990 年低，在 2014 年时较有利于对生态用地的保护。这主要是 1990 年到 2014 年间，建设用地数量增加，导致城市逐渐向延吉市郊区扩张。

6. 土地利用转移矩阵

为了进一步了解延吉市 1990—2014 年城市生态用地的变化情况，将延吉市城市生态空间从内部到外部进行分析，构建了延吉市 1990—2005 年和 2005—2014 年城市生态用地的土地利用转移矩阵（表 4–6 和表 4–7）。

表 4–6　延吉市 1990—2005 年城市生态用地土地利用转移矩阵（hm²）

1990 年＼2005 年	防护绿地	非生态用地	耕地	公园绿地	广场绿地	林地	其他生态用地	人工湿地	天然湿地	庭院绿地	园地	减少
防护绿地	12	34	4	1	—	—	1	—	3	4	—	47
非生态用地	6	1 965	328	32	2	11	40	0	0	63	7	491
耕地	3	498	7 257	0	—	271	99	60	—	7	4	942
公园绿地	—	1	4	944	—	—	—	—	—	—	—	4
林地	—	7	438	—	—	692	1	2	—	—	12	460
其他生态用地	2	41	151	0	4	1	144	35	—	7	4	246
人工湿地	—	0	14	—	—	—	3	22	—	—	—	17
天然湿地	—	—	0	—	—	—	—	0	501	—	—	0
庭院绿地	2	246	56	13	5	2	39	—	—	91	0	362
园地	—	8	441	—	—	27	3	6	—	0	506	486
增加	13	835	1 440	46	10	314	184	103	3	82	27	—

从表 4-6 可以看出，延吉市的各类生态用地类型和非生态用地类型存在相互转化的关系。其中耕地 498 公顷和庭院绿地 246 公顷转化为非生态用地，这说明延吉市从 1990 年到 2005 年城市快速发展，向外扩张主要占据了耕地的生态空间，向内扩张主要占据了庭院绿地的生态空间。从耕地的变化来看，主要的来源为林地和园地，相比 1990 年增加了 1 440 公顷，这说明当时农业占据了一定地位。从城市内部绿色空间来看，主要流向为非生态用地。湿地方面，延吉市人工湿地主要以鱼塘和坑塘水面为主，人工湿地增加了 103 公顷，天然湿地相对稳定，基本没有太大变化。延吉市在这 15 年间城市快速发展，导致城市绿色空间遭到破坏，耕地的增加伴随着林地和园地的减少，对延吉市生态空间格局产生了巨大的不利影响。

表 4-7 延吉市 2005—2014 年城市生态用地土地利用转移矩阵（hm²）

2005 年 ＼ 2014 年	防护绿地	非生态用地	耕地	公园绿地	广场绿地	林地	其他生态用地	人工湿地	天然湿地	庭院绿地	园地	减少
防护绿地	7	7	4	4	—	—	1	—	—	2	—	18
非生态用地	16	2 230	223	46	6	3	55	4	—	214	5	570
耕地	43	948	7 103	23	12	175	230	44	0	97	23	1 595
公园绿地	0	7	28	958	—	—	0	—	—	0	—	35
广场绿地	0	—	—	—	10	—	—	—	—	—	—	0
林地	0	11	355	0	—	632	—	0	—	5	3	375
其他生态用地	6	126	22	3	—	0	146	2	—	24	—	182
人工湿地	1	13	21	—	—	0	14	71	—	6	—	55
天然湿地	1	0	12	16	—	—	0	4	472	—	—	33
庭院绿地	3	115	4	2	—	0	2	1	—	46	—	126
园地	—	26	31	—	—	3	—	2	—	4	468	64
增加	70	1 252	698	93	17	181	302	56	0	351	31	—

从表 4-7 看，延吉市 2005 年到 2014 年城市生态用地空间格局发生了翻天覆地的变化。从城市内部绿色空间来看，相比 2005 年，防护绿地增加了 70

公顷，公园绿地增加了 93 公顷，广场绿地增加了 17 公顷，庭院绿地增加了 351 公顷。尤为值得关注的是，公园绿地从 2005 年前的 7 个斑块（延吉市人民公园、帽儿山国家森林公园、朝阳游园、园新游园、青年湖公园、青少年游园、新丰游园）增加到 2014 年的 19 个斑块（图 4-5）；而广场绿地新增加了阿里郎广场。这说明从 2005 年以后城市扩张重新重视了城市绿色空间的发展，更加注重人与自然的协调发展，为延吉市生态文明建设打下了坚实的基础。对于城市外部生态空间，林地减少了 375 公顷，主要流向耕地，说明在该期间延吉市仍然注重耕地开垦，破坏了延吉市城市生态外围保护圈；园地保留的面积相比 2005 年之前趋于稳定状态。延吉市在今后的城市发展中，需要做到"里应外合"，在注重城市内部绿色空间发展的同时，加强保护城市外围生态保护圈。

图 4-5　延吉市 2014 年公园绿地分布

7. 空间格局变化分析

从延吉市 1990—2014 年城市生态用地与非生态用地扩张图（图 4-6）中可以看出，延吉市在 25 年间生态用地与非生态用地的空间布局发生了翻天覆地的变化。

　　　　　　　　　　　　　　　　　　　　■ 生态用地变化区域
　　　　　　　　　　　　　　　　　　　　　 无变化区域
　　　　　　　　　　　　　　　　　　　　■ 非生态用地变化区域

图 4–6　延吉市 2005—2014 年城市生态用地与非生态用地扩张

　　对于主城区内布尔哈通河以南区域，新兴街道的变化很大，其东部是延吉市的经济开发区，2010 年升级为国家级高新技术产业开发区，有大批企业入驻，建设用地大量增加，同时生态用地呈嵌入状态，说明这些企业在厂址建设的同时加强了企业附近的绿化。但是生态斑块较零散，生态斑块数量及面积都有待提高，政府应该鼓励开发区企业在建设的同时增加绿化面积。河南街道及以西方向的非生态用地变化较规整，值得注意的是，靠近布尔哈通河的建设用地变化明显，体现在清水公园附近和新丰游园附近的居住用地，同时生态用地变化也较为明显，新建的清水公园、新丰游园、延河公园是河南街道绿化的典型区域，其斑块面积较大，公共基础设施较为完善，深受广大人民的喜爱，增加了附近居民生活的舒适度。

　　对于主城区内布尔哈通河以北区域，公园街道生态用地变化较为明显，典型的是州政府对面的阿里郎广场绿地，其斑块面积较大，是延吉市继金达莱广场之后的第二块能给居民带来休憩、游玩、舒适的广场绿地；还有 2014 年建设的州政府院内的绿化广场、延河路的松涛园等大型绿化用地。这些生态用地不仅具有美化城市的作用，还能让居民享受到自然的生态气息。建工街道外环路以北建设用地的变化较为明显，新建设的中高档住宅区基本都配备了供居民游憩的生态公园，但是建工街发展缓慢，还有许多老式住宅区不具有绿化环境。外环路以南生态用地的变化较明显，这是由于该区域在建设住宅区的同时建设了许多小区花园。北山街道和进学街道非生态用地的变化明显，生态用地变化斑块数目及面积较少。其中北山街道主要向北方向发展，目前以延北路为分界线，以南建设了许多中高档住宅区并设有相应的绿化公园；以北为待建设区域，其土地利用类型多为耕地。进学街道以东多为老式住宅区，小区绿化斑块数量较少且面积较小，发展趋向为向东延伸。

对于主城区外区域，值得注意的是位于延吉市西北方向的新兴工业区。新兴工业区于 2006 年经省政府批准成立，其规划面积为 867 公顷。该区域原用地类型为耕地，因此占用的生态用地即为 867 公顷。

综上所述，延吉市在近 25 年间城市内部生态用地的变化主要是由住宅区内绿化公园、供居民游憩的游乐生态公园以及广场绿地决定的，而城市向外扩张增加的建设用地势必会侵占大量的耕地。因此，城市的绿色生态空间的扩大不仅需要城市内部在建设过程中人工建造生态公园，在向外扩张的同时更应合理规划侵占的生态用地，禁止随意开发，做到科学合理地开发与扩建。

（三）龙井市城市生态用地结构评价

对龙井市 2014 年 Pleiades-1 卫星的遥感影像（分辨率 0.5 米）进行几何校正和融合等处理，将龙井市的城市土地利用类型分为两大类：生态用地和非生态用地。生态用地又细分为十个类别，绘制龙井市 2014 年的城市生态用地分类图（图 4–7）。

2014 年龙井市的生态用地总面积为 2 086 公顷，占研究区域的 74.41%。其中，绿地总面积为 775 公顷，湿地总面积为 126 公顷，包括天然湿地和人工湿地，林地、耕地和园地的总面积分别为 69 公顷、948 公顷和 167 公顷。

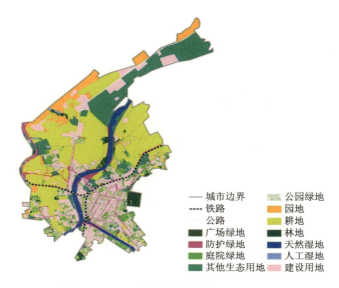

图 4–7　2014 年龙井市城市生态用地分类

1. 龙井市城市生态用地空间格局评价

以龙井市龙腾广场为中心，制作以 500 米为半径的同心圆，用于分析龙井市绿地、湿地、园地、林地和耕地的空间格局特征（图 4–8）。为了更好地认识龙井市城市生态用地的空间格局分布特征及其内部生态用地的全局趋势，本研究利用 ArcGIS 软件进行探索性数据分析，确定龙井市 2014 年绿地、林地、园地、湿地和耕地的空间分布特征及是否存在全局趋势。对各类型生态用地的数据进行适当旋转，得到四大类生态用地的空间分布趋势图（图 4–9）。趋势图中，z 轴代表用地规模，x 轴代表正东方向，y 轴代表正北方向。图中每一竖条表示生态用地的位置和面积大小，通过投影到东西和南北方向上的正交平面的投影点，做出一条拟合线，用于表示在该方向上的发展趋势。如果该线是平直的，则表明没有全局趋势存在。

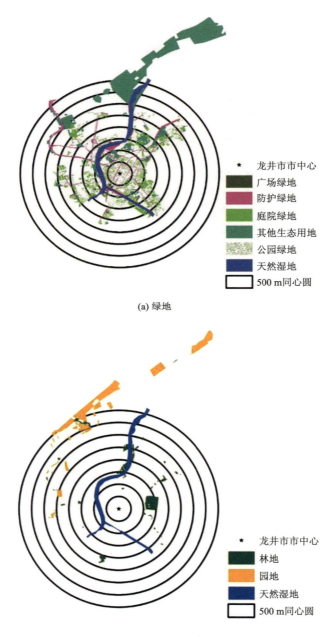

(a) 绿地

(b) 林地园地

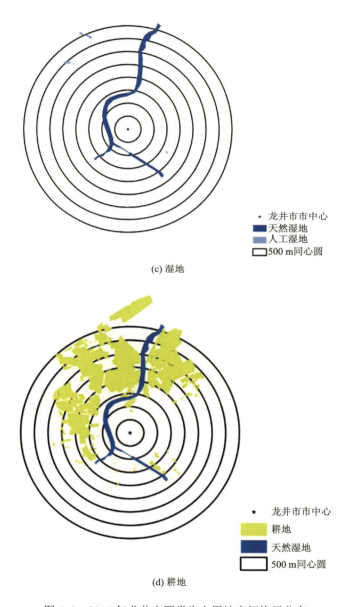

(c) 湿地

· 龙井市市中心
天然湿地
人工湿地
500 m同心圆

★ 龙井市市中心
耕地
天然湿地
500 m同心圆

(d) 耕地

图 4-8 2014 年龙井市四类生态用地空间格局分布

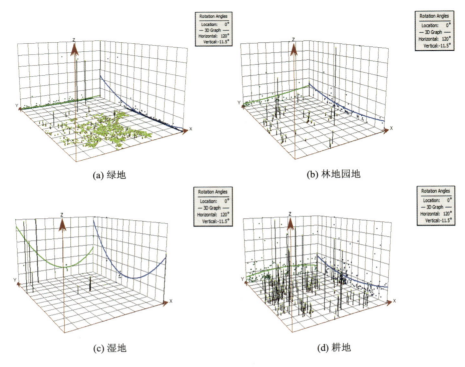

(a) 绿地

(b) 林地园地

(c) 湿地

(d) 耕地

图4-9　2014年龙井市四类生态用地空间分布趋势

图 4-8 和 4-9 显示，绿地主要集中在海兰江东部，整体空间格局在距离市中心 2 000 米范围内，其中 500 米范围内的绿地面积最多，距离城市中心越远，绿地斑块数量逐渐减少。庭院绿地和防护绿地在龙井市绿地中占比较明显，说明龙井市城市居民居住适宜程度较高。其他生态用地是城市建设用地的预留地，主要分布在距离市中心 3 000 米范围以外。从绿地整体趋势图上看，城市内部绿地斑块面积从市中心向北方向逐渐增大，而市中心 1 000 米范围内及其以南方向的绿地斑块面积较小。东西方向趋势线几乎平直，而南北方向上的趋势线呈现出北高南低的趋势，说明城市北部方向的绿地较集中、斑块面积较大。

林地主要分布在距离市中心 1 000 米至 3 000 米之间的范围内，城区内部林地集中在海兰江两岸，外部林地集中在城市东部。园地主要分布在距离市中心 3 500 米范围外的龙井-延吉高速北侧。从林地园地趋势图上看，林地园地斑块面积从市中心向北方向逐渐增大。东西方向趋势线呈现出西低东高的趋势，而南北方向上的趋势线呈现出中间低、南北两端高的趋势，说明东部、北部和南部方向的林地园地逐渐集中。

天然湿地沿南北走向的海兰江和东西走向的六道河分布，河流交汇处距离市中心较近，容易受到污染，因此需要加强水资源安全的保护。人工湿地斑块分布在距离市中心 1 500 米至 2 000 米、3 500 米和 4 000 米的范围内，距离市中心较远。从湿地趋势线上看，显示出明显的"U"形，说明湿地从中心向所有方向都呈现出很强的集中趋势。

耕地主要分布在龙井市区的西、北和东北方向，距离市中心 1 500 米以外斑块间的连接度较高。从耕地趋势图上看，市中心北部耕地斑块面积较大，表明耕地多集中在市中心以北方向。

2. 龙井市城市生态用地综合指标计算与评价

龙井市的生态用地评价指标体系与延吉市相同，主要包括生态用地的数量、形状、连通性、可达性、镶嵌度和空间分布性六个方面的因素，这些评价项突出生态服务功能。计算得到的龙井市城市生态用地评价指标值见表 4–8。

表 4–8　龙井市 2014 年城市生态用地评价指标值

类型	序号	指标		单位	序号	指标值
数量	B1	生态用地面积		hm²	C1	2 092
		生态用地占国土面积的比例		%	C2	0.74
		森林覆盖率		%	C3	0.02
		城市水面率		%	C4	0.04
		建成区绿地率		%	C5	0.27
		人均公园绿地面积		m²/人	C6	0.069
形状	B2	建成区大型生态用地空间分布指数		无量纲	C7	0.039
		河流曲度指数	海兰江	无量纲	C8	0.86
			六道河			0.99

续表

类型	序号	指标	单位	序号	指标值
连通性	B3	斑廊连通性指数	%	C9	0.03
		最小邻近距离	m	C10	5.10
		大型生态斑块间隔离度指数	%	C11	22
		重要生态廊道断点密度指数	无量纲	C12	0.006
可达性	B4	公园绿地服务半径覆盖率	%	C13	0.11
镶嵌度	B5	生态用地总边缘对比度指数	无量纲	C14	0.83
空间分布性	B6	生态景观破碎度指数	无量纲	C15	1 537.67
		多样性指数	无量纲	C16	0.04
		均匀度指数	无量纲	C17	0.42
		全局生态用地 Moran 指数	无量纲	C18	0.01

城市生态用地空间结构评价指数计算方法：

$$EPI = \sum_{i=1}^{n} P_i \times W_i \qquad (4-15)$$

式中，P_i 为第 i 项指标评价值，W_i 为第 i 项指标权重值。由于原始数据单位不同，无法统一计算，因此需要将数据归一化处理，归一化公式如下：

$$Y = \frac{X - X_{min}}{X_{max} - X_{min}} \qquad (4-16)$$

式中，X 为原始数据，X_{min} 为原始数列最小值，X_{max} 为原始数列最大值，最后得到数量、形状、连通性、可达性、镶嵌度、空间分布性指标评价值（图 4-10）。

根据图 4-10，龙井市的生态用地"数量"指标值最大，达到 0.067，"空间分布性"指标值为 0.050，而"形状""连通性""可达性"和"镶嵌度"的指标值几乎接近于 0，表明龙井市的生态用地数量较多，面积比重较大。

从"空间分布性"来看，生态用地总体上分布较广，但景观较为破碎，呈现出聚集状态。从"连通性"指标来看，斑块与廊道的连通性指数较低，说明龙井市的生态廊道连通程度差，居民难以接近绿色空间，降低了生活质量和舒适度。"可达性"指数几乎为零，龙井市居民利用公园的便利性很低，无法为市民提供方便、安全、舒适和美观的休闲环境。从"镶嵌度"指标来看，生态用地与其他土地类型的交错程度较高，不利于生态用地的保护。

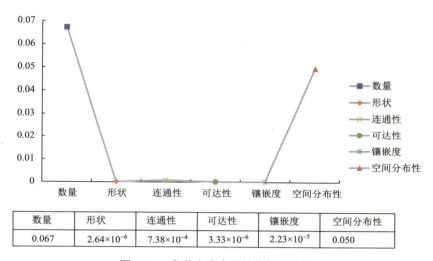

数量	形状	连通性	可达性	镶嵌度	空间分布性
0.067	2.64×10^{-6}	7.38×10^{-4}	3.33×10^{-6}	2.23×10^{-5}	0.050

图4-10　龙井市生态用地指标评价值

综上所述，龙井市的城市生态用地数量虽然较多，但空间分布较为分散，整体空间格局不合理。各类生态用地的功能不明确，缺乏有效的管理和保护措施，未形成整体性的生态格局，生态效益较低。城市生态系统在生态过程与格局上缺乏系统性和连续性。因此，龙井市在未来的城市发展中，建议明确各种生态用地的生态功能，调整管理策略，重视整体生态格局发展的可持续性和连续性。建立有效的生态联系将是改善龙井市整体生态环境的重要突破口。

（四）图们市城市生态用地空间结构评价

对图们市2014年Pleiades-1卫星的遥感影像（分辨率0.5米）进行了几何校正和融合等影像处理后，将图们市的城市土地利用划分为两大类：生态用地和非生态用地。进一步将生态用地细分为十类，绘制图们市2014

年城市生态用地分类图（图4–11）。

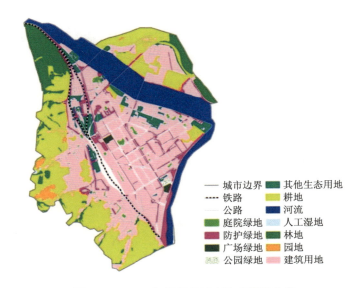

图4–11　2014年图们市城市生态用地分类

　　2014年图们市的生态用地总面积为923公顷，占研究区范围的74.41%。其中，绿地总面积为144公顷，湿地总面积为192公顷，林地、耕地和园地的总面积分别为109公顷、345公顷和133公顷。

1. 图们市城市生态用地空间格局分布分析与评价

　　以图们市苏联红军烈士纪念碑为市中心，基于GIS平台制作以500米为半径的同心圆，展示图们市的绿地、湿地、园地、林地和耕地的空间分布格局特征（图4–12），并利用探索性数据分析研究图们市城市生态用地的空间格局分布特征及其内部生态用地的全局趋势（图4–13）。

　　图4–12和图4–13显示，图们市的绿地主要分布在距离市中心2 500米范围内。总体来看，城市生态用地的空间格局中防护绿地和其他生态用地斑块较多，其中防护绿地斑块的总面积最大，占绿地总面积的53%。在距离市中心1 000米范围内防护绿地较为规整。其他生态用地总面积为52公顷，主要分布在距离市中心400米至2 500米范围内。市中心西北方向的生态用地

多集中在铁路 200 米缓冲区范围内,城市北方向上的生态用地主要为荒草地,是城市的待开发区域。图们市的庭院绿地斑块较少,空间分布不明显。图们市的铁路广场和图们江广场分别距离市中心约 700 米和 1 200 米,图们江公园距离市中心约 1 000 米。从绿地系统分布趋势图来看,绿地面积从市中心向北方向逐渐增多,向南方向则较少。投影到东西方向和南北方向上的趋势线显示出从市中心向四周逐渐集中的趋势。

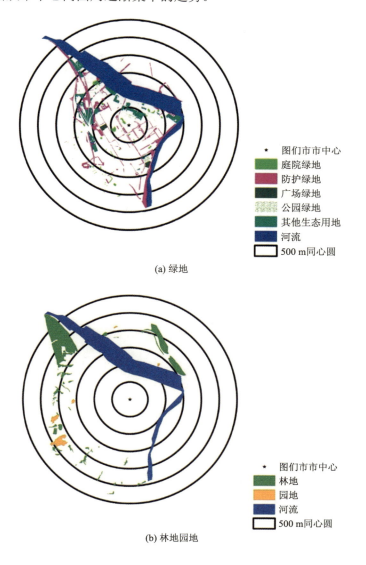

(a) 绿地

(b) 林地园地

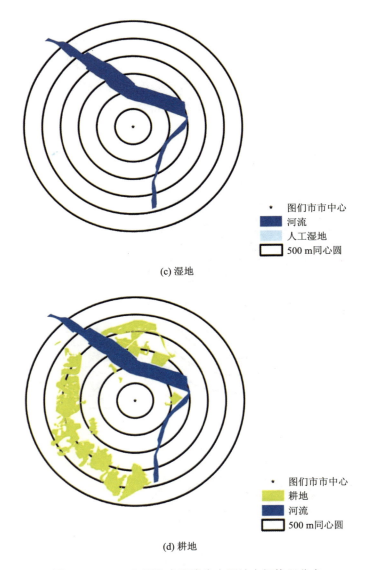

(c) 湿地

(d) 耕地

图4-12 2014年图们市四类生态用地空间格局分布

　　林地和园地主要分布在距离市中心1 500米以外，且斑块面积从市中心向北方向逐渐增加。从趋势线上看，林地和园地呈现向东西方向和北方向集中的趋势。

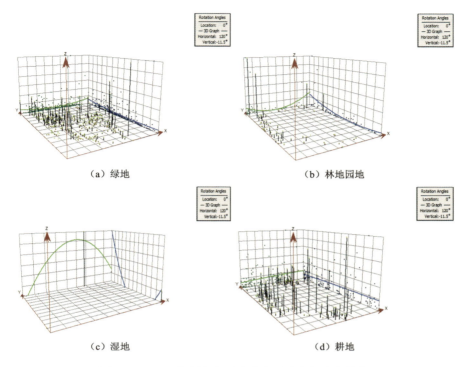

（a）绿地　　　　　　　　　　　　　　　（b）林地园地

（c）湿地　　　　　　　　　　　　　　　（d）耕地

图 4–13　2014 年图们市四类生态用地空间分布趋势

　　湿地生态系统主要分布在布尔哈通河流域（东西向）和图们江流域（南北向），这些湿地距离市中心较近，容易受到污染，需要加强保护。

　　耕地主要分布在距离市中心 1 500 米以外，主要集中在图们市的西南方向，而距离市中心 1 500 米以内的耕地斑块较少。从耕地系统分布趋势图来看，耕地面积从市中心向西方向逐渐增加，趋势线显示出东低西高、北低南高的趋势，说明西部和南部的耕地逐渐集中，面积增大。

2. 图们市城市生态用地综合指标计算与评价

　　图们市的生态用地评价指标体系与延吉市和龙井市的城市生态用地评价指标相同，计算得到的 2014 年图们市生态用地评价指标值见表 4–9。

　　运用公式 4–15、4–16 计算出图们市表征城市生态用地数量、形状、连通性、可达性、镶嵌度、空间分布性指标的得分值（图 4–14）。

表 4–9　2014 年图们市城市生态用地评价指标值

类型	序号	指标	单位	序号	指标值
数量	B1	生态用地面积	hm²	C1	803
		生态用地占国土面积的比例	%	C2	0.57
		森林覆盖率	%	C3	0.08
		城市水面率	%	C4	0.14
		建成区绿地率	%	C5	0.10
		人均公园绿地面积	m²/人	C6	0.144
形状	B2	建成区大型生态用地空间分布指数	无量纲	C7	0.077
		河流曲度指数 布尔哈通河	无量纲	C8	0.98
		图们江			0.95
连通性	B3	斑廊连通性指数	%	C9	0.003
		最小邻近距离	m	C10	8.43
		大型生态斑块间隔离度指数	%	C11	51
		重要生态廊道断点密度指数	无量纲	C12	0.003
可达性	B4	公园绿地服务半径覆盖率	%	C13	0.10
镶嵌度	B5	生态用地总边缘对比度指数	无量纲	C14	0.71
空间分布性	B6	生态景观破碎度指数	无量纲	C15	381.41
		多样性指数	无量纲	C16	0.56
		均匀度指数	无量纲	C17	5.14
		全局生态用地 Moran 指数	无量纲	C18	0.02

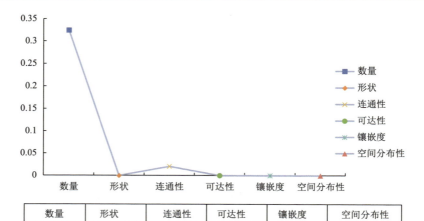

数量	形状	连通性	可达性	镶嵌度	空间分布性
0.324	1.64×10^{-5}	0.021	7.25×10^{-6}	7.25×10^{-6}	7.25×10^{-6}

图 4–14　图们市生态用地指标评价值

　　由图 4–14 可见，图们市城市生态用地的"数量"指标值最大，达到 0.32，说明图们市生态用地数量基数较大，生态用地占城市总面积的比重较高。其中，生态用地面积为 803.26 公顷，建成区绿地率达到 10.15％，相对于龙井市，这两个指标均较小。这是由于图们市城区面积小于龙井市城区面积，且图们市庭院绿地斑块较少。"连通性"指标值为 0.02，虽然相对于龙井市，图们市生态斑块的连通程度较高，但整体指数仍然较低，说明图们市的物种迁移程度较低。"形状""可达性""镶嵌度"和"空间分布性"指标几乎接近于 0，说明图们市生态用地的空间格局不合理，一些关键性的生态过渡带没有得到应有的维护，未形成整体化的生态格局。此外，生态安全体系不完善，城市缺乏控制性的生态防护系统，庭院绿地斑块较少，居民居住适宜性降低等问题，都是图们市未来城市生态系统面临的严峻挑战。因此，图们市在未来的城市发展中，需要保护大型生态斑块，设计合理的生态廊道，加强对城市生态多样性的保护；需要在建设居民用地的同时，加强小区绿化和生态功能区划，提高城市各类生态用地的整体性和有效的连续性；对城市生态用地实施有效的控制管理，保护城市生态资源，维护城市生态平衡。

第二节　城市生态用地空间重要性评价

　　本研究从生态服务功能、生态景观空间布局以及生态敏感性三个方面对延龙图地区生态重要性进行评价与分级。生态服务功能从生态用地的用地类型、生态斑块面积以及水源保护区三个方面考虑。生态景观空间布局从两个方面考虑，即与自然保护区的距离和与河流的距离。生态敏感性主要考虑研究区域的坡度。据此建立延龙图地区生态重要性评价指标体系。

一、生态重要性指标确定及评价标准

本研究使用 30 米分辨率的 DEM 像元数据，将矢量化后的用地类型划分、斑块面积统计、水源保护地范围以及土壤质地转换为栅格格式，使用 ArcGIS 提取研究区范围的坡度、与自然保护区的距离以及与河流的距离。利用自然断点法统一将斑块面积、与自然保护区的距离、与河流的距离分为五个等级。分级结果见表 4–10。

表 4–10　延龙图地区生态用地空间重要性指标及分级标准

准则层	指标层	因子分值及分级标准				
		5	4	3	2	1
生态服务功能	生态斑块面积（hm²）	0—6 691	6 691—18 736	18 736—30 782	30 782—54 872	54 872—85 320
	水源涵养保护区	一级保护区	二级保护区	准保护区	—	保护区外区域
景观空间格局	与自然保护区的距离（m）	0—11 868	11 868—28 868	28 868—42 981	42 981—59 019	59 019—81 472
	与河流的距离（m）	0—2 575	2 575—5 580	5 580—9 443	9 443—14 702	14 702—27 365
生态敏感性	土地覆盖用地类型	水域	耕地	林地/园地	绿地	其他生态用地
	坡度（°）	0—2	2—8	8—13	13—20	20—44

二、水源保护区划定

参考延边州水利局提供的关于延龙图地区水源保护区划定标准（表 4–11），绘制延龙图地区水源保护区分级图（图 4–15）。

表 4-11　延龙图地区水源保护区划定标准

	一级水源保护区范围	二级水源保护区范围	准保护区范围
延吉市五道水库生活饮用水水源保护区	以五道水库坝址中心为原点,到参场河上游 24.2 km、到梨树河上游 24 km(包括支流两侧)至流域分水岭为界。一级保护区的面积为 216.7 km²	从一级保护区上游至参场河、梨树河、屯田河的源头,两侧至流域分水岭。二级保护区的面积为 380.3 km²	—
延吉市延河水库生活饮用水水源保护区	保护区面积为 5.57 km²。范围包括水域和陆域两个部分。水域范围为水库正常水位线(高程 323.85 m)以下的全部水域面积。陆域范围为延河水库库区正常水位线以上 200 m、水库大坝及大坝以下 200 m 陆域范围(包括电站)	保护区面积为 74.43 km²。范围为一级保护区范围之外,西到炒集沟八道金矿,北到利民村五组,南到利民村部	水库一级保护区和二级保护区以外的集水区域。准保护区的面积为 115.3 km²
龙井市大新水库饮用水源保护区	库区水面及水库沿岸陆域纵深 100 m,水库西岸陆域 100 m 边界处未及龙白公路,以龙白公路为界,加上水库入水口为中心,半径为 500 m 的水域和陆域,水库水面高程为 456 m	库区内一级保护边界向外扩宽 100 m,水库水面高程为 456.75 m,加入库河流一级保护区分界点上游 2 000 m 及河沿岸横向纵深 100 m	水库上游一级保护区和二级保护区以外的集水区域,具体界线东侧为与智新林场分界线处,西侧为与和龙市分界线处,北侧为大新水库大坝基底线界线,南侧为与和龙市、白金林场分界线处。集水区域面积为 144 km²
图们市枫梧水库生活饮用水水源保护区	整个库区水面,长为 2 800 m、宽为 183.9 m 的水域,和水库水面两侧水平外延 50 m 的陆域范围。高程为 159.25 m 范围以内,面积 79.50 万 m²	水库上游一级保护区以外纵深 14.80 km 处的集水区域。其具体走向为枫梧沟与其他支沟汇水区的分水岭。保护区东部为凉水镇东甸村分界线处,南部以枫梧水库大坝基底线为界,西部以草帽顶子南北走向的后山脊为界,北部为石岘造纸厂林场分界线处。面积为 4 070.50 万 m²	—

图4-15 延龙图地区水源保护区分级

三、权重确定

根据延龙图地区生态环境分析，对生态用地评价影响较大的是生态服务功能价值指标，其次是生态敏感性指标。在计算的过程中，要考虑评价指标的可修复性。评价指标的权重采用层次分析法（AHP）确定。其中各指标的重要性程度由专家咨询法确定。最后，通过层次分析法确定延龙图生态用地评价因子权重（表4-12）。

表4-12 延龙图地区生态重要性评价因子权重

准则层	指标层	权重
生态服务功能	生态斑块面积	0.064 5
	水源涵养保护区	0.193 2

续表

准则层	指标层	权重
景观空间格局	与自然保护区距离	0.104 6
	与河流距离	0.042 3
生态敏感性	土地覆盖用地类型	0.279 2
	坡度	0.316 2

（一）构造判断矩阵

通过比较各个因素之间的关系，建立层次结构；将层次结构各个因素的重要程度进行两两比较，根据准则的相对重要性确定因素的权重，按比例标度检索表（表 4–13）对重要性程度赋值（谈明洪等，2003）。构造两两比较判断矩阵，得到延龙图生态用地评价因子的判断矩阵（表 4–14）。

表 4–13 评价因子比例标度检索表

标度	含义
1	表示两个元素（i 和 j）相比，具有相同的重要性
3	表示两个元素（i 和 j）相比，前者比后者稍重要
5	表示两个元素（i 和 j）相比，前者比后者明显重要
7	表示两个元素（i 和 j）相比，前者比后者极端重要
2、4、6、8	表示两个元素（i 和 j）相比，表示上述相邻判断的中间值

表 4–14 延龙图生态用地评价因子判断矩阵

指标	用地类型（A1）	斑块面积（A2）	水源保护区（A3）	与自然保护区的距离（A4）	与河流的距离（A5）	坡度（A6）
用地类型（B1）	P11	P12	P13	P14	P15	P16
斑块面积（B2）	P21	P22	P23	P24	P25	P26
水源保护区（B3）	P31	P32	P33	P34	P35	P36
与自然保护区的距离（B4）	P41	P42	P43	P44	P45	P46
与河流的距离（B5）	P51	P52	P53	P54	P55	P56
坡度（B6）	P61	P62	P63	P64	P65	P66

其中 $P_{ii}=1$，若 $P_{ij}=1$，说明 A_i 和 B_i 同等重要；若 $P_{ij}>1$，说明 B_i 比 A_i 重要；反之，B_i 没有 A_i 重要。

根据前面的判断矩阵计算评价因子权重，由判断矩阵计算被比较元素对于该准则的相对权重，然后采用方根法，进行几何平均、归一化，得到权重（表 4–15）（王蓉丽，2005）。具体计算步骤如下：

（1）分别计算矩阵中每一行的积 H_i，公式为

$$H_i = \prod_{j=1}^{n} P_{ij}\,(i,j=1,2,3,\cdots,n) \tag{4–17}$$

（2）计算每一行元素乘积的 n 次方根（$\overline{P}_i$）

$$\overline{P}_i = \sqrt[n]{P_i}\,(i=1,2,3,\cdots,n) \tag{4–18}$$

（3）归一化处理

$$W_i = \frac{\overline{P}_i}{\displaystyle\sum_{i=1}^{n} \overline{P}_i} \tag{4–19}$$

（4）计算矩阵中最大特征值

$$\lambda_{max} = \sum_{i=1}^{n} \frac{(R\overline{W})_I}{n\overline{W}_i} \tag{4–20}$$

以上各式中，H_i 为矩阵中每一行的积；i、j 为行、列数；P_{ij} 为第 i 行第 j 列数值。$\overline{P}_i$ 为每一行元素乘积的 n 次方根；P_i 为第 i 行元素乘积；$(R\overline{W})_I$ 为特征向量与矩阵的乘积。

表 4–15 延龙图地区生态重要性评价指标权重

准则层	指标层	权重
生态服务功能	用地类型	0.279 2
	斑块面积	0.064 5
	水源保护区	0.193 2
景观空间布局	与自然保护区的距离	0.104 6
	与河流的距离	0.042 3
生态敏感性	坡度	0.316 2

（二）一致性检验

人们在对评价因子进行判断时往往具有主观性，会存在误差，导致结果也会有误差。为了避免判断矩阵误差太大，要验证其一致性，在此引入三个指标：一致性指标（CI）、随机一致性指标（RCI）和随机一致性比例（CR）。对于单排序：

$$CI = \frac{\lambda_{max} - n}{n - 1} \tag{4-21}$$

$$CR = \frac{CI}{RCI} \tag{4-22}$$

对于总排序：

$$CR = \frac{\sum\limits_{i=1}^{m} a_i CI_i}{\sum\limits_{i=1}^{m} a_i RCI_i} \tag{4-23}$$

式中，n 为判断矩阵的阶数。CR 值越大，判断矩阵的完全一致性越差，一般 CR=0.051 7≤0.10，说明判断矩阵的一致性可以接受，也说明层次单（总）排序的计算结果具有满意的一致性，否则需对判断矩阵进行调整（肖胜，2003）。按上述方法最终得到延龙图生态用地评价因子权重表（表 4-16）。

表 4-16　随机一致性指标 RCI

n	1	2	3	4	5	6	7	8	9	10	11
RCI	0	0	0.58	0.9	1.12	1.24	1.32	1.41	1.45	1.49	1.51

在评价指标选择及指标权重确定的基础上，计算得到每个评价单元的重要性分值。利用 ArcGIS 的空间叠加分析与栅格计算器功能，最终得出研究区各评价单元的重要性分值，并根据分级标准划分为三个等级，即极重要生态用地（3.5<R≤5）、重要生态用地（2.5≤R≤3.5）和一般重要生态用地（R<2.5）。

　　根据以上的评价方法和步骤，结合加权指数法，计算出各评价单元生态用地重要程度得分值（1.643—5），参考分级标准进行等级划分，计算得到延龙图地区生态用地重要性评价总分值，使用 ArcGIS 重分类分析，利用自然断点法将重分类的 19 个点与其对应的栅格数量做成关系图（图 4–16），当评分值为 A =2.8、B=3.4 时，折线图的波动变化最大，说明在 A 点与 B 点前后土地的变化比较突出，需将其分为不同的两个程度。延龙图地区生态用地重要程度可以按以下分级标准划分为三个等级：极重要生态用地分级标准为 $3.4 < R \leqslant 5$；重要生态用地分级标准为 $2.8 \leqslant R \leqslant 3.4$；一般重要生态用地分级标准为 $1.6 \leqslant R < 2.8$。

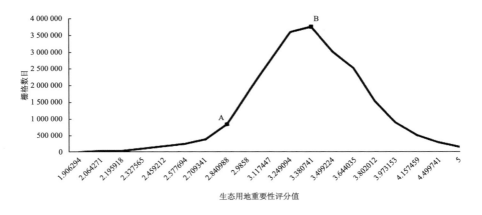

图 4–16　生态用地重要性评分值与栅格数据关系

　　最终得出延龙图地区生态用地重要性分级结果（图 4–17）。生态用地重要性识别，一方面体现了某区域的生态调节能力的重要程度，另一方面体现了生态用地对人类社会生态需求的重要性（宗毅、汪波，2005）。因此，识别生态用地不同的重要程度，是延龙图地区生态用地保护研究的关键切入点。鉴于此，应通过对延龙图地区生态用地重要程度的识别，建立不同重要程度、不同用地类型的分类保护方案。

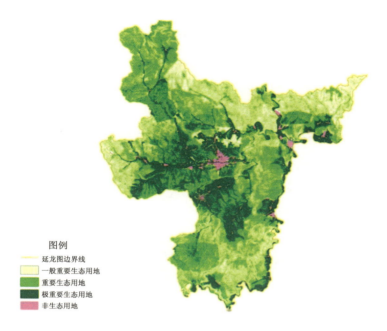

图例
   延龙图边界线
   一般重要生态用地
   重要生态用地
   极重要生态用地
   非生态用地

图 4-17　延龙图地区生态用地重要性分级

四、延龙图地区生态用地管理策略分析

（一）基于重要程度的生态用地保护

1. 极重要生态用地

极重要生态用地总占地面积为 1 271.71 平方千米，主要分布在延吉市市区西部并贯穿于布尔哈通河两岸、延吉市北部烟集河两岸、延吉市五道水库及南北方向的河流流域，龙井市东北部及东南部、龙井市大新水库及南北方向的河流流域，图们市图们江流域下游的开山屯镇及月晴镇附近地区。极重要生态用地分布区是延龙图地区具有最重要生态服务功能的景观格局，用地类型主要有林地、耕地、湿地和水田，该区域的生态保护价值最高，应该尽可能地维持该区域的原始自然生态环境，完全禁止进行城市和工业建设，以及任何的建设开发活动，应实行强制性保护。因此，需要将此区域设置为禁止建设区，划为水源涵养保护控制区，设置重要水源涵养区标志，保护区

域内的耕地与水田，保护农产品的服务功能和水源涵养功能。

2. 重要生态用地

重要生态用地总占地面积为 1 952.99 平方千米，主要分布在延龙图三市交界处、延吉市五道水库附近、龙井市海兰江下游、图们市北部。该区域可以设置为限制城市扩张区域，从维持自然生态系统入手，发展绿色生态产业；以缓解生态问题矛盾、降低生态安全风险为主要目标，大力实施水库污染治理、生态修复或改造，逐步改善地区环境质量；建设连接各类生态用地的生态廊道，增加该地区生态系统的生物多样性。

3. 一般重要生态用地

一般重要生态用地总占地面积为 1 719.46 平方千米，主要集中在延吉市及图们市北部和龙井市南部。该用地类型较为单一，但其空间分布特征较为突出，主要分布于延龙图整体区域的外围，该区域是延龙图地区生态防护的第二层保护圈，是保护延龙图地区生态系统的"壁垒"。因此，需要兼顾城乡发展与生态保护，以防止生态环境问题、维护生态安全为出发点，积极实施生态化建设，高标准控制生态规划指标，形成良好的地区生态环境。

（二）基于用地类型的生态用地管理策略

为了明确各生态用地类型的重要程度及建立相应的保护方案，将延龙图地区生态重要性分级图与延龙图地区生态用地图进行叠加分析，得到延龙图地区各生态用地分布统计表（表 4–17）和生态用地保护区分布图（图 4–18）。

表 4–17　延龙图地区各生态用地类型面积（km²）

用地分类	极重要生态保护区	重要生态保护区	一般重要生态保护区
非生态用地	11.182	2.061	0.255
耕地	934.183	158.773	8.065
林地	244.047	1 741.027	1 661.491
绿地	5.416	7.681	3.258
其他生态用地	2.168	16.314	44.456

续表

用地分类	极重要生态保护区	重要生态保护区	一般重要生态保护区
水域	69.648	6.291	1.929
园地	5.067	20.836	0.002
总计	1 271.711	1 952.983	1 719.456

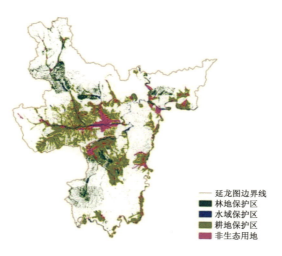

延龙图边界线
林地保护区
水域保护区
耕地保护区
非生态用地

(a) 极重要生态保护区内用地类型分布

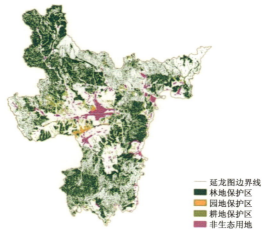

延龙图边界线
林地保护区
园地保护区
耕地保护区
非生态用地

(b) 重要生态保护区用地类型分布

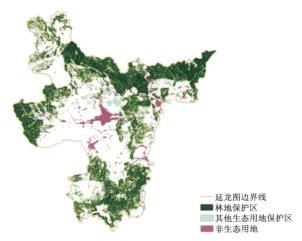

(c) 一般重要生态保护区内用地类型分布

图 4-18　延龙图地区生态用地保护区分布

　　延龙图地区极重要生态用地类型中占地面积最大的是耕地和林地，然后依次是水域、非生态用地、绿地、园地和其他生态用地。其中耕地斑块大小为 934.183 平方千米，占极重要生态用地的 73.46%；林地斑块大小为 244.047 平方千米，占极重要生态用地的 19.19%；水域斑块大小为 69.648 平方千米，占极重要生态用地面积的 5.48%。因此，延龙图地区生态用地保护类型中最重要的用地类型是耕地，耕地拥有较大的生态服务功能价值，需要在城市发展中，严格按照《中华人民共和国土地管理法》中关于耕地保护的措施，将邻近度较高、面积较大的斑块设置为耕地保护区。对林地的保护可以将大斑块林地视为"五个点"：位于延吉市西北部五道水库一级水源保护区内大部分林地；北部延河水库一级水源保护区、二级水源保护区内大部分林地及延河水库北部准水源保护区内少量林地；龙井市大新水库一级、二级、准水源保护区内大量林地；龙井市城区东南部联结大斑块耕地的大量林地；图们市枫梧水库一级、二级水源保护区内大量林地[图 4-18(a)]。这些林地分布区是保护延龙图地区城市水源质量的重要区域，可作为水源涵养的重要保护林区。水域保护区为：延吉市布尔哈通河流域、五道水库及南北河流流域、延河水库及南北河流流域、龙井市海兰江流域、大新水库及南北河流流域、六道河流域；图们市图们江流域、大新水库及南北河流流域。针对上述水域保护区，应该加大河流管理力度，禁止新增污染水体的建设项目和用地，禁止在其附近设立装卸垃圾、粪便等污染水域的工厂，严格控制设施建设规模。

重要生态用地类型中按占地面积大小排序是林地、耕地、园地、其他生态用地、绿地、水域、非生态用地[图 4–18(b)]。其中林地斑块大小为 1 741.03 平方千米，占重要生态用地的 89.15％；耕地斑块大小为 158.77 平方千米，占重要生态用地的 8.13％；园地斑块大小为 20.84 平方千米，占重要生态用地的 1.07％。林地具有消除污染、降低噪声、净化空气、美化环境等功能，成为延龙图地区的城市生态屏障，并为保护区域内水域、耕地筑起一道道生态防线，保护了延龙图地区的生态多样性及生态可持续发展，因此需将该部分林地作为延龙图地区的生态防护圈。该分布区的耕地与林地邻接或者镶嵌，说明该地区林地最容易转换为耕地，如果不严格控制，耕地的盲目扩张会逐渐侵占周围林地的防护区，因此需要严格控制该部分耕地向周围林地扩张，防止对林地生态防护圈造成破坏。园地保护区主要是龙井市北部“亚洲最大苹果梨园”和延边大学后山苹果梨园。该区域的苹果梨园是延龙图地区主要的苹果梨产地，具有极高的农产品商业价值，因此建议该区域辟为园地保护区，设置果园防护栏，禁止对该区域进行人为破坏。

一般重要生态用地类型中按占地面积从大到小排序是林地、其他生态用地、耕地、绿地、水域、非生态用地和园地[图 4–18(c)]。其中林地斑块最大，为 1 661.49 平方千米，占一般重要生态用地的 96.63％；其他生态用地斑块大小为 44.46 平方千米，占一般重要生态用地的 2.59％。一般重要生态用地中林地的空间布局可以大致分为两个方向，即南北方向边界附近的大斑块林地，和西部边界附近的大斑块林地。该区域林地由于面积较大，郁闭度较高，所以需要积极保护。当城市内部发展饱和的时候，延吉市东部林地可以作为城市发展的适当开发区域。在其他生态用地中，延吉市北部方向的用地类型基本为荒草地，该区域也可以作为城市发展的适当开发区域。

由上述分析可知，耕地、林地、水域这三种用地类型对该地区生态用地的重要程度影响较大，因此结合研究区的实际情况，应制定以耕地、水域保护为主，林地保护为辅的具体保护方案。

第三节　城市生态用地空间扩张模拟与空间格局优化

本节运用元胞自动机（Cellular Automata，CA）探索各个变量对元胞状态转移变化的概率影响，将邻域密度加入考虑的变量之中，从多方面衡量复杂的城市发展的影响因素（朱俊等，2003）。

一、元胞自动机模型构建

CA 模型的设计利用 Logistic 回归模型，作为预测未来元胞转化概率的变化模型，即 $P_{logistic}$，表示某个元胞发生该转换的概率值。逻辑回归考虑了五个变量，即元胞与公路的距离、与铁路的距离、与河流的距离、与市中心的距离（选取延吉市时代广场、龙井市龙腾广场、图们市苏联红军烈士纪念碑为三市的市中心）、生态用地邻域密度（表4–18）。

表4–18　逻辑回归变量选取

空间变量名	计量单位
与公路的距离（Disgl）	km
与铁路的距离（Distl）	km
与河流的距离（Dishl）	km
与市中心的距离（Dispro）	km
生态用地邻域密度（Neighbor）	%

其中邻域密度表示邻域中生态用地的拥有率，即邻域窗口内（不包括中心）的生态用地拥有率（张德平等，2006），其计算公式如下：

$$Neighbor_j^i = \frac{\sum_{5\times5} \text{con}\left(S_{i,j}meco\right)}{5\times5-1} \times 100 \tag{4-24}$$

P_{plan} 代表从 T1 到 T2 时期元胞的状态变化情况 $change_{ca}=S_{t1}-S_{t2}$，以及各空间变量 $Disgl$、$Distl$、$Dishl$、$Dispro$、$Neighbor$，并按下列准则决定每个 P_{plan}：若 $change_{ca}=1$，则取 $P_{logistic}=1$［即元胞 $S(i, j)$ 生态用地已经发生转化，概率为 1］；若 $change_{ca}=0$，则取 $P_{logistic}=0$［即元胞 $S(i, j)$ 生态用地已经发生转化，概率为 0］。

根据 Logistic 原理，结合本研究数据，回归方程为：

$$P_{logistic}=1/1+\exp[-(\beta_0+\beta_1\times Disgl+\beta_2\times Distl+\beta_3\times Dishl+\beta_4\times Dispro+$$
$$\beta_5\times Neighbor)] \tag{4-25}$$

1. CA 中约束条件

该部分是为了探索因变量的变化受自变量的影响情况，所以排除不受自变量影响的部分，例如，受自然因素影响的数据（K. V. 克里施纳默西，2006）。从 T1、T2 两期数据中剔除受约束部分的数据，再抽取样本，考虑的因素及其条件见表 4-19。

表 4-19 约束条件

自然因素	受限制条件
坡度	>25°
水源保护区	所有水源保护区

生态用地的转变不仅受上述五个空间变量影响，还受到一些约束条件的制约。如果某个元胞处的坡度大于 25°或者该元胞属于水源保护区内，则认为它是不可以发生转化的，即 $P_{constraint}=0$。将所有的相关数据进行栅格计算，表达式如下：

$$Y = \left(\text{"水源保护区"}==1\right)+\left(\text{"SLOPE"}>25\right) \tag{4-26}$$

Y 值的范围为 $0 \leqslant Y \leqslant 1$。$Y=0$ 时表示该元胞不属于任何受限制区域，其 $P_{constraint}=1$；$Y>0$ 表示该元胞属于上面某一个或者多个受限制区域，其结果 $P_{constraint}=0$。

2. CA 中随机因素的应用

生态用地的转化除了受各种限制条件的影响之外，还受到随机因素和偶然事件的影响和干预。为了使模型的运算结果更加符合实际情况，能够反映城市系统存在的不确定性，需要向模型中加入随机因素的作用。参考田丰昊（2017）的研究，该项可表达为：

$$P_{random} = 1 + \left(-\lg\gamma\right)^{\alpha} \tag{4-27}$$

式中，γ 为（0，1）范围内的随机数。α 为控制随机变量影响大小的参数，取值范围为 1 至 10 之间的整数。α 的值越大，模型中随机因素的影响越大，反之越小。

3. CA 中的综合概率表达

根据上述约束条件以及转换规则，最后确定元胞在 t 时刻发生转变的概率如下（α 为待定系数）：

$$P_{eco}^t = \left(P_{logistic}^t + \alpha \times P_{change}\right) \times P_{random} \times P_{constraint} \tag{4-28}$$

4. 约束条件的设计

约束条件作用模块主要使用 ArcToolBox 中的栅格计算器功能，得到约束条件作用栅格 $P_{constraint}$。公式如下：

$$P_{constraint} = 水源保护区 + 坡度 \tag{4-29}$$

5. Logistic 回归方程模块

空间变量作用模块的主要功能是根据 Logistic 回归方程求取空间变量及其邻域对栅格城市化的影响，此项功能使用 ArcMap 中的建模工具来完成。

Logistic 回归方程模块主要考虑各因素的回归系数，应用逻辑回归公式，使用 ArcGIS 软件实现 $P_{logistic}$。本章回归系数主要包括以下几个因素：与公路的距离、与河流的距离、与市中心的距离、与铁路的距离、生态用地邻域密度（Neighbor）。

其中，生态用地邻域密度的邻域函数值是 5×5 窗口内（不包含中心元胞）24 个邻域元胞开发率的函数值。具体流程使用 ArcMap 中建模工具来完成。首先使用 2003 年的土地利用数据（生态用地和非生态用地）求出 5×5 窗口内的栅格数目，然后将其减去中心栅格得到所有的邻域栅格，最后将该值除以 24 便得到邻域元胞开发率的函数值。因为该变量受土地利用影响，随着土地利用的改变而改变，所以邻域密度是动态的。

6. 随机作用模块

随机作用模块的功能是将不确定性引入转换规则中，使演化过程更加符合真实的情况。使用 ArcMap 创建随机栅格模块，形成随机作用栅格数据。

7. 综合转换概率求取

综合转换概率由前面几个部分综合而成，在一次迭代过程中，某个栅格的综合转换概率值等于 Logistic 栅格数据集、约束条件栅格、随机作用栅格在对应位置上的栅格值进行运算的结果。最后将逻辑回归模块 $P_{logistic}$、约束条件栅格 $P_{constraint}$、随机模块 P_{random} 以及现状与历史数据变化栅格 $rechange$ 进行叠加，形成综合转换概率栅格 P_{eco}。

8. 状态转换判断及状态转换执行

状态转换判断的准则是将本次迭代过程的综合转换概率 P_{eco} 与状态转换概率阈值 $P_{threshold}$ 进行比较。若 $P_{eco} > P_{threshold}$，则该栅格状态发生转换，否则为维持当前的状态。

在模块中的实现方法如下：对得到的 P_{eco} 运用栅格重分类工具，结合自然断裂点（Jenks）法实现自动分类。综合转换概率大于转换概率阈值的时候，将其值确定为 1；当综合转换概率小于等于转换概率阈值的时候，将其值确定为 0（武剑锋等，2008）。元胞状态表示为 1 的，说明其状态发生了转换；元胞状态表示为 0 的，说明其状态没有发生转换。最后使用合并功能，得到模拟栅格数据，即 Newlanduse。

二、模拟结果与分析

本研究的重要部分是得出 Logistic 回归五个空间变量的参数，即 Distl、Disgl、Dishl、Dispro、Neighbor，分别表示每个栅格到铁路、公路、河流、市中心的距离，以及元胞 5×5 邻域密度。通过结合 ArcGIS 与 SPSS 中二元逻辑回归可获得实现。

参数 1 是需要被提取的栅格数据，参数 2 为采样遮罩。参数 2 获得方法见图 4–19。具体流程为，首先将 2014 年土地利用数据进行重分类得到生态用地栅格 landuse-eco；然后将约束条件栅格 y 进行重分类得到非约束部分栅格 non-constraint；将 landuse-eco 与 non-constraint 栅格数据应用提取栅格功能，得到非约束部分的生态用地；将其与随机作用栅格 random 进行按掩膜提取栅格数据，得到参数 2。

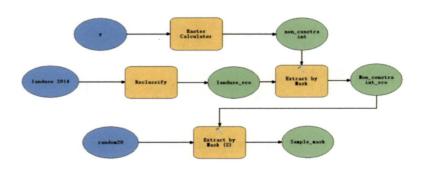

图 4–19　采样遮罩建模过程

最后将得到的结果输入 SPSS 中，运用二元回归得到空间变量模拟精度见表 4–20。

从表 4–21 中可以看出四个变量的 sig 值均在 0.05 以下，说明在显著性水平

上具有统计学意义。表 4–20 显示总体预测精度是 98.2%。最后得出四个变量的
回归系数值。

表 4–20　空间变量模拟精度

已观测			已预测		
			rechange		百分比校正
步骤 1	rechange	0.00000000000	97 855	0	100.0
		1.00000000000	1 838	0	0.0
	总计百分比				98.2

注：切割值为 0.500。

表 4–21　空间变量回归系数

	B	S.E.	Wals	df	Sig.	Exp(B)	Exp(B)的 95%C.I.	
							下限	上限
步骤 1[a] disgl1	0.000	0.000	234.268	1	0.000	1.000	1.000	1.000
dishl1	0.000	0.000	280.975	1	0.000	1.000	1.000	1.000
dispro1	0.000	0.000	46.408	1	0.000	1.000	1.000	1.000
distl1	0.000	0.000	213.245	1	0.000	1.000	1.000	1.000
常量	−1.555	0.045	1 175.032	1	0.000	0.211		

　　在前期数据处理的基础上，结合建好的模型进行模拟。运用 2003 年的数
据作为基础数据，模拟 2014 年的土地利用数据，见图 4–20。

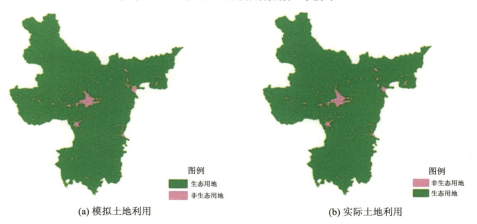

图例
■ 生态用地
■ 非生态用地

(a) 模拟土地利用

图例
■ 非生态用地
■ 生态用地

(b) 实际土地利用

图 4–20　模拟与实际的 2014 年延龙图地区土地利用

（一）运行精度评定

本研究使用像元矩阵比较检验法，将模拟的像元矩阵与实际的像元矩阵进行对比。依据土地利用地类分别建立像元矩阵，计算矩阵中各地类像元数并求出土地利用像元数符合度 K（富伟等，2009；张利等，2014）。通过得出的模拟结果与实际结果的像元对比数，判断模型是否适用，然后应用适当的修正模型将其参数修正，达到理想的状态。参考田丰昊（2017）的研究，其符合度 K 的计算方法如下：

$$K = \frac{\sum L_p}{\sum L_s} \times 100\%$$ （4–30）

式中，$\sum L_p$ 为某类土地利用现状的像元总数，$\sum L_s$ 为该类土地利用模拟结果的像元总数。

通过以上方法，统计各地类现状像元数以及各地类模拟像元数（表4–22）。

表4–22 现状像元数和模拟像元数比对

	2014年模拟结果		2014年实际结果	
	生态用地	非生态用地	生态用地	非生态用地
总计	494 244	14 593	494 289	14 560

根据以上公式得出符合度 K 值为 K 生态用地=100.01%，K 非生态用地=99.77%，说明此模型可靠。运用上述模型，以2014年延龙图地区土地利用为基础数据，模拟2025—2035年延龙图地区土地利用，得到模拟图（图4–21）。

（二）CA模型的模拟结果分析

根据统计可得模拟的2014—2035年扩张城区用地总面积为648.53平方千米。从城市形态演化趋势来看，三个城市逐渐连接，城区逐步扩张占据大量生态用地。从宏观上看，延吉市和图们市之间逐渐沿着布尔哈通河扩张，而延吉市和龙井市逐渐相连。

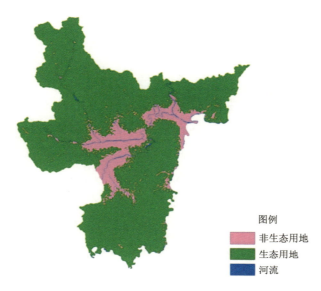

图例
- ▨ 非生态用地
- ▨ 生态用地
- ▨ 河流

图 4-21　模拟的 2025—2035 年延龙图地区土地利用

延吉市扩张城区面积为 284.71 平方千米，位于布尔哈通河南部的延吉市城区与朝阳川镇之间的生态用地逐渐被非生态用地填充，并且有向外延伸的趋向。布尔哈通河西北方向的延吉市城区由于高铁站的带动，加速开发了城区与高铁站之间的建设用地，并且随着延吉市西北方向新兴工业区的不断发展，会不断向朝阳河的北、西两个方向侵占生态用地；而延吉市东部的生态用地也会由于工业区的扩张被城区代替。

龙井市扩张城区的面积为 169.05 平方千米，城市经济发展较为缓慢，人口较少，与延吉市逐渐连接是未来的发展方向。龙井市主要沿着东北部与延吉市相连通，南部地区沿着海兰江和六道河扩张。

图们市扩张城区的面积为 194.77 平方千米，作为口岸城市与朝鲜接壤，随着中国与朝鲜贸易的不断往来，城区将向靠近图们江和布尔哈通河交汇处以北的方向不断扩张，城区南部沿着图们江向南发展。

综上所述，2014—2035 年延龙图地区城市扩张将占据大量生态用地，破坏大量的防风林带，因此需要针对城镇的发展和污染扩散进行有效控制和空间格局优化。

三、城市生态用地空间格局优化

为了防止城市无规则的蔓延扩张以及对郊区生态用地的侵占，本部分主要针对模拟的扩张城区，基于 GeoSOS 开发平台中的蚁群智能优化模型对其空间布局进行优化。

此系统在 Microsoft.NET 2.0 和 C 语言环境下实现了优化功能（张利等，2014）。其原理是在蚁群优化每一步的迭代中，一个蚂蚁选择栅格的依据是目标函数。目标函数的公式如下：

$$GoalFunction = EcoSuitable \times Compactness \qquad (4-31)$$

其中，*GoalFunction* 为目标函数，*EcoSuitable* 为生态保护区适宜性，*Compactness* 为紧凑性。

本研究定义的生态保护区适宜性的影响因子有城市生态适宜性（UrbanEcoSuitable）、归一化植被指数（NDVI）、归一化水体指数（MNWI）、地形起伏度（QFD）、扩张城区（ExpandUrban）。运用专家打分法以及层次分析法得到前四个影响因子的权重以及一致性检验值 CR（表 4-23）。CR<0.1，说明影响因子有满意的一致性，通过一致性检验。

表 4-23 延龙图地区生态保护区适宜性影响因子权重及一致性检验

影响因子	权重	一致性检验值 CR
UrbanEcoSuitable	0.174 2	
NDVI	0.406 6	
MNWI	0.345 2	0.016 8
QFD	0.074 1	

适宜性函数的数学表达式为：

$$\begin{aligned} EcoSuitable = (UrbanEcoSuitable \times 0.174\ 2 + NDVI \times 0.406\ 6 + \\ MNWI \times 0.345\ 2 + QFD \times 0.074\ 1) + ExpandUrban \end{aligned} \qquad (4-32)$$

设置蚁群智能优化（ACO）参数，其中蚂蚁数目为 $2\ 969 \times 10^5 \div (400 \times$

400）=1 856，其他参数见图 4-22。

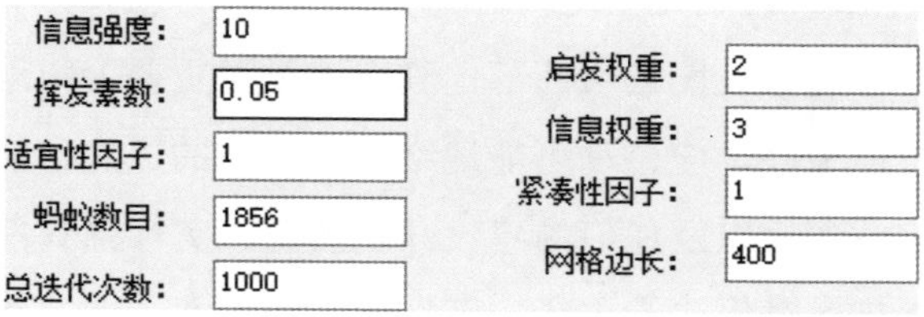

图 4-22　基于 GeoSOS 的 ACO 参数设置

从上述基于 Logistic 模型模拟的延龙图地区生态用地空间布局可知，延吉市与龙井市主城区正在逐渐连通，但是新出现的城区会占据龙井市北部以及延吉市西部的水田，这与《中华人民共和国土地管理法》耕地保护的政策相违背；而图们市城区会逐渐沿着布尔哈通河延伸，并向延吉市城区靠拢，这会占据大量的林地。而在进行基于 ACO 蚁群优化之后，随着模型中的每个人工蚂蚁的相互合作，最终形成优化的生态保护区布局，其效果非常理想并符合实际。

将 2025—2035 年间延龙图地区城市生态保护区分布图与前述获得的延龙图地区城市生态用地重要性评价进行叠加处理，得到延龙图地区城市生态保护区评分表，其值的区间为 2.001 3—4.227 2，将其分为五级，即 Ⅰ—Ⅴ 级生态保护区，分别统计五级生态保护区内各生态用地面积（表 4-24）。

表 4-24　2025—2035 年延龙图地区城市生态保护区内各生态用地类型统计（km²）

	Ⅰ级生态保护区	Ⅱ级生态保护区	Ⅲ级生态保护区	Ⅳ级生态保护区	Ⅴ级生态保护区
林地	0.782	8.846	30.904	43.855	33.917
水域	5.461	1.537	0.726	0.508	0.111
绿地	0.007	0.668	2.745	0.822	0.042
其他生态用地	0.004	0.014	4.007	0.576	0.152
园地	0.389	2.778	11.518	0.020	—
耕地	59.065	57.815	15.494	3.484	43.855
总计	66.335	72.265	65.766	49.453	34.390

Ⅰ级生态保护区主要是城市扩张过程中最需要保护的生态用地，其面积为 66.335 平方千米，占延龙图地区总面积的 0.7％；主要分布在延吉市朝阳川西部、龙井市东北部、图们市西部；其用地类型主要为耕地和水域。该区域的生态保护价值最高，应该尽可能地维持该区域的原生自然生态环境，完全禁止城市和工业建设以及任何的建设开发活动，实行强制性保护。

Ⅱ级生态保护区是仅次于Ⅰ级生态保护区的生态用地，其面积为 72.265 平方千米，占延龙图地区总面积的 1％；主要分布在延吉市西北部、南部，朝阳川镇南部，龙井市西部、东部、北部，图们市西部和南部；其用地类型主要为耕地，有少量的林地、水域和园地。该区域生态保护价值较高，是潜在的理想生态保护区，从生态保护出发，不宜进行有损生态环境的开发建设活动。

Ⅲ级生态保护区是建设用地适宜性和生态保护重要性区域，生态保护和经济开发需求存在着一定的矛盾，其面积为 65.766 平方千米，占研究区总面积的 1.3％；主要分布在延吉-龙井公路北部、延边大学后山，图们市的西北部；其用地类型主要为林地、园地、耕地。该区域可以作为储备用地予以保留，作为弹性用地空间，通过基础设施的改善，寻求发展机会，为未来经济开发拓展提供后备用地。

Ⅳ级生态保护区是生态保护用地的最低级别，其面积为 49.453 平方千米，占延龙图地区总面积的 1.4％；主要分布在图们市西北部和东北部；其用地类型主要为林地。该区域需要受到一定的生态保护约束，应该适度控制其开发强度，避免过度开发，鼓励建设生态旅游、设施农业等具有一定自然生态保护意义与经济开发效益的绿色产业。

Ⅴ级生态保护区是城市生态保护区面积最小的区域，其面积为 34.390 平方千米，占延龙图地区总面积的 1.3％；主要分布在图们市西北部；其用地类型主要为林地、耕地。该区域经济开发需求强，受生态环境约束低，适宜进行经济开发和城市建设，是延龙图一体化开发扩张的理想地区。

本 章 小 结

本章利用 GIS 空间分析法，对延龙图地区城市生态用地的空间结构进行了系统研究，识别了研究区域的极重要生态用地、重要生态用地和一般重要生态用地的分布，制定了相应的保护方案；基于逻辑回归和元胞自动机模型，模拟了延龙图地区在 2025 年到 2035 年间的城市生态用地空间格局，并将其与各类生态用地的重要性相结合，进行了模拟优化。通过研究，得出以下结论：

第一，对延吉市、龙井市和图们市的城市生态用地评价如下：延吉市在 1990 年至 2005 年间城市快速发展，主要占用了耕地和庭院绿地的生态空间。城市内部绿色空间主要转变为非生态用地。在 2005 年到 2014 年间，城市内部绿色空间增加了 531.8 公顷，主要是防护绿地、公园绿地、广场绿地和庭院绿地。对于城市外部生态空间，林地主要转变为耕地，说明在此期间，延吉市仍然注重耕地开垦，破坏了城市生态外围保护圈。从整体空间格局变化来看，城市内部生态用地变化主要由住宅区内的绿化公园、游乐生态公园和广场绿地所决定；城市向外扩张则增加了大量建设用地，侵占了耕地。因此，城市的绿色生态空间需要在内部建设生态公园的同时，在向外扩展时合理规划和保护生态用地，避免随意开发，实现科学合理的开发与扩建。龙井市在 2014 年生态用地分布广泛，但生态景观较为破碎，生态用地空间分布呈聚集状态。生态用地的空间格局不合理，未形成整体化生态格局，城市生态系统在生态过程和格局上缺乏系统性和连续性。在未来的发展中，建议龙井市明确各类生态用地的生态功能，调整控制策略，重视整体生态格局发展的可持续性和连续性。图们市在 2014 年生态用地数量较多，占城市总面积的比重较大。然而，生态安全体系不完善，缺乏有效的生态防护系统，庭院绿地斑块较少，居民居住适宜性降低。这些问题是图们市未来城市生态系统面临的严峻挑战。因此，图们市在未来的发展中，需要在建设居民用地的同时，加强小区绿化，优化生态功能区划，提高各类生态用地的整体性和有效的连续性，并实施有效的控制和管理。

第二，本章通过识别研究区的生态用地重要程度，明确了极重要区域、重要区域和一般重要区域，并制定了以耕地和水域保护为主、林地保护为辅的保护方案，以及提出建设"五点"水源涵养保护控制区，以期对延龙图地区城市的可持续发展和生态文明建设起到推动作用。

第三，城市形态演化过程模拟中，延吉市、龙井市和图们市三个城市将逐渐连接，城区逐步占据大量生态用地。延吉市扩张城区面积为284.71平方千米，龙井市为169.05平方千米，图们市为194.77平方千米。在2014年到2035年间，城市扩张将继续占据大量生态用地，破坏防护林带，需要进行城市开发空间的格局优化，对污染扩散进行有效控制。

第四，结合延龙图地区生态重要程度分级结果，建立了2025年至2035年延龙图地区的城市生态Ⅰ—Ⅴ级保护区。Ⅰ级生态保护区主要分布在延吉市朝阳川西部地区、龙井市东北部和图们市西部地区，主要为耕地和水域，应尽可能维持原生自然生态环境，禁止任何建设开发活动。Ⅱ级生态保护区主要分布在延吉市西北部、南部，朝阳川镇南部地区，龙井市西部、东部、北部地区和图们市西部和南部地区，主要为耕地，有少量林地、水域和园地，应优先保护生态环境，不宜进行有损生态的开发活动。Ⅲ级生态保护区主要分布在延吉-龙井公路北部、延边大学后山和图们市西北地区，主要为林地、园地和耕地，可以作为储备用地，适度开发。Ⅳ级生态保护区主要分布在图们市西北部和东北部，主要为林地，应适度控制开发强度，鼓励生态旅游和设施农业等绿色产业。Ⅴ级生态保护区主要分布在图们市西北部，主要为林地和耕地，经济开发需求强，生态环境约束低，适宜进行经济开发和城市建设，是延龙图一体化开发扩展的理想地区。

本章为评估、模拟和优化延龙图地区城市生态用地提供了全面的框架。研究结果强调了在实现城市可持续发展的过程中平衡城市发展与生态保护的重要性。

第五章 图们江地区重要节点城市生态用地景观安全格局构建与生态用地保护

党的二十大以来，生态文明制度体系更加健全，对生态环境保护也提出了更高的要求，因而，要控制开发强度，调整空间结构，促进生产空间集约高效、生活空间宜居适度、生态空间山清水秀，给自然留下更多修复空间，给农业留下更多良田，给子孙后代留下天蓝、地绿、水净的美好家园。应加快实施主体功能区战略，推动各地区严格按照主体功能定位发展，构建科学合理的城市化格局、农业发展格局、生态安全格局。其中，生态用地作为城市生态环境的主要承担者，在保护环境资源、塑造城镇空间特色、促进城镇持续健康方面发挥着重要作用，这也对生态用地的规划和保护提出了更高的要求。

生态用地评价是生态用地规划的基础和前提。根据景观生态学理论，生态用地的基本构成要素包括斑块、廊道与基质，通过开展生态用地评价，分析不同生态用地空间结构对生态过程的影响，继而构建连续完整的生态过程和空间格局，优化和保护具有重要意义的生态系统服务功能，可以构建城市生态安全格局。本章在生态用地空间结构评价的基础上，借鉴城市规划、景观生态学相关理论，对图们江地区东部发展带重要节点城市的生态用地保护进行研究，以期为我国相关城市生态用地规划与保护提供借鉴，在"产业升级、城市升值、文化升华、民生改善"中切实贯彻"生态优先"理念，彰显"生态文明"特色，落实生态用地保护举措。

第一节　多尺度生态用地景观安全格局分析

一、生态用地分类

国内外学者对生态用地内涵的界定主要是依据土地的生态功能和土地的主体功能。土地"生态功能说"认为，凡是提供自然生态系统服务价值的土地都可被视为生态用地，它包括农田、林地、园地、水域和沼泽地等在内的具有透水性的地面、无人为铺装的地表。土地"主体功能说"则主张从土地的主导功能来区分，并认为以经济产出为核心目的的农业生产用地，如耕地，不应列为生态用地。本章认为，第二种观点虽然突出了生态用地的重要性，但却忽略了对那些具有生态服务功能土地的保护。本章根据研究区特点，认为凡是具有生态功能的土地都应该给予保护。

基于上述生态用地内涵，借鉴前人研究（易军，2010；李健飞等，2016；潘竞虎、刘晓，2015），重点参考现行的国土资源管理的用地分类标准（乔富珍等，2014），将延龙图地区的生态用地分为林地、水域、园地、绿地、耕地、其他生态用地6个一级类，并细分为18个二级类，见表5-1。

表 5-1　延龙图地区生态用地分类

一级类	林地	水域	园地	绿地	耕地	其他生态用地
二级类	有林地 灌木林地 其他林地	河流水面 湖泊水面 水库水面 坑塘水面	果园	庭院绿地 广场绿地 公园绿地 防护绿地	水田 水浇地 旱地	空闲地 裸地 荒草地

基于上述生态用地分类，运用 ERDAS 软件，将研究区 2014 年 8 月 Pleiades-1 卫星影像（0.5 米分辨率）进行裁切、几何校正、空间配准、融合、拼接，然后进行解译，提取各生态用地，得到 2014 年延龙图地区各生态用地空间分布

图（图 5–1），并统计各生态用地的面积，统计结果见表 5–2。

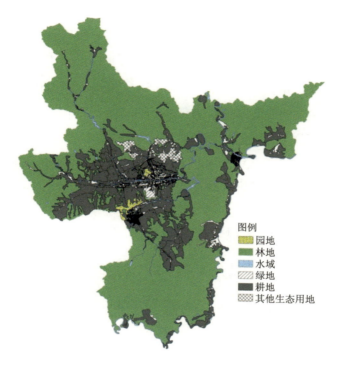

图 5–1 延龙图地区生态用地分布

表 5–2 延龙图地区生态用地数量结构

	林地	水域	耕地	园地	绿地	其他生态用地
面积（km²）	3 653.14	80.61	1 108.1	25.86	20.82	63.79
占生态用地总面积的比例（%）	73.77	1.63	22.38	0.52	0.42	1.28

从表 5–2 中可以看出，生态用地中大部分是林地，面积为 3 653.14 平方千米，占生态用地总面积的 73.77%，在延龙图地区分布广、范围大，集中分布于延龙图地区西部、北部、东部和南部。其次是耕地，面积为 1 108.1 平方千米，占生态用地总面积的 22.38%，主要分布在延龙图中部地区和河谷地区，地势较平坦，土壤肥沃。再次是水域，面积为 80.61 平方千米，占生态用地

总面积的 1.63%，主要包括图们江、嘎呀河、依兰河、朝阳河、布尔哈通河、六道河河流以及一些水库，虽然水域面积较小，但在延龙图地区分布却比较广泛。第四为其他生态用地，面积为 63.79 平方千米，占生态用地总面积的 1.28%，主要分布在延龙图中部、龙井市和图们市市区，用地类型主要是空闲地和荒草地等。第五为园地，面积为 25.86 平方千米，占生态用地总面积的 0.52%，主要分布在延龙图地区中偏西部。最少的为绿地，面积 20.82 平方千米，占生态用地总面积的 0.42%，用地类型主要是公园绿地、庭院绿地和防护绿地，集中分布在延吉市、龙井市、图们市市区内，不仅为区域提供了多样性的景观，还为城市居民提供了认识人地的平台。

二、多尺度生态用地景观安全格局分析

（一）景观格局指标选取及其计算

景观格局在空间上分布的不均匀性、复杂性以及人类对景观格局的干扰，影响着景观的异质性（异质性是景观格局的一种结构特性）。景观格局影响资源、物种或干扰它们在景观中的流动与传播，各种景观过程反过来也会影响景观空间格局。因此，为了深入了解研究区景观空间格局和景观过程之间的相互映射关系，有必要对研究区生态用地景观空间格局进行分析研究。

对生态用地景观格局进行分析，其前提是选取合适的景观格局指数。不同的景观格局指数包含着不同的景观生态学意义，其大小和变化反映的是不同的景观格局特征。景观格局指数分单个斑块层次（patch metrics）、斑块类型层次（class metrics）、景观层次（landscape metrics）三个层次，各层次间的景观格局指数往往只是侧重面有所不同，许多景观格局指数之间高度相关，甚至所涵盖的景观生态学意义相似，因而选取合适的景观格局指数非常重要。因人类对景观的干扰影响着景观的异质性，根据研究区实际情况，本章从斑块类型标准和景观标准的角度出发，主要选取一些受人为干扰活动影响大且具有代表性的景观格局指数来对延龙图地区的生态用地景观格局进行分析，本章参考赵小娜（2017）的研究，选取的景观格局指数主要有以下五个：

（1）景观百分比（PLAND）

$$PLAND = \sum_{j=1}^{n} a_i / A \times 100 \tag{5-1}$$

式中，a_i 为 i 类景观的面积，A 为整个景观的面积。PLAND 是某斑块类型面积与景观面积的比值再乘 100，其取值范围为 0—100。当值逐渐接近 0 时，说明该斑块类型在景观中越来越稀少；当值为 100 时，说明景观由一类斑块组成。

（2）斑块密度（PD）

$$PD = N_i / A_i \tag{5-2}$$

式中，PD 为景观 i 的破碎度，N_i 为景观 i 的斑块个数，A_i 为景观 i 的总面积。斑块密度值越大，破碎化程度越高，反之则破碎化程度越低。

（3）聚集度（AI）

$$AI = \left[\sum_{i=1}^{m} \left(\frac{g_{ii}}{\max g_{ii}} \right) P_i \right] \times 100 \tag{5-3}$$

式中，g_{ii} 是基于单倍法的斑块类型像元之间的节点数；$\max g_{ii}$ 表示基于单倍法的斑块类型 i 像元之间的最大节点数；P_i 为景观中斑块类型 i 的面积比重。AI 的取值范围在 0—100，表示景观类型在地域分布上的聚集程度，值越大，斑块分布越聚集；当某一斑块类型的破碎程度达到最大化时，AI 等于 0。

（4）斑块结合度（COHESION）

$$COHESION = \left(1 - \frac{\sum_{i=1}^{m} P_{ij}}{\sum_{i=1}^{m} P_{ij} \sqrt{a_{ij}}} \right) \left(1 - \frac{1}{\sqrt{Q}} \right)^{-1} \times 100 \tag{5-4}$$

式中，P_{ij} 为斑块 ij 的周长，a_{ij} 为斑块 ij 的面积，Q 为景观中栅格的总数。结合度指景观类型的自然连续性，表示景观类型的连通性，值越大，斑块黏合度增加，连通性越高。

（5）香农多样性指数（SHDI）

$$SHDI = -\sum_{i=1}^{m}\left(P_i \ln P_i\right) \qquad (5-5)$$

式中，SHDI 为生态用地多样性指数，m 为生态用地斑块的数目，P_i 为第 i 类景观类型面积占景观总面积的比例。该指数是一种基于信息论基础，用来评价系统结构组成复杂程度的指数，特别对景观中各斑块类型非均衡分布状况较为敏感，即强调稀有斑块类型对信息的贡献。当景观是由单一类型构成的时，景观是均质的，SHDI=0；SHDI 增大，表明斑块类型增加或各斑块类型在景观中呈均衡化趋势分布；但并不是景观指数越大越好。

（二）大尺度生态用地景观格局分析

运用 ArcGIS 10.1 软件，将获取的 2014 年延龙图地区各生态用地的矢量化数据转化为栅格数据，然后再将栅格数据转化为 Fragstats 4.2 支持的 Geo TIFF grid 数据，借助 Fragstats 4.2 软件来计算各生态用地景观格局指数，结果见表 5–3 和图 5–2。

表 5–3　生态用地景观格局指数

	PLAND	PD	AI	COHESION
林地	72.034 6	0.021 5	98.301 5	99.886 2
耕地	21.850 1	0.023 1	92.968 2	99.386 5
水域	1.589 5	0.052 3	60.644 8	93.747 8
绿地	0.410 5	0.063 5	64.783 9	78.106 4
园地	0.509 9	0.003 0	92.110 5	97.415 5
其他生态用地	1.257 8	0.018 7	91.062 1	95.602 4

图 5–2(a)的景观面积百分比折线显示，2014 年延龙图地区的土地覆盖中，面积最大的是林地，占总面积的 72.03%；其次是耕地，占总面积的 21.85%；水域、绿地、园地、其他生态用地面积较小，不超过 100 平方千米，其中绿地面积最小，仅占研究区总面积的 0.41%。

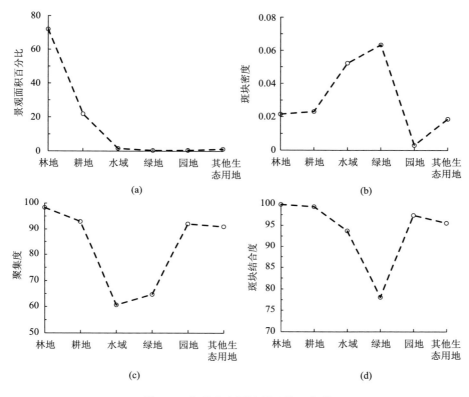

图 5-2 各类生态用地景观格局指数

分析斑块密度[图 5-2(b)]可以看出，绿地的斑块密度值最大，所以在延龙图地区所有生态用地类型中，绿地的破碎化程度最大，受人类活动干扰影响最大。这是因为绿地景观主要包括公园绿地、庭院绿地和防护绿地等景观，都是与人们生活息息相关的用地类型，又多分布于市区，所以受人类活动干扰的影响最大。水域的斑块密度也较大，说明水域景观格局的破碎化程度较高，受人类活动干扰影响也较大，比如城镇建设、耕地开垦等。研究区园地的斑块密度最小，说明园地的破碎化程度最低，园地在研究区内主要呈成片分布。

从聚集度折线[图 5-2(c)]来看，各类景观用地的聚集度从大到小排序为林地、耕地、园地、其他生态用地、绿地、水域。林地的聚集度指数值最大，为 98.302，说明相比其他用地景观，林地景观在研究区地域分布上呈现较好的集聚性；耕地、园地、其他生态用地的聚集度指数值都超过 90，也呈较好的集聚性。集聚程度越高，越能使该景观的生态服务功能得到发挥。而水域、绿地的聚集度指数值都较低，说明这些用地景观在研究区地域分布上较分散，不利于景观生态服务功能的发挥，甚至在一定程度上降低了这类景观的生态服务功能。

从斑块结合度[图 5-2(d)]来看，该值林地>耕地>园地>其他生态用地>水域>绿地。林地的斑块结合度值最大，为 99.886，说明林地的连通性最高，这种情况十分有利于林地景观下的生态物种和生态用地扩散；其次连通性较好的是耕地景观；以下依次为园地、其他生态用地、水域，它们的斑块结合度都超过 90，连通性也较好。斑块结合度值最小的是绿地，其值为 78.106，说明绿地景观的连通性最差，在研究区地域上分布较分散，被分割得最严重，受人类活动影响最大，这种情况就不利于绿地景观下生态物种和生态用地的扩散。

（三）中尺度生态用地景观格局分析

为了比较不同区域（延吉市、龙井市、图们市）间的景观格局的二维平面差异，以 2014 年的土地利用数据，对上述六种生态用地空间格局进行分析，结果见表 5-4 和图 5-3。

表 5-4 生态用地景观指数空间格局

市		PLAND	PD	AI	COHESION
林地	延吉市	70.790	0.037	98.414	99.818
	龙井市	70.391	0.022	98.005	99.721
	图们市	78.634	0.014	98.514	99.805
耕地	延吉市	20.903	0.028	92.159	99.457
	龙井市	25.739	0.024	93.547	99.206
	图们市	16.033	0.031	92.571	97.713
水域	延吉市	1.210	0.053	63.548	93.599
	龙井市	1.034	0.120	54.434	88.604
	图们市	1.436	0.056	63.087	95.267

续表

	市	PLAND	PD	AI	COHESION
绿地	延吉市	0.921	0.099	75.487	83.507
	龙井市	0.176	0.049	31.491	67.527
	图们市	2.295	0.042	18.072	37.325
园地	延吉市	0.826	0.004	92.404	94.347
	龙井市	0.522	0.005	90.839	95.477
	图们市	0.013	0.004	63.636	53.335
其他生态用地	延吉市	2.251	0.026	91.988	95.138
	龙井市	0.344	0.017	82.046	90.421
	图们市	1.506	0.013	94.866	97.098

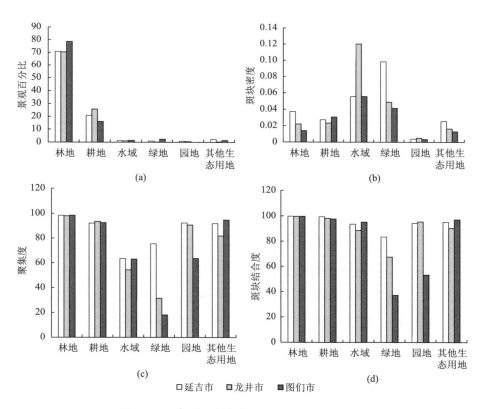

图 5–3　延龙图三市生态用地景观指数空间格局

1. 林地景观格局指数

从林地景观的面积百分比对比来看[图 5–3(a)]，图们市的林地面积百分比值最大，其次是延吉市，龙井市最小，说明在研究区所有土地覆盖中，林地景观的覆盖率图们市＞延吉市＞龙井市。从林地景观的斑块密度对比来看[图 5–3(b)]，延吉市林地斑块密度最大，说明延吉市林地景观格局的破碎化程度最高，人类活动对该景观的干扰程度较大，其次是龙井市，图们市的该值最小，说明图们市林地景观格局的破碎化程度最低，受人类活动干扰程度最小。从林地景观的聚集度对比来看[图 5–3(c)]，三市林地景观的聚集度指数值都在 98 以上，说明三市林地景观在地域分布上都很集聚，都能较好地发挥生态服务功能；其中图们市林地景观在地域分布上最为集聚，表现出更好的集聚特征。从林地景观的斑块结合度对比来看[图 5–3(d)]，三市林地景观的斑块结合度都大于 99，说明三市林地景观的连通性都较好，有利于林地景观下生态物种和生态用地的扩散，其中延吉市林地景观的斑块结合度最高，表现出最好的连通性。

2. 耕地景观格局指数

从耕地景观的面积百分比对比来看[图 5–3(a)]，龙井市的耕地面积百分比值最大，其次是延吉市，图们市最小，说明在研究区所有土地覆盖中，耕地景观的覆盖率为龙井市＞延吉市＞图们市。从耕地景观的斑块密度对比来看[图 5–3(b)]，图们市耕地斑块密度最大，说明图们市耕地景观格局的破碎化程度最高，人类活动对该景观的干扰程度较大，其次是延吉市，而龙井市的耕地斑块密度最小，说明龙井市耕地景观格局的破碎化程度最低，受人类活动干扰最小。从耕地景观的聚集度对比来看[图 5–3(c)]，三市耕地景观的聚集度指数值都在 93 左右，说明三市耕地景观在地域分布上都很集聚，都能较好地发挥其生态服务功能，其中龙井市耕地景观在地域分布上最为集聚，表现出更好的集聚特征。从耕地景观的斑块结合度对比来看[图 5–3(d)]，延吉市、龙井市耕地景观的斑块结合度都在 99 以上，说明这两市耕地景观的连通性都较好，有利于耕地景观下生态物种和生态用地的扩散；图们市耕地景观的斑块结合度最低，说明相对另外两市，图们市耕地景观的连通性最差。

3. 水域景观格局指数

从水域景观的面积百分比对比来看［图 5-3(a)］，图们市的水域面积百分比值最大，其次是延吉市，龙井市最小，说明在研究区所有土地覆盖中，水域景观的覆盖率为图们市＞延吉市＞龙井市。从水域景观的斑块密度对比来看［图 5-3(b)］，龙井市水域斑块密度最大，说明龙井市水域景观格局的破碎化程度最高，人类活动对该景观的干扰程度较大；其余两市水域斑块密度较小，说明这两市水域景观格局的破碎化程度较低，受人类活动干扰程度较小。从水域景观的聚集度对比来看［图 5-3(c)］，延吉市水域景观的聚集度指数值最高，说明延吉市水域景观在地域分布上较集聚，能较好地发挥其生态服务功能，其次为图们市，而龙井市水域景观的聚集度指数值最低，说明龙井市该景观在地域分布上最为分散。从水域景观的斑块结合度对比来看［图 5-3(d)］，图们市水域景观的斑块结合度最高，说明图们市水域景观的连通性最好，有利于水域景观下生态物种和生态用地的扩散，其次为延吉市，而龙井市水域景观的斑块结合度最低，说明龙井市水域景观的连通性最差。

4. 绿地景观格局指数

从绿地景观的面积百分比对比来看［图 5-3(a)］，图们市的绿地面积百分比值最大，其次是延吉市，龙井市最小，说明在研究区所有土地覆盖中，绿地景观的覆盖率图们市＞延吉市＞龙井市。从绿地景观的斑块密度对比来看［图 5-3(b)］，延吉市绿地斑块密度最大，说明延吉市绿地景观格局的破碎化程度最高，人类活动对该景观的干扰程度较大，其次是龙井市，而图们市绿地斑块密度最小，说明图们市绿地景观格局的破碎化程度最低，受人类活动干扰程度最小。从绿地景观的聚集度对比来看［图 5-3(c)］，延吉市绿地景观的聚集度指数值最高，说明延吉市绿地景观在地域分布上较集聚，能较好地发挥其生态服务功能，其次是龙井市，而图们市绿地景观的聚集度指数值最低，说明图们市该景观在地域分布上最为分散。从绿地景观的斑块结合度对比来看［图 5-3(d)］，延吉市绿地景观的斑块结合度最高，说明延吉市绿地景观的连通性较好，有利于绿地景观下生态物种和生态用地的扩散，其次为龙井市，而图们市绿地景观的斑块结合程度最低，说明图们市绿地景观的连通性最差。

5. 园地景观格局指数

从园地景观的面积百分比对比来看[图 5–3(a)]，延吉市的园地面积百分比值最大，其次是龙井市，图们市最小，说明在研究区所有土地覆盖中，园地景观的覆盖率延吉市＞龙井市＞图们市。从园地景观的斑块密度对比来看[图 5–3(b)]，龙井市园地斑块密度最大，说明龙井市园地景观格局的破碎化程度最高，人类活动对该景观的干扰程度较大，其次是延吉市，而图们市园地斑块密度最小，说明图们市园地景观格局的破碎化程度最低，受人类活动干扰程度最小。从园地景观的聚集度对比来看[图 5–3(c)]，延吉市园地景观的聚集度指数值最高，说明延吉市园地景观在地域分布上较集聚，能较好地发挥其生态服务功能，其次为龙井市，而图们市园地景观的聚集度指数值最低，说明图们市该景观在地域分布上最为分散。从园地景观的斑块结合度对比来看[图 5–3(d)]，延吉市、龙井市园地景观的斑块结合度都在 95 左右，说明这两市的园地景观的连通性都较好，有利于园地景观下生态物种和生态用地的扩散，图们市园地景观的斑块结合程度最低，说明相对其他两市，图们市园地景观的连通性最差。

6. 其他生态用地景观格局指数

从其他生态用地景观的面积百分比对比来看[图 5–3(a)]，延吉市的其他生态用地面积百分比值最大，其次是图们市，龙井市最小，说明在研究区所有土地覆盖中，其他生态用地景观的覆盖率延吉市＞图们市＞龙井市。从其他生态用地景观的斑块密度对比来看[图 5–3(b)]，延吉市其他生态用地斑块密度最大，说明延吉市其他生态用地景观格局的破碎化程度最高，人类活动对该景观的干扰程度较大，其次是龙井市，而图们市其他生态用地斑块密度最小，说明图们市其他生态用地景观格局的破碎化程度最低，受人类活动干扰程度最小。从其他生态用地景观的聚集度对比来看[图 5–3(c)]，图们市其他生态用地景观的聚集度指数值最高，说明图们市其他生态用地景观在地域分布上较聚集，能较好地发挥其生态服务功能，其次为延吉市，而龙井市其他生态用地景观的聚集度指数值最低，说明龙井市该景观在地域分布上最为分散。从其他生态用地景观的斑块结合度对比来看[图 5–3(d)]，图们市其他生态用地景观的斑块结合度最高，说明图们市其他生态用地景观的连通性较好，有利于其他生态用地景观下生态物种和生态用地的扩散，其次为延吉市，而龙井市其他生态用地景观的斑块结合程度最低，说明龙井市其他生态用地景观的连通性最差。

（四）小尺度生态用地景观格局分析

鉴于本章只用 2014 年一期遥感影像，因而只能对研究区生态用地景观空间异质性的特征进行分析，主要包括空间组成（生态系统的类型、种类、数量）和空间结构（斑块密度、聚集度、斑块结合度、多样性等）两方面。借助 ArcGIS 10.1 软件，统计研究区 18 个乡镇及市区各生态用地面积，使用 Fragstats 4.2 软件计算各景观格局指数，结果分别见表 5–5 和表 5–6。

表 5–5　各乡镇生态用地面积对比（km²）

	林地	水域	耕地	园地	绿地	其他生态用地	总面积
三道湾镇	587.90	5.94	16.85	0	0	0	610.69
朝阳川镇	149.50	3.15	180.96	9.42	0	4.54	347.57
依兰镇	458.23	3.35	65.27	0	0	30.15	557.00
小营镇	30.93	2.07	23.43	0	1.20	0	57.63
延吉市市区	8.28	6.59	78.11	4.98	14.87	4.57	117.40
老头沟镇	368.39	5.31	195.83	0	0	0	569.53
东盛涌镇	136.82	6.57	101.65	0	0.11	0.03	245.18
智新镇	282.49	5.02	66.02	9.66	0.28	0.24	363.71
德新乡	51.94	0	68.50	0	0	0	120.44
开山屯镇	130.16	1.21	45.35	0	0	3.66	180.38
白金乡	286.30	1.18	26.36	0	0	0	313.84
三合镇	268.73	2.20	43.77	0	0	0	314.70
龙井市市区	0.60	0.93	10.30	1.65	3.43	3.53	20.44
石岘镇	222.58	6.83	24.64	0	0	0	254.05
凉水镇	308.93	0.48	49.92	0	0	0	359.33
长安镇	175.29	5.16	54.78	0	0	16.63	251.86
月晴镇	184.17	3.06	51.41	0.15	0.11	0	238.90
图们市市区	0.33	0.75	0.98	0	0.82	0.44	3.32

就各乡镇生态用地总面积对比来看，三道湾镇、朝阳川镇、依兰镇、老头沟镇、智新镇、白金乡、三合镇、凉水镇的生态用地面积较多，都超过 300 平方千米，这几个乡镇生态用地面积合计为 3 436.37 平方千米，约占整个研究区生态用地总面积的 70%。这些乡镇地势较高，又远离经济活动中心，人类活动对地表的破坏较少；而其余乡镇特别是延吉市市区、龙井市市区和图们市市区，因人类活动频繁，城市化进程较快，大量生态用地转化为建设镇用地，因而生态用地面积减少。

从各乡镇各类型生态用地面积的对比来看，在林地中，三道湾镇面积最多，接近 600 平方千米，约占整个研究区林地总面积的 16%；其次是依兰镇、老头沟镇、智新镇、白金乡、三合镇、石岘镇、凉水镇，面积都在 200 平方千米之上；剩余乡镇的林地面积都小于 200 平方千米。在水域中，三道湾镇、延吉市市区、老头沟镇、东盛涌镇、智新镇、石岘镇、长安镇面积较多，都在 5 平方千米以上，这几个乡镇的水域面积加起来为 41.42 平方千米，约占整个研究区水域总面积的 70%；其余乡镇的水域面积都较少，不足 3.5 平方千米，其中德新乡水域面积为 0。在耕地中，朝阳川镇、老头沟镇、东盛涌镇面积较多，三镇耕地面积加起来为 478.44 平方千米，约占整个研究区耕地总面积的 43.33%；其余乡镇耕地面积较少，均不足 80 平方千米。在园地中，朝阳川镇、智新镇的面积较多，两镇园地面积加起来为 19.08 平方千米，约占整个研究区园地总面积的 74%；其次是延吉市市区，面积为 4.98 平方千米；剩余乡镇面积较少甚至没有。在绿地中，延吉市市区面积最多，为 14.87 平方千米，占整个研究区绿地总面积的 71.42%；其次是龙井市市区，其余乡镇绿地面积较少甚至没有。在其他生态用地中，依兰镇面积最多，为 30.15 平方千米，约占整个研究区其他生态用地总面积的一半；其次是长安镇，其余乡镇的其他生态用地面积较少甚至没有。

表 5-6　各乡镇生态用地景观格局指数

	PD	AI	COHESION	SHDI
白金乡	0.155	98.175	99.660	0.343
长安镇	0.086	96.031	99.205	0.892
朝阳川镇	0.254	94.492	99.083	0.974
德新乡	0.171	96.317	99.204	0.767
东盛涌镇	0.176	94.090	98.755	0.869
开山屯镇	0.242	96.387	99.001	0.863
老头沟镇	0.106	95.421	99.461	0.758
凉水镇	0.071	98.043	99.597	0.492
龙井市市区	9.458	62.206	89.786	1.615
三道湾镇	0.099	97.998	99.705	0.210
三合镇	0.355	97.133	99.198	0.503
石岘镇	0.100	96.611	98.855	0.550
图们市市区	11.831	57.762	93.051	1.314
小营镇	0.574	91.619	97.185	1.000
延吉市市区	2.955	79.956	97.473	1.419
依兰镇	0.094	97.432	99.350	0.662
月晴镇	0.458	95.767	98.781	0.691
智新镇	0.453	95.683	99.173	0.709

从斑块密度（PD）大小来看，图们市市区、龙井市市区、延吉市市区斑块密度较大，尽揽前三，而长安镇、凉水镇、三道湾镇和依兰镇的斑块密度较小，都不足 0.1，说明龙井市、图们市、延吉市这三个市的市区整体生态用地景观格局破碎化程度相对高，受人类活动干扰较大；因这三个市区是人口、经济活动中心，城市化程度特别高，因而对生态用地破坏程度较大。而长安镇、凉水镇、三道湾镇和依兰镇整体生态用地景观格局的破碎化程度很低，受人类活动干扰程度较小，因这四镇远离城市中心，人口较少，城市（镇）化程度低，因而对生态用地的破坏程度也较低。从聚集度指数值（AI）大小来看，龙井市市区、图们市市区、延吉市市区相对较小，说明这三个市区的

整体生态用地景观格局在地域分布上相对较为分散；而其余乡镇的聚集度指数值都较高，均在 91 以上，说明这些乡镇整体生态用地在地域分布上表现出较好的集聚性。从斑块结合度值（COHESION）大小来看，龙井市市区、图们市市区、延吉市市区和小营镇该值相对较小，说明这四个地区整体生态用地景观的斑块结合程度低、连通性差，斑块被建设用地分割严重，不利于生态物种和生态用地扩散；其余乡镇的斑块结合度值都在 98 以上，说明这些乡镇整体生态用地景观的斑块结合程度较好、连通性较好，利于生态物种和生态用地扩散。从生态用地多样性指数（SHDI）来看，龙井市市区、图们市市区、延吉市市区的值相对较高，表明这三个市区整体生态用地景观类型丰富，组合格局复杂，功能机制多样；而三道湾镇和白金乡的生态用地多样性指数最低，表明这两个乡镇整体生态用地景观类型较单调，组合格局简单，功能机制缺少多样性。

第二节　生态用地景观安全格局构建

景观安全格局理论是由我国学者俞孔坚以福曼所倡导的景观生态规划方法为基础提出的，该理论认为景观中存在着某些潜在的格局，对生物的移动和生态过程的维持等都具有关键影响，如果生物能占据这些格局并形成势力圈，便能有效地利用景观，使其在功能上呈现整体性和连续性，从而更有利于生物移动和生态过程的进行。一个典型的景观安全格局（security patterns，SP）包括源地、缓冲区、生态廊道、辐射道、生态节点五个组分。"源地"为生态物种的栖息地，即生态过程的起点；"缓冲区"为物种由源地往外扩散的不同阻力水平分区；"生态廊道"为相邻源地间的最低阻力通道；"辐射道"是除生态廊道外，源地向外扩张的低阻力通道；"生态节点"是为加强源地间联系起关键作用的战略点。这些组分组合起来就构成了景观安全格局。

景观安全格局的识别，首先是对"源地"的识别。在全面进行研究区调查和分析的基础上，根据研究目的，确定研究生态过程，在此基础上识别出那些能够促进生态过程发展的景观类型，即生态"源地"。其次是最小累积阻力面建立。生态物种由源地向外扩张势必会遇到来自不同景观的阻力，只有克服了这些阻力，这种生态过程才能实现。最小累积阻力是指源地在向周围扩散的过程中，克服所有景观阻力所用的最小成本，可以运用最小累积阻力模型（minimum cumulative resistance，MCR）来实现计算。再次是基于最小累积阻力面识别出缓冲区、生态廊道、辐射道和生态节点。最后是将上述识别的景观安全格局组分叠加在一起，形成研究区的景观安全格局。景观安全格局通常表现为不同阻力水平的安全格局，依据不同的保护等级，决策者便可据此开展有针对性的生态保护和开发利用活动。因此，景观安全格局理论在区域管理、景观规划以及生物保护等方面意义重大。本节将从生态源地识别，最小累积阻力面建立，缓冲区识别，生态廊道、辐射道和生态节点识别等四个方面对生态用地景观安全格局进行构建。

一、生态源地识别

生态源地是多种重要物种的自然栖息地，是生态用地向外扩张的核心地所在，其生态环境质量、生态服务功能相对较高，生物多样性丰富，是区域生态安全的基础，对维持区域生态安全具有重要作用。因此，从实现城市可持续发展、保护生物多样性和生态环境的角度出发，为防止城市规模的盲目扩张和城市土地的粗放利用，生态源地一般是一些生态服务功能、生态敏感性较高且受人类活动干扰较少的大型自然生态斑块，如自然保护区、水源保护区、森林公园等。这些生态用地应以强制性的方式维持下来，作为今后土地利用和开发的重点保护对象。

随着城市（镇）化的快速发展，一些重要的物种栖息地萎缩，水资源受到污染、风景名胜区破碎化程度增加。针对目前普遍存在的破坏生态环境的现象，参考其他学者的研究（钟式玉等，2012；李旭，2014；申彦舟，2013），并结合延龙图地区实际情况，选取城子山风景区、三峰山风景区、日光山森林公园、黄草沟森林公园、研究区内多个水源保护区、凤梧野生动物自然保护区、琵岩山生态敏感核、天佛指山生态敏感核、帽儿山生态敏感核、海兰湖生态敏感核、地质灾害高易发区等作为生态用地保护研究的"源地"。

在本研究中，生态源地所用到的数据主要有水源保护区图、环境保护规划图、综合防灾规划图、旅游产业布局规划图等，借助 ArcGIS 软件对上述基础数据进行几何校正、矢量化和空间叠加，得到延龙图地区生态源地的空间分布情况。结果显示生态源地的总面积为 758.91 平方千米，占研究区总面积的 15%，在延龙图地区分布广泛，几乎所有乡镇都有分布。

二、最小累积阻力表面建立

（一）阻力表面建立

1. 阻力因子选取

阻力因子的选取对建立最小累积阻力表面至关重要，不同阻力因子对生态源地的扩张有不同的影响。依据全面性、可操作性及数据可获取性等原则，借鉴相关研究成果（蒋桂娟、徐天蜀，2008；高晓巍，2008），从研究区实际出发，选取了自然地理、社会经济、生态限制三方面的阻力因子，具体包括地形因子、土地利用因子、道路因子、居民点因子、河流因子等五种因子。

（1）地形因子。延龙图地区地形复杂多样，多为低山丘陵、盆地，严重影响研究区生态物种的移动和生态源地的扩张。地势低平的地区有利于生态物种和生态源地的扩散，反之困难。而坡度是影响水土流失的重要因素，因此也影响着研究区物种迁移、生态流扩散及生态环境安全，构建研究区阻力面必须考虑地形的影响。

（2）土地利用因子。不同土地利用类型对生态物种的移动和生态源地的扩张起着不同的阻力作用，与生态源地越相似的土地利用类型，对生态物种的移动和生态源地扩张的阻力就越小，反之阻力越大。研究区现状土地类型也直接决定着其将来的土地用途，影响着其周围土地转化为其他类型用地的可能性，是影响阻力表面构建的最重要因子。

（3）道路因子。道路交通方便了人们的出行，也增加了人们的可达性，因此具有优势地理区位的地区凭借较高的交通便利性容易转化为城市（镇），进而改变了该地区原先的土地利用类型，这势必对该地区的生态用地造成一定的破坏；况且道路是建设用地的一种，本身就对生态物种的运动和生态源地的扩张起阻碍作用，因此阻力表面建立需考虑道路因子。

（4）居民点因子。居民点聚集的地区本身建设用地也较多，且自人类社会形成后，人们就不断地对自然环境进行改造，特别是随着科学技术水平的提高及城市（镇）化的进行，这种改造能力突飞猛进，使得地表生态环境遭到破坏，产生一系列生态环境问题，所以越是居民点聚集的地区，其周围的生态用地越可能会转化为建设用地。

（5）河流因子。河流具有较高的生态服务功能，对维护区域生态环境安全具有重要的作用。同时，河流本身是现状的生态廊道，有利于生态物种的移动和生态源地的扩张，而对城镇用地扩张则起到限制作用。

2. 阻力评价指标体系构建

阻力因子确定后，需要根据这些因子对生态物种移动和生态源地扩张的阻力大小进行分级并赋值，以此构建阻力评价指标体系。地形的高程越高、坡度越陡越不利于生态物种的迁徙和生态源地的扩张，因此地形因子相对应的阻力赋值较大。土地利用因子的阻力赋值主要是依据其与生态源地用地类型的相似程度，与生态源地用地类型越相似，其景观生态服务价值越高，阻力就越小，反之，景观生态服务价值越小，其阻力则越大，两者成反比关系。道路、居民点、河流诸因子主要是依据其与各生态用地的距离进行赋值，其中距离道路和居民点越近，阻力越大，而距离河流越近，阻力越小。参考前人的研究经验，对阻力因子进行分级赋值（杨晓平，2005），分值越低，阻力越小，最后得到各因子阻力评价指标体系表（表5–7）。根据阻力评价体系表里各因子的分级及阻力赋值，运用 ArcGIS 空间分析方法对各阻力因子进行重分类，构建各个阻力因子的专题数据库。

表 5–7　生态用地扩张阻力评价体系

阻力因素	阻力因子	权重	阻力分级	阻力值
自然地理	高程（m）	0.030 6	0—200	1
			200—500	3
			500—800	5
			800—1000	7
			>1 000	9
	坡度（°）	0.022 2	0—5	1
			5—15	3
			15—25	5
			25—35	7
			>35	9
	土地利用	0.386 7	林地、水域	0
			绿地	1
			园地	3
			耕地	5
			其他生态用地	7
			非生态用地	10
社会经济	与居民点的距离（m）	0.208 8	0—250	9
			250—500	7
			500—1 000	5
			1 000—2 000	3
			>2 000	1
	与高速或铁路的距离（m）	0.097 6	<1 000	9
			1 000—2 000	7
			2 000—5 000	5
			5 000—10 000	3
			10 000—15 000	1
			>15 000	0
	与国道的距离（m）	0.065 7	<500	9
			500—1 000	7
			1 000—2 000	5

续表

阻力因素	阻力因子	权重	阻力分级	阻力值
社会经济	与国道的距离（m）	0.065 7	2 000—5 000	3
			5 000—10 000	1
			>10 000	0
	与省道的距离（m）	0.044 4	<250	9
			250—500	7
			5 00—1 000	5
			1 000—2 000	3
			2 000—5 000	1
			>5 000	0
生态限制	与河流的距离（m）	0.144 0	<1 000	1
			1 000—3 000	3
			3 000—5 000	5
			5 000—10 000	7
			>10 000	9

3. 权重确定

本节采用层次分析法确定各阻力因子的权重。首先建立层次结构模型，以 8 个阻力因子为指标层，以生态源地扩张综合阻力表面为目标层，构造判断矩阵。其次，专家根据阻力因子相对目标的重要性程度，采用 1—9 标度法给出分数，分数越高，则该阻力因子对目标的重要性越高，以此构建判断矩阵（表 5-8）。最后，计算权重向量并做一致性检验，一般当 CR<0.1 时，认为判断矩阵满足一致性检验要求。经计算，本次研究 CR 为 0.034 9，通过一致性检验，说明求得的权重合理。

表 5-8 判断矩阵

阻力因子	高程	土地利用	与居民点的距离	与高速或铁路的距离	与国道的距离	与省道的距离	与河流的距离
高程	1	1/8	1/6	1/4	1/3	1/2	1/5
坡度	1/2	1/9	1/7	1/5	1/4	1/3	1/6
土地利用	8	1	3	5	6	7	4

阻力因子	高程	土地利用	与居民点的距离	与高速或铁路的距离	与国道的距离	与省道的距离	与河流的距离
与居民点的距离	6	1/3	1	3	4	5	2
与高速或铁路的距离	4	1/5	1/3	1	2	3	1/2
与国道的距离	3	1/6	1/4	1/2	1	2	1/3
与省道的距离	2	1/7	1/5	1/3	1/2	1	1/4
与河流的距离	5	1/4	1/2	2	3	4	1

4. 阻力值计算

采用多因子加权叠加法计算延龙图地区生态源地扩张所受阻力值，公式如下：

$$Z = \sum_{i=1}^{n} W_i \times P_i \qquad (5\text{--}6)$$

式中，Z 为综合阻力值，W_i 为因子 i 的权重值，P_i 为第 i 个因子分值，n 为因子数。

5. 结果与分析

基于上述各阻力因子及其权重的计算，运用多因子加权叠加法计算生态源地扩张的阻力表面，具体计算借助 ArcGIS 空间分析工具模块下的加权总和（weighted sum）实现，结果见图 5–4。图中由深色区域到浅色区域表示生态源地在扩张过程中所受到的阻力在逐渐增大。从图中可以看出，研究区中部、图们江和嘎呀河沿岸的用地景观对生态源地的扩张阻力相对较大，因为这些区域是居民、城镇、交通等建设用地以及耕地、其他生态用地聚集区，而其余的区域用地类型主要是林地和水域，对生态源地扩张的阻力较小。阻力评价体系（表 5–7）里建设用地、耕地、其他生态用地的阻力赋值要大于林地和水域的阻力赋值，阻力面图与阻力评价体系赋值正好相符。

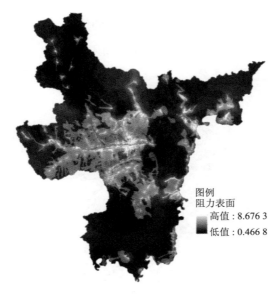

图 5-4　延龙图地区生态源地扩张的阻力表面

（二）最小累积阻力表面建立

基于上述生态源地的识别和生态源地扩张阻力面的建立，以下运用 MCR 模型，建立最小累积阻力表面。其公式如下：

$$\text{MCR} = f_{\min} \left[\sum_{j=n}^{i=1} D_{ij} \times R_i \right] \tag{5-7}$$

式中，MCR 为最小累积阻力值，D_{ij} 为源地 j 到目的地 i 的距离，R_i 为阻力系数。

借助 ArcGIS 成本距离计算进行实现。成本距离的计算操作需要两个数据层：源数据层和成本数据层。对本研究而言，源数据层即为生态源地，而成本数据层即为生态源地扩张的阻力表面，通过计算得到生态源地扩张的最小累积阻力表面，见图 5-5。

图中颜色由深色区域到浅色区域表示最小累积阻力值逐渐增大，其中最小累积阻力值为零的地区即为生态源地，而白色区域表示的最小累积阻力值最大，由于这里地形相对平坦，交通较发达，城镇、居民点集聚，多建设用地，人类对周围生态环境的影响较大，这样的用地景观及环境不利于生态源地的扩张，生态源地扩张到这里受到的累积阻力最大，消耗的成本最多。

图 5–5 延龙图地区生态源地扩张的最小累积阻力表面

三、缓冲区识别

从最小累积阻力表面图中可以看出，随着生态源地向外扩张，其受到的最小累积阻力值在增大，使得由生态源地向四周形成不同阻力水平的缓冲区。缓冲区对生态源地不仅能起到保护作用，也是生态物种天然栖息地恢复和扩张的潜在区域。

在景观生态安全格局中，主要是通过确定最小累积阻力值突变点来确定不同安全水平缓冲区的范围和边界。参考前人研究（蔡青等，2012），当生态用地扩张穿过突变点时，突变点阻力值会发生骤变，那么突变点前后的土地应当划分为不同类型。制作最小累积阻力值与栅格数目的关系图（图 5–6），发现最小累积阻力值在 A、B 两点发生突变，因此把 A、B 两点作为缓冲区的分区界点；将最小累积阻力表面分为不同安全水平的缓冲区，分区区间见表 5–9，据此对最小累积阻力表面进行重分类，得到延龙图地区不同安全水平的缓冲区分区。

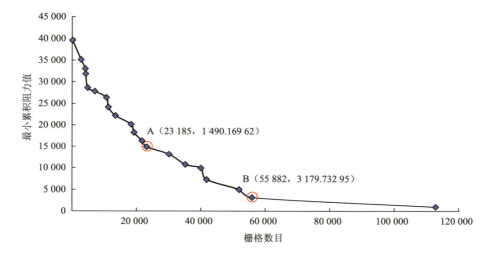

图 5–6 最小累积阻力值和栅格数目的关系

表 5-9 缓冲区水平分区

缓冲区水平分区	分级区间	面积（km²）	占研究区面积比例（%）
低阻力水平	0—3 179.733	1 688.75	33.19
中阻力水平	3 179.733—14 990.170	2 021.05	39.72
高阻力水平	14 990.170—38 611	1 378.90	27.09

不同安全水平的生态用地呈圈层式分布在生态源地的外围，其中低阻力水平安全格局面积为 1 688.75 平方千米，占延龙图地区总面积的 33.19%，作为生态源地的缓冲区，这是生态源地内重要生态物种和生态要素流动及扩散的首选地带，这个地带对于生态物种保护、生态扩散具有十分重要的意义，是研究区生态保护的核心区域，保护级别最高。中阻力水平安全格局面积为 2 021.05 平方千米，占延龙图地区总面积的 39.72%，作为生态保护核心区的缓冲区，其在生态保护核心区和人类经济活动区之间起到隔离的重要作用，

保护级别次之。高阻力水平安全格局面积为 1378.9 平方千米，占延龙图地区总面积的 27.09%，此区域人类各种经济活动频繁，建设用地较多，生态环境破坏较严重，保护级别最低。

四、生态廊道、辐射道和生态节点识别

（一）生态廊道识别

生态廊道的生态学意义在于它具有"沟通"的功能。其一，对于廊道系统内部或廊道所联结的空间单元而言，廊道的连通性便于内在要素的交换；其二，对于廊道两侧的空间而言，廊道的异质性却阻碍了它们之间的要素交换。此处的"生态廊道"意在促进生态要素流动，以便发挥城市区域中有限的生态用地和生态服务的综合功效。

目前国内外对于生态廊道的研究主要分两种情况：一种是对现有生态廊道的保护和改善，另一种是对潜在的生态廊道进行识别（闫水玉等，2010）。以下主要是对延龙图地区潜在的生态廊道进行识别，为研究区景观生态安全格局的构建提供支持。

生态廊道为相邻源地间的最低阻力通道，在最小累积阻力模型中，生态廊道建立在源地间以最小耗费相联系的路径中。基于上述建立的阻力面，运用 ArcGIS 的成本距离、最短路径空间分析功能，得到任意两个源地间的生态廊道。从分析结果中可以看出，这些生态廊道并不是两个源地空间上的最短路径，而是相对成本较少、路径较短的最佳路径，这些路径并不是直线，而是不规则的曲线，几个源地之间的最佳路径共同形成了网状格局。

（二）辐射道识别

"辐射道"是指除生态廊道外，生态物种、生态要素从生态源地向外扩散的相对低阻力通道，是景观生态安全格局的重要组成部分。理论上辐射道越多越好，这样就能为生态过程扩散提供多条扩散途径，对支持生态物种、生态要素扩散的生态环境起到保护作用，因此也应受到重视。

基于最小累积阻力表面，以源地为中心向外辐射的低阻力谷线即为辐射道。把研究区最小累积阻力表面看成原始的 DEM 数据，利用 ArcGIS 空间分析方法中的水文分析法对其进行山脊线、山谷线的提取，山谷线即为辐射道，以此来识别延龙图地区的辐射道。对于山脊线而言，由于它同时是分水线，而分水线的性质是其为水流的起源点，所以通过地表径流模拟计算之后，这些栅格的水流方向都应该只具有流出方向而不存在流入方向，即栅格的汇流累积量为零。因此，对最小累积阻力面进行洼地填充、水流方向、汇流累积量等一系列计算后，通过对汇流累积量为零值的提取，就可得到分水线，即山脊线。对于山谷线而言，利用反地形计算，即利用一个较大的数值减去原始的 DEM 数据，得到与原始 DEM 地形相反的地形数据，使得原始 DEM 中的山谷在"反地形"中变成山脊，再利用山脊线的提取方法，就可以实现对山谷线的提取。结果表明，这些辐射道以源地为中心呈树枝状向外辐射，形成网状格局。

（三）生态节点识别

生态节点是在生态物种、生态要素从生态源地向外扩散时起关键作用的战略点，对于建立两个或多个生态源地之间的生态联系具有控制意义和关键作用。生态节点在空间上分布较为分散，容易受到人类活动干扰，一旦遭到破坏，便会使生态物种、生态要素扩散受到阻碍。生态节点增加景观连通性的作用是其他景观组分不能代替的，因此识别出生态节点，并对其进行保护和修复，对维护研究区生态扩散过程具有十分重要的意义。

基于上述生态廊道及山脊线的识别、提取生态节点，并将提取的生态节点分两种类型：一是生态廊道与生态廊道交叉的关键位置，共 6 个；二是最小累积阻力路径和最大耗费路径交叉的生态功能最为薄弱处，即源地间最佳路径和山脊线的交叉处，共 55 个。综上，基于生态廊道及山脊线的识别，共提取了 61 个生态节点。

第三节 生态用地保护对策

景观安全格局理论认为景观中存在着某些潜在的格局，对生物的移动和生态过程的维持都具有关键影响，如果生物能占据这些格局并形成势力圈，生物便能有效地利用景观，使其在功能上呈现整体性和连续性，从而更加有利于生物移动和生态过程的进行。本章基于景观安全格局理论，运用最小累积阻力模型，将景观安全格局五个组分一一识别，得到延龙图地区生态用地景观安全格局。构建景观安全格局的目的是保护研究区生态用地，尤其是那些维持区域关键生态过程的生态用地。景观安全格局各组分的识别不仅有利于保护研究区的景观资源和生态敏感地区，保持区域生态结构的完整性，维护区域生态安全，也能对城市建成区的无序蔓延起到一定的控制作用，在促进城市土地集约利用的同时为延龙图地区经济活动开展的时空次序提供了指导，这有助于协调、缓解经济发展与生态保护之间的矛盾。因此，景观生态安全格局下的用地是有机融合、相互依存、共生共融的生态耦合关系，景观生态安全格局并不是纯粹地抛开城市建设用地而进行的生态规划保护，而是在充分考虑城市建设发展和城市生态格局的基础上，建立城市建设用地与生态用地的互动关系。通过分区分级管理与控制，避免城市规模的盲目扩张，促进集约、节约用地，保护城市重要生态资源，维护生态安全格局，促进地区生态良性循环、环境宜居优美、可持续生态系统的发展。以下将从生态源地保护、不同阻力水平缓冲区保护、生态廊道构建和辐射道保护、生态节点保护四个角度对生态用地进行保护研究，并提出相关建议。

一、生态源地保护

生态源地包括一级水源保护区、自然保护区、森林公园、风景名胜核心区、危险地质等生态限建要素，是延龙图地区景观生态安全格局的重中之重，是生态物种、生态要素的最基本生境，也是维护研究区生态安全的最基本保障和生态底线，应严禁任何的开发建设活动。生态源地应被纳入禁止建设区范围，今后应坚持生态环境保护原则，当地环境相关管理者应严格执行并监督，严禁任何开发建设侵占或破坏源地内的生态用地。

将生态源地图层和延龙图地区土地利用类型图进行叠加，结果显示大部分生态源地受人为破坏的程度小，生态系统良好。今后工作重点应放在维持上，加大监管力度，严禁在生态源地内进行砍伐、放牧、狩猎、采药、开垦、开荒、采石和挖沙等活动，还应提高景区管理水平，把游客数量控制在景区承载力之内，应禁止建设大规模服务设施。

但是有些生态源地还是存在问题的，如在延吉市六道水库一级水源保护区、图们市凤梧水库水源保护区、黄草沟森林公园、城子山风景区、帽儿山生态敏感核、天佛指山生态敏感核南部、老头沟镇西部地质灾害高易发区内存在少量建设用地和耕地。对于这些建设用地，因其对区域内的环境污染较为严重，会破坏生态系统，必须及时处理，政府应尽快出台相关移民政策，鼓励生态源地内的农村居民点按照城乡规划在异地统一建设，并且要做好对这些居民的后续保障，避免出现回迁现象。对于"源地"内的耕地，因农业活动过程中不可避免地会产生一些污染物，会对水源造成污染，所以应该高度重视。政府部门应加大宣传和技术政策扶持力度，使水源地周边居民转变传统观念，调整农业产业结构。对已破坏的土地要组织复垦，积极开展退耕还林，还应建立严格的监管体系，将已调查清的土地利用情况调入数据库，加强对各类用地的监测力度。

二、不同阻力水平缓冲区保护

随着生态源地向外不断扩张，其所承受的阻力在增大，依据阻力水平的不同，对缓冲区进行分区，以满足对研究区生态用地进行分区管理和规划保护。基于最小累积阻力模型进行的研究区生态源地缓冲区的识别结果，将不同阻力水平缓冲区分区图与土地利用类型图进行叠加，明确不同缓冲区格局下的各类生态用地的空间分布，借助 GIS 空间分析方法统计各类生态用地面积，结果见表 5–10。

表 5–10 不同阻力水平缓冲区的各类型生态用地面积及占比

生态用地类型	低阻力安全水平		中阻力安全水平		高阻力安全水平	
	面积（km²）	占比	面积（km²）	占比	面积（km²）	占比
林地	1 480.63	88.35%	1 469.68	74.22%	700.45	54.16%
水域	25.88	1.54%	29.9	1.51%	24.37	1.88%
耕地	141.22	8.43%	442.52	22.34%	524.25	40.53%
园地	12.84	0.77%	8.03	0.41%	4.99	0.39%
绿地	9.69	0.58%	3.49	0.18%	7.65	0.59%
其他生态用地	5.66	0.34%	26.48	1.34%	31.67	2.45%
生态用地	1 675.92	100%	1 980.1	100%	1 293.38	100%

延龙图地区不同阻力水平的缓冲区分布广泛，除高阻力安全水平格局外，所有乡镇都有低阻力、中阻力水平缓冲区分布。生态用地在各安全水平格局中所占面积很大，在各类生态用地中，林地分布最广，其次是耕地，水域、园地、绿地、其他生态用地面积较少（表 5–10）。

延龙图地区低阻力安全水平格局下的生态用地面积为 1 675.92 平方千米，占延龙图地区总面积的 32.93％。低阻力安全水平区域包括生态源地及源地外一定宽度的缓冲区，是维持区域生态安全的关键，对于区域生物多样性保护、水源涵养、地质灾害防治等具有十分重要的意义。本研究区内低阻力安全水平的生态用地是保障区内关键生态过程、维持生态系统平衡的最低生态用地需求，是生态用地保护的核心区域，应划为禁建区，土地利用应以严格的生态保护为主，原则上禁止任何形式的开发建设，在必须的情况下，可以允许建设道路和交通设施、森林公园等。应禁止毁林开荒、开山采矿、采石等破坏植被的行为。政府应鼓励居民调整农业产业结构，发展生态农业，必要时积极开展退耕还林；应严格控制生产生活污水的排放，保证水源质量安全；在未利用地区植树种草，以确保区域生态安全。位于禁建区内的农村居民点或者零散村庄可控制性保留，鼓励其按照城乡规划在基本生态控制线外异地统建。

延龙图地区中阻力水平安全格局下的生态用地面积为 1 980.1 平方千米，占延龙图地区总面积的 38.91％。中阻力安全水平区域主要作为区域生态保护核心区的缓冲地带，以减少人类干扰活动带来的冲击。本区内中阻力安全水平的生态用地应划入限建区。限建区与禁建区相比，对建设活动和人类行为控制的弹性相对较大。限建区以保障生态安全为底线，适当允许建设对生态环境影响较小的基础设施，如道路用地和交通设施用地、公园绿地、公共服务设施用地等，适当允许批准少量的独立建设项目，如建设旅游、疗养设施，但需严格控制建设规模和强度，以保护其自然生态系统为主。严格限制林木采伐等行为，及时调整农业结构类型，积极发展生态农业；严格防止建设用地侵占水域用地，充分发挥生态用地的生态服务功能，以提高区域生态系统的稳定性。

延龙图地区高阻力安全水平格局下的生态用地面积为 1 293.38 平方千米，占延龙图地区总面积的 28.16％。高阻力安全水平格局下各种经济和社会活动频繁，建设用地较多，生态环境破坏较严重。研究区内高阻力安全水平的生态用地应以生态修复为主，可根据需要进行一定规模和强度的开发建设活动，但应控制开发建设对该范围内各类生态用地的干扰和破坏，充分发挥生态用地的隔离作用，保证生态过程的完整性。

三、生态廊道构建和辐射道保护

（一）生态廊道构建

生态廊道作为生态联系通道，连接城市景观中的各种斑块，形成完善的网络体系，增加斑块间的连接度与景观生态过程及格局的连续性，有利于物种的空间运动和本来是独立斑块内物种的生存与延续，从而有利于增加城市生物的多样性；此外，生态廊道对各斑块间物质能量的交流也具有重要意义。但生态廊道本身又可能是一种危险的景观结构，当廊道达不到一定的宽度时，就会为外来物种的入侵创造条件，给廊道内原有的某些残遗物种带来灭顶之灾。廊道功能上的矛盾性与复杂性要求在廊道设计和保护上必须慎重考虑。

延龙图地区生态廊道建设仍处于空白，应加强对源地之间以及城区斑块之间生态廊道的建设。通过将生态廊道图层和延龙图地区土地利用类型图进行叠加，可以发现延龙图地区源地间大多数潜在的生态廊道所处区域的生态系统比较好，完全能够发挥其在景观生态过程中的连通作用，今后保护主要放到维护上；但是也有一些生态廊道距离建设用地很近，甚至是穿过建设用地的，这种情形就需要在此地段或廊道附近人为地建立新的生态廊道，以保证生态廊道的连续性。在建设生态廊道的过程中，应尽量采用当地植物物种，尽量不设置人工设施，并根据源地土地利用类型、地形和坡度等确定合理的宽度，使廊道能够充分发挥生物迁徙和生态流流动的作用，原则上廊道越宽越好，否则起不到增加环境异质性和空间联系的作用（郭纪光等，2009）。

对于现有的生态廊道如河流和道路廊道也应该加强保护。河流廊道在延龙图地区分布比较广泛，其对各个地区之间的连通及环境保护起到重要的作用，也为生物提供了生存的条件。对于河流廊道要做到生态保护建设，保持各河流水系通畅，严格禁止耕地或建设用地对河流廊道的侵占，并在两岸建设相当宽度的绿化带，尤其要加强污水处理和排放管控。道路廊道本身是一种干扰型的廊道，对其必须要做到以保护生态环境为宗旨，在道路两侧建设一定宽度的绿化带，使廊道结构趋向自然状态或者半自然状态。将来的道路廊道尽量不在生态系统完整且脆弱的区域建设，以保持当地生态系统的稳定性。

（二）辐射道保护

辐射道是以源地为中心向外辐射的低阻力谷线，为生态流的扩散提供了可能方向，为生态物种扩散提供了场所。跟生态廊道一样，辐射道能增加斑块间的连接度与景观生态过程及格局的连续性，有利于生态物种的空间运动，从而有利于增加城市生物多样性。将研究区辐射道图和土地利用类型图叠加，发现绝大多数辐射道受人为破坏程度小，生态系统良好，今后工作应放在维持上。只有少数几条辐射道穿越居民区。在城市生态规划中应要求对辐射道进行重点保护，严格禁止在辐射道进行开发活动，必要时建议将阻碍辐射道的居民点迁往别处，从而保证生态流的通畅。

四、生态节点保护

生态节点要么处于生态廊道交叉的低阻力处，是生态过程最易通过的地方，要么处于生态廊道和山脊线交叉的生态薄弱处。生态节点对于建立两个或多个生态源地之间的生态联系具有控制意义和关键作用，对于维持区域生态系统的稳定性至关重要。在生态用地景观安全格局构建的过程中，应该尽量减少人类活动对生态节点的外在干扰；对于生态比较敏感的区域，要因地制宜，采取适合当地发展的政策；对于生境复杂的地区，尤其是河流廊道，在开发利用时要注意水资源的保护，防止污染，尽最大努力保护其生态环境。

将研究区生态节点和土地利用类型叠加，发现绝大多数生态节点远离居民区，不受人类活动干扰，今后要做到继续维持。但是在延吉市东部、龙井市市区河流内、图们市西北处和图们江沿岸存在几处生态节点，由于距离居民区比较近，极易受到人类活动的影响，今后应对这几处生态节点进行重点保护，尽量避免在附近进行生产建设，减少人为干扰，对已被破坏的生态节点要进行恢复，恢复过程应以复原原有景观或恢复至与周边景观类型一致为目标。

本 章 小 结

本章首先借鉴了国内外生态用地界定及分类的相关研究，并基于全国现行土地利用分类体系对图们江地区的重要节点城市——延龙图地区的生态用地进行了分类。在此基础上，借助 Fragstats 4.2 软件对延龙图地区的生态用地进行空间格局特征分析，揭示了该地区生态用地利用中存在的问题。运用最小累积阻力模型和 GIS 空间分析方法，识别出研究区生态用地景观安全格局的五个组成部分，进而构建了研究区的生态用地景观安全格局。最后，将景观安全格局与用地类型图进行叠加，明确了不同组分格局下用地的分布是否科学合理，是否存在问题，并针对景观安全格局的五个组分逐一探讨了生态用地的保护措施并提出相应的建议。主要结论如下：

第一，延龙图地区的生态用地分为林地、水域、园地、绿地、耕地和其他生态用地六类。林地面积最大，为 3 653.14 平方千米，占生态用地总面积的 73.77%；其次是耕地，面积为 1 108.10 平方千米，占比为 22.38%；其他类生态用地面积较少。

第二，延龙图地区生态用地结构不合理，分布不均匀。林地主要集中分布于延龙图地区四周，耕地则主要分布在中部地区，其他生态用地所占比例较低且分布不均匀。绿地和水域的破碎化程度最高，聚集度较低，连通性差，不利于各景观生态要素和生态用地的扩散。此外，建设用地破坏地表植被，导致水土流失，农药、化肥和地膜的过量使用造成土壤污染和耕地退化，污水处理不当导致区域水资源污染等问题日益威胁着生态用地。未来的土地利用规划应重点保护绿地生态系统，强化破碎斑块的生态保护和建设，并加强环境监督力度。

第三，延龙图地区的生态源地包括城子山风景区、三峰山风景区、日光山森林公园、黄草沟森林公园、多个水源保护区、凤梧野生动物自然保护区、琵岩山生态敏感核、天佛指山生态敏感核、帽儿山生态敏感核、地质灾害高易发区和海兰湖生态敏感核等。这些地区具有高生态服务功能，但受人类干扰活动影响较大。从延龙图地区的实际情况出发，选取上述地区作为生态用地保护的源地，防止研究区生态环境进一步恶化。今后的工作重点是维持和维护这些源地，并将其纳入禁止建设区，严禁任何破坏生态用地的建设活动。

第四，根据生态源地向外扩张阻力的不同，将延龙图地区的缓冲区分为三类，即低阻力水平缓冲区、中阻力水平缓冲区和高阻力水平缓冲区，分别占研究区延龙图地区总面积的 32.93%、38.91% 和 28.16%。阻力水平越低，保护级别越高，今后应将低阻力水平缓冲区纳入禁建区，严格保护生态用地；中阻力水平缓冲区纳入限建区，允许对生态环境影响较小的基础设施建设；高阻力水平缓冲区纳入适建区，可进行适度开发，但应控制开发强度，注重生态修复。

第五，延龙图地区的生态廊道和辐射道分别形成网状和放射状格局，生态节点是生态廊道与生态廊道、生态廊道与山脊线的交点，共有 61 个。大部分生态廊道、辐射道和生态节点的用地分布科学合理，生态系统良好，今后的工作应为重点维护这些区域。对于穿过建设用地或位于建设用地附近的部分，应加强保护和修复，防止生态廊道、辐射道被破坏或阻断，并对已破坏的生态节点进行修复。

综上所述，通过对延龙图地区生态源地、缓冲区、生态廊道、辐射道和生态节点的识别，构建了研究区的生态用地景观安全格局。基于景观安全格局的生态用地保护研究，不仅保护了研究区的生态用地，还为延龙图地区的生态环境保护提供了对策，维护了研究区的生态安全。

第六章　图们江地区重要节点城市
生态系统重要性评价

　　生态系统是人类赖以生存和发展的物质基础，它不仅提供物质产品和材料，也是区域和全球变化的主要反馈调节系统，具有重要的生态学价值。18世纪的工业革命开启了人类大规模改造自然的进程，同时，人类对自然资源和生态环境的利用和影响达到了空前的程度，推动了全球范围内的经济快速发展。一方面，城市得到了快速发展，城市化进程不断加速，推动了经济、文化、教育、科技和社会的发展，使得人类社会的物质文明和精神文明有了大幅度提高。另一方面，城市化的快速发展也给生态系统和自然环境增加了压力，带来了人口膨胀、资源破坏、能源消耗、环境污染等问题，人们的生活受到了不同程度的限制。自20世纪以来，人类对生态系统的干扰进一步加剧，一些重要的生态用地如林地、草地和水域等受到了影响，全球性气候变暖、荒漠化、沙化和植被覆盖率降低，使生态系统遭到损害。为了调和多方关系，保护自然生态环境，促进自然与城市的和谐发展，人们逐渐关注人类行为对自然环境的影响。1992年联合国环境与发展大会提出了可持续发展的概念，强调自然环境的保护和增强环境系统中的生产与更新功能。可持续发展强调不干扰自然系统的更新能力，使得各国前所未有地重视优化发展的问题，人们越来越意识到自然环境的重要性。可持续性正深刻地影响着城市发展的规划进程，毫无疑问，城市发展的可持续性将成为未来城市发展的主要目标之一。

　　在这种背景下，党的十八大报告中明确提出了生态文明的理念，这直接关系到人民利益和民族发展的长远计划。从推动社会主义现代化建设和发展，到现在的推进生态文明建设，有利于经济与社会的可持续发展。同时，十八大报告强调，必须在尊重和顺应自然规律的理念下进行经济、社会、文化和政治等方面的建设。随着我国经济快速发展，生态建设理念和环境保护意识不断增强，生态文明发展战略及城乡规划法的落实，不仅有利于生态用地的保护和利用，也为城市发展的规划提供了条件。十八大报告中提出建设美丽中国，即在发展经济的同时，不能盲目追求经济效益，忽视生态效益，应更加重视人与自然的和谐相处，关注自然生态问题。在合理规划都市的过程中，应以供给生态产品和生态服务为主，对于城市中的生态用地，应考虑其特征，制定针对性的保护措施，优化城市的服务功能，促进其良性发展。

2016 年 12 月，经省政府审批，延龙图新区成立了，着力构建"一山、两河、三翼、五园区"的发展格局，旨在将延龙图新区打造成延边的绿色转型发展引领区、创新发展的示范区、面向东北亚合作的新高地，以及中国东北部开展"一带一路"倡议的重要节点。延龙图新区将成为延龙图地区一体化发展的新载体和吉林省绿色产业转型发展的新增长极。因此，本章将从生态系统的重要性出发，运用 GIS 空间分析方法，对延吉市、龙井市、图们市的生态环境进行系统分析。通过对延龙图地区生态系统敏感性和生态系统服务功能的分析，构建地区生态系统重要性分区的识别体系，有效识别出研究区内的自然状况，并在生态环境的约束下规划土地利用的分布格局，从而为改善延龙图地区的土地利用空间分布格局、提高生态系统的环境质量，为延龙图新区的建设提供参考。

第一节 生态系统敏感性评价

生态系统敏感性指生态系统对人类活动干扰和自然环境变化的反映程度，即发生区域生态环境问题的难易程度和概率大小。

本研究所用到的数据包括延吉市 2014 年 Pleiades-1 卫星航拍影像（分辨

率 0.5 米），龙井市和图们市 2014 年 Pleiades-1 卫星的 TM 遥感影像（分辨率 0.5 米），延龙图地区 2013 年的全景 TM 遥感影像（30 米分辨率），以及 2014 年 landsat-8 卫星拍摄的 30 米分辨率影像。这些影像涵盖了近红外、红、蓝等多个波段。此外，还使用了实地调研的数据，以及延龙图地区的植被、气象、经济等自然和人文统计资料。降水量和土壤质地数据来源于中国科学院资源科学数据中心。

由于大气条件、传感器成像和太阳高度等因素的影响，获取的影像受到一定程度的干扰，需经过预处理才能全面、准确地反映地表信息。在处理过程中，首先使用 ERDAS 软件，以 1 : 1 万地形图为基础，对遥感影像进行校正和配准，选择相应的控制点，进行各遥感影像间的多项式控件转换和像元插值计算，实现遥感影像和实物图件间的配准，从而减少和消除几何畸变的影响。然后利用 ArcGIS 10.1 软件中的内嵌变换工具，将影像坐标系统统一为北京 54 坐标系。接着进行影像解译，通过单元的归并与简化，得出延龙图地区生态用地的分布图。最后，将土地利用规划图及其他专题地图进行矢量化，构建延龙图地区的生态用地空间数据库。

一、评价因子选取原则

生态系统敏感性评价因子的选取将遵循以下几个原则：

（1）科学性原则。在进行评价因子的选择时，要考虑理论的完备性、科学性和正确性，被选取的指标因子应具有一定的科学内涵，定义准确，能够明确地度量和反映情况。本章在构建指标体系、选取指标因子的过程中，严格地以相关科学理论为依据。

（2）系统性原则。生态系统是一个复杂的系统，各生态环境要素不是独立存在的，有些因素甚至互相依赖或重叠，因此指标体系应尽可能全面、系统地反映生态系统状况，符合生态系统评价的目标，要避免指标之间的内涵重叠；评价目标与指标必须有机地联系起来，组成一个层次分明的整体。

（3）可操作性原则。可操作性是指选取的指标因子内容可以通过实际工作比较方便地获取，剔除过于简单、不能反映全貌，以及过于复杂而使工作量加大的因子，在保证结果的情况下适度地选择相关生态因子（刘昕等，2010）。

（4）动态性与静态性结合的原则。生态系统是不断发展变化的，是动态与静态的统一。所以指标体系也应是动态与静态的统一，既要有反映自然环境问题现状的指标，也要有反映人类活动发展过程可能造成生态问题的指标，做到动态性与静态性相结合。

二、评价指标及评价方法

延龙图地区生态系统敏感性的评价研究，对于分析区域生态稳定性、确定生态恢复与保护的重点区域具有重要实践意义。本章根据延龙图地区生态系统服务研究的重点和客观条件，从调研收集到的众多资料中筛选出与延龙图地区生态资源保护关系最密切的因素，分别为土壤侵蚀、生境、人为活动等三项因素。

（一）生态敏感性评价指标

1. 土壤侵蚀

土壤侵蚀是指土壤及其母质在水力、风力、冻融或重力等外营力作用下，被破坏、剥蚀、搬运和沉积的过程（安永民、杨君玉，2008）。侵蚀的对象也并不限于土壤及其母质，还包括土壤下面的土体、岩屑及松软岩层等。

2. 生境

生境指生物个体、种群或群落生活地域的环境，包括必需的生存条件和其他对生物起作用的生态因素。生境作为生物栖息的空间条件，影响了生物的生长、发育，决定了生物种群内、种群间的竞争强度和食物链的特征，控制了生物的繁衍。

3. 人为活动

生态系统对人为活动影响的敏感性指人类生产、生活和其他社会活动形成的干扰对自然环境和生态系统造成的各种影响，以及区域生态环境系统在这些影响的作用下发生相应生态问题的概率大小（褚珊珊，2015）。

（二）生态敏感性评价方法

1. 土壤侵蚀敏感性评价方法

土壤侵蚀是一种动态的自然过程，是在各种自然力作用下产生的。通过评估土壤侵蚀对于外界干扰的敏感性程度，可以更好地识别出易遭受土壤侵蚀的地区（蔡博峰等，2008）。土壤侵蚀敏感性是指在自然生态环境条件下，区域内发生土壤侵蚀的可能性的大小，用来反映生态系统对各种自然力作用的敏感程度（高文兰，2012）。土壤侵蚀敏感性评价综合考虑了与土壤侵蚀密切相关的地形起伏度、植被、地貌、土壤质地等因素，以评价土壤侵蚀发生的可能性大小及其空间分布特征。随着相关研究的日益深入，对土壤侵蚀量的估算和分析越来越精确，衍生出各类土壤侵蚀模型，较具代表性的有通用土壤侵蚀方程（universal soil loss equation，USLE）。

参考姚美岑（2018）的研究，通用土壤侵蚀方程公式如下：

$$A = R \times K \times LS \times C \tag{6-1}$$

式中，A 为土壤侵蚀量，R 为降水侵蚀力，K 为土壤质地因子，LS 为地形起伏度，C 为地表覆盖因子。

基于资料获取的可实现性及研究区域的尺度，仅考虑在自然状况下对土壤侵蚀敏感性影响较大的降雨、土壤质地、地形起伏度和植被等因子，而通用土壤侵蚀方程中农业措施因子与人类活动密切相关，与生态系统的自然敏感性关系不大，本研究暂不作考虑。

参照通用土壤侵蚀方程，结合本研究区域的特点，确定研究区土壤侵蚀敏感性评价的因子有如下四点：

（1）降水侵蚀力（R）

降水侵蚀力是指由降水引起的土壤侵蚀的内在能力，是引起土壤侵蚀的主要动力因素（严冬等，2010）。降水侵蚀力是土壤侵蚀敏感性评价中的重要因子，也是引起土壤侵蚀的直接外营力。暴雨对土壤的冲击、分离、破坏作用最大，又会增强地表径流的冲刷和搬运能力，从而加剧水土流失。在实际研究中，多采用降水侵蚀力值来反映降雨对土壤侵蚀的影响，它是一个降雨复合参数，可以用来评价一定区域内降雨引起土壤侵蚀的潜在能力。在土壤质地因子和地表覆盖因子相同的条件下，降水侵蚀力的数值越大，土壤侵蚀敏感性等级越高。

延龙图地区的年均降水量一般在 400—650 毫米，降水主要集中在 6—8 月；降水是地表径流的来源，成为地面侵蚀的直接动力。因此将降水量作为本研究区土壤侵蚀敏感性评价的一个重要因子。本研究的降水分布图是从中国科学院资源环境科学数据中心提供的全国降水量图中切割而得，并以地区降雨量等值线图作为主要取值依据。

（2）土壤质地因子（K）

土壤质地是指土壤中各级土粒含量的相对比例及其所表现的土壤砂黏性质，表示土壤被降雨侵蚀力分离、搬运和冲蚀的难易程度，是反映土壤理化性质的综合指标（穆媛芮等，2012）。土壤质地越黏重，稳定性越好，敏感性程度越低；反之，土壤质地越砂，稳定性越差，敏感性程度越高。

在土壤质地以石砾和砂粒为主的地区，地表不易被侵蚀；在土壤质地为砂土和黏土的区域，土壤侵蚀较敏感；面砂土、偏砂性壤土广布的区域土壤侵蚀更加敏感；土壤质地以砂壤土、粉黏土、壤黏土为主的区域极易发生土壤侵蚀。土壤是水土流失发生的主体，也是被侵蚀的对象，土壤本身的抗侵蚀能力是决定土壤流失程度的内部因素，而土壤的侵蚀营力是产生土壤流失的外部因素。所以，可以根据研究区域的土壤质地来评价土壤侵蚀的敏感性程度。延龙图地区土壤质地主要为壤黏土和黏壤土。

（3）地形起伏度（LS）

地形起伏度，即地面一定距离范围内最大高差，它是影响土壤侵蚀的一个重要因素，可以通过坡长、坡度等地形因子来评估对土壤侵蚀的影响（闵婕，2004）。地形起伏是导致水土流失的最直接因素，在小尺度研究中，地形起伏度是最主要的指标，所以要对研究区的地表起伏特征有深入的了解。一般来说，地形起伏较小，则水土流失敏感性较低；随着地形起伏度的增大，水土流失敏感性增强。一般来讲，在其他因素相同的情况下，35°—45°的坡地土壤侵蚀量最大。

本研究区山地较多，地形相对陡峭，因此将地形作为本研究区土壤侵蚀敏感性评价的另一个重要因子，主要采用地形起伏度值即坡度作为土壤侵蚀敏感评价的地形指标。以研究区 1∶1 万 DEM 为基础作图取值；利用 ArcGIS 软件在空间分析模块下使用栅格邻域计算工具对 DEM 进行处理，得到延龙图地区地形起伏度等级分布图；在此基础上利用 ArcGIS 的叠置分析（Overlay）功能，结合分级标准生成地形起伏度对土壤侵蚀的敏感性图。

（4）地表覆盖因子（C）

地表覆盖是土壤侵蚀的抑制因子，也是影响土壤侵蚀最敏感的因素。它主要通过对降雨动能的削弱以及以保水抗蚀作用来防止土壤侵蚀，其自身也是受人为影响最大的因子。不同的土地利用类型的抗蚀能力差别较大，植被是防止土壤侵蚀的一个重要因子，其防止侵蚀的作用主要包括对降雨能量的削减作用、保水作用和抗侵蚀作用。不同类型的地表覆盖的阻抗侵蚀作用差别较大，由森林到草地再到荒漠，其防止侵蚀的作用依次减小。植被是生态环境的组成部分，植被能够覆盖地面，其根系可以固结土壤，截留降雨，减小流速，过滤淤泥，能减少或防止水土流失；植被越好，形成的生态系统的结构越复杂，稳定性越大，抗干扰能力越强，环境敏感性也就越低，反之则敏感性越高。本研究区属典型的中温带湿润季风气候，植被覆盖率高，尤其是山地，甚至保存着原始森林。

地表覆盖度是指单位面积内的植被茎枝或叶在地面垂直投影的面积占区域总面积的比例。伴随科技的不断进步，地表覆盖度的测量方式已从传统的地面人工测量进入利用遥感植被指数来进行建模估算的阶段。较为常用的遥感植被指数有归一化植被指数（NDVI），其计算公式如下：

$$f_g = \frac{\text{NDVI} - \text{NDVI}_{\min}}{\text{NDVI}_{\max} - \text{NDVI}_{\min}} \times 100\% \qquad (6\text{--}2)$$

式中：f_g 为植被覆盖度；NDVI 为归一化植被指数；$\text{NDVI}_{\max}$ 为归一化植被指数的最大值，$\text{NDVI}_{\min}$ 为归一化植被指数的最小值。按如上公式构建模型计算植被覆盖度。利用重分类工具将研究区植被覆盖度分为五类，依次为：低覆盖度（0—20%）、中覆盖度（21%—35%）、中高覆盖度（36%—50%）、较高覆盖度（51%—80%）。

　　单因子分析得出的土壤侵蚀敏感性只反映了某一因子的作用程度，要将水土流失敏感性的区域变化综合地反映出来，则对上述各项因子分别赋值，采用常用的几何平均法来计算土壤侵蚀敏感性指数：

$$SS_i = \sqrt[4]{\prod_{i=1} C_i} \qquad (6\text{--}3)$$

式中，SS_i 为空间单元土壤侵蚀敏感性指数；C_i 为 i 因素敏感性等级值。

　　因素的分级在王效科等人（2001）提出的分级标准基础上做适当调整。具体分级标准详见表 6–1。

表 6-1　土壤侵蚀敏感性影响因子分级标准

分级	轻度敏感	中度敏感	高度敏感	极敏感
降水侵蚀力（R）（mm）	<400	400—500	500—600	>600
地形起伏度（LS）（°）	<15	15—30	31—50	>50
土壤质地因子（K）	石砾、重黏	轻黏、重壤	中壤、轻壤	砂壤、砂土
地表覆盖因子（C）（%）	<20	20—35	36—50	>50

　　根据公式，利用 ArcGIS 的空间分析模块中的栅格计算器工具，把降水侵蚀力、地形起伏度、土壤质地因子和地表覆盖因子四个单因子敏感性以栅格形式进行加权叠加，计算每一个空间单元的土壤侵蚀敏感性指数，最后运用自然断点法将综合叠加数据进行重分类，从而得到延龙图地区土壤侵蚀敏感性综合分布图。

2. 生境敏感性评价方法

延龙图地区气候温和，生态环境适宜针叶林、阔叶林等的生长。据调查，本区森林覆盖率达到72%，境内植被类型较为齐全。龙井市境内有国家级天佛指山自然保护区，保护区总面积达 77 317 平方千米，主要植被类型是以赤松为主的针阔混交林。同时，区域内植物生长繁茂，气候温暖潮湿，为各种野生动物提供了良好的栖息环境。

生境敏感性评价的现有方法是以国家保护动植物为指标，分析各种生境中的物种丰富度及其重要性，即根据区域内国家级保护对象的分布情况进行评价（吕祥，2015）。由于难以直接获取生物多样性指标，考虑对土地利用的影响，可以选择生物丰度指数替代生物多样性指标。本研究从物种栖息地的类型、生物丰度指数和植被归一化指数三个方面对生境敏感性进行评价，力求对区域生境敏感性状况做出全面、科学、客观的分析和评价。其中，植被归一化指数以 TM 遥感影像为基础数据进行计算。物种丰度主要反映一个群落物种数目的多少，物种丰度指数值越大，则群落结构越复杂，抵抗力稳定性越大，恢复力稳定性越小，生态敏感性就越强；一个地区保护的珍稀物种越多，保护范围越大，则其受人类活动影响的可能性就越大，即生境敏感性越高。本研究中，生物丰度计算公式为：

$$生物丰度指数=（0.35×林地+0.21×草地+0.28×水域+0.11×耕地+$$
$$0.04×建设用地+0.01×未利用地）÷区域面积 \qquad （6-4）$$

将延龙图地区物种栖息地类型、物种丰度及植被归一化指数进行叠加，得出延龙图地区生境重要性分布图。

3. 人为活动敏感性评价方法

人为活动的主要作用范围为建筑用地、道路、耕地等，人为活动的干扰对生态环境的退化起着主要作用（曹露，2011），并常对生态系统造成逆向演替，以及不可逆的变化和不可预料的生态后果。由于本研究区不仅是单纯的城市区域或者乡村区域，还包括城乡接合部，具有特殊的生态和社会意义，生态环境深受人为建设活动的影响。本研究采用延龙图地区 2014 年 30 米分辨率的 TM 遥感影像，结合实地勘探，提取研究区的建设用地；根据研究区建设现状，按照影响程度对生态环境可能带来的后果，采用加权指数法对人为活动敏感性各评价因子进行综合分析，并以人为活动敏感性指数反映在三项因子综合作用下的人为活动敏感性状况，将人为活动影响的敏感性分为极敏感、高度敏感、中度敏感、轻度敏感四个等级，具体分级标准见表 6-2。

表 6-2 人为活动敏感性分级

敏感级别	干扰因素	区域范围
极敏感	乡镇建设活动	现状乡镇建设用地
	主要道路设施建设	主干道路沿线 30 m 带状空间
高度敏感	农牧业生产活动	农牧业生产用地外围 30—50 m 范围
	主要道路设施建设	主干道路沿线 30—100 m 带状空间
中度敏感	林业生产活动	林地外围
	观光旅游活动	森林公园、文化遗迹等地
轻度敏感	其他	其他区域

4. 生态敏感性综合评价方法

由单一因子得出的分析结果往往仅反映了整个生态环境在某一因素的作用下所表现的相对敏感状态，而现实情况下生态体系是不可能只受到单一要素影响的，而是由多要素综合作用的，因而以下采用多因子加权求和模型以便更为全面地将研究区生态环境敏感性空间分布特征呈现出来。将土壤侵蚀、生境和人为活动影响这三大因子敏感性加权求和，进而对研究区进行生态敏感性综合评价；依据层次分析法，求得各因子的权重（表 6-3）。

生态敏感性的综合指数公式为：

$$SS = \sum_{i=1}^{n} C_{ij} W_{ij} \qquad (6-5)$$

式中，SS 为空间单元生态敏感性加权指数；C_{ij} 为 j 空间单元第 i 因子敏感性等级值；W_{ij} 为 j 空间单元第 i 因子权重。

表 6-3　延龙图地区生态敏感性因子权重值

评价因子	土壤侵蚀	生境	人为活动
权重	0.493	0.311	0.196

在 ArcGIS 中采用空间分析来量化处理每个因子的敏感性级别，处理的结果经自然断点法进行重分类，将研究区综合敏感性划分为轻度敏感、中度敏感、高度敏感和极敏感四个敏感等级。

三、生态敏感性评价结果分析

（一）土壤侵蚀评价结果

延龙图地区的土壤侵蚀敏感性空间分异分为极敏感区、高度敏感区、中度敏感区和轻度敏感区。

极敏感区的面积为 683.442 平方千米，占研究区总面积的 13.82%，主要集中分布在研究区东南石岘镇的西部和东北部、凉水镇北部、长安镇东南部、月晴镇西南部，部分极敏感区沿图们江走向分布，另外，在三道湾镇、老头沟镇、智新镇、三合镇也有极敏感区分布。这些地区大多海拔较高，地形以山地为主，人为活动干扰相对较少，生态环境较好，有众多林场、牧场分布，如凉水乡木耳场、凤梧鹿场、河西大队木耳场。

高度敏感区的面积为 1 480.957 平方千米，占研究区总面积的 29.95%，主要分布在三道湾镇、老头沟镇西部、三合镇东南部、石岘镇与凉水镇接壤区域，以及月晴镇等地区。分布区域大多为植被覆盖度高且地形起伏度也较高的山区。

中度敏感区的面积为 1 797.254 平方千米，占研究区总面积的 36.35%，其分布较广泛，在各个乡镇均有分布，主要分布在地势较低的中部平原地区、西北部低山区，如三道湾镇、老头沟镇、智新镇、依兰镇。这些区域植被覆盖度普遍较低，因此土壤侵蚀的情况比较严重。

轻度敏感区的面积为 982.677 平方千米，占研究区总面积的 19.88%，分布比较集中，主要为延吉市、龙井市、图们市的市区，小营镇大部，老头沟镇的新光屯、广进坪，东盛涌镇西北部，朝阳川镇中部的新兴坪、集成村东丰，德新乡西部的大部分区域。轻度敏感区内的地形起伏度较小，地势平坦，主要在植被覆盖较低的平原地区和河流附近。

就土壤侵蚀敏感性而言，延龙图地区土壤侵蚀情况比较严重，大部分土地集中在中度敏感区，会使水土流失情况加重；在高度敏感区和极敏感区，由于植被保护等情况较好，土壤遭受侵蚀的面积较少。

（二）生境敏感性评价结果

延龙图地区生境敏感性空间分异分为极敏感区、高度敏感区、中度敏感区和轻度敏感区。

极敏感区的面积为 715.835 平方千米，占研究区总面积的 14.48%，集中分布在石岘镇西部和东部与凉水镇交界处、月晴镇西部、长安镇南部、凤梧鹿场-高丽屯-庆荣道班区域。极敏感区内多为林地，有少量山地和荒地。此区域的生态环境较优越，能够为生物的栖息和繁衍提供良好的生态环境。

高度敏感区的面积为 1 772.067 平方千米，占研究区总面积的 35.84%。高度敏感区分布较为分散，主要在三合镇北部、凉水镇东北部、三道湾镇北部。区内大多为海拔高的山地，地广人稀，人类生产生活及农耕活动较少，因而生境受人为活动影响较小。此区域可以为珍稀动物提供较好的栖息环境，林木资源丰富且郁闭度较高，能够为物种提供较为理想的生态环境，人类活动强度较低，大部分生物有足够的生存空间。此区域土地生态环境很脆弱，生态恢复能力极弱，生态安全易受到严重挑战，一旦遭受破坏则危害极大，必须将该区域加以保护，禁止随意开发，否则会对整个生态环境造成不可估量的损失。

中度敏感区的区域面积为 1 810.435 平方千米，占研究区总面积的 36.62%，分布较广，在多个乡镇均有分布，主要集中在智新镇西北部的清明屯、富岩洞、水东等地。该区域土地生态环境较为脆弱，自我恢复能力较差，人为活动已经对土地生态环境造成破坏；人为活动强度较低，同时因有大量林木的存在，可以较好地实现保土保水的功能，也有利于植被和生物的生存。

轻度敏感区的面积为 645.994 平方千米，占研究区总面积的 13.07%，面积较小，主要分布在市区附近的居民区、德新乡西部。此区域可以为一般生物提供较弱的生存环境。近年来，由于耕作的影响，生物的生存空间逐渐缩小，区域内部人为活动对生态环境的影响日益显著。

（三）人为活动敏感性评价结果

延龙图地区人为活动敏感性空间分异评价结果如下：

极敏感区的面积为 130.190 平方千米，占研究区总面积的 2.63%，主要分布于地势较开阔的城市建成区内、朝阳川镇等人口密集区域，以及道路密集区的开山屯中部、长安镇、月晴镇北部。这些区域受人为活动影响较大，基本没有自然生态系统的痕迹。

高度敏感区的面积 592.691 平方千米，占研究区总面积的 11.99%，主要分布于极敏感区的外围，多集中在地势相对平坦的区域。此区域受人为活动干扰程度较弱，农业用地在此区域的分布比例最大，此区域对保护区的影响较大。

中度敏感区的面积为 1 815.319 平方千米，占研究区总面积的 36.72%，主要分布在白金乡、三合镇、智新镇、三道湾镇，以及研究区南部保护区附近。这些区域的农牧业相对发达，主要养殖延边黄牛，也适当地开展了观光旅游活动。区域中人为活动对保护区的影响变小，使得保护区的环境逐渐恢复。

轻度敏感区的面积为 2 406.130 平方千米，占研究区总面积的 48.67%，主要分布在依兰镇北部、长安镇北部、凉水镇大部、月晴镇大部，以及老头沟镇西部。这些区域受人为活动影响较小，地理位置偏僻，人迹罕至，海拔较高，开发难度较大，拥有大面积成片林地。

（四）生态敏感性综合评价

延龙图地区生态敏感性空间分异评价结果如下：

极敏感区的面积为 878.307 平方千米，占研究区总面积的 17.76%，区域分布集中，主要分布在图们江流域、石岘镇和凉水镇大部、长安镇和月晴镇的交界地区、三合镇和开山屯镇的交界地区。此区域受人为活动干扰相对较少，有众多林场、鹿场、木耳场相间分布，如石岘大队参场、凉水乡木耳场、凤梧鹿场。此区域主要为山地，坡度较大，用地类型为林地和水域，植被覆盖度较高，拥有凤梧水库等大片水域，远离居民区。此区域的生态环境基本未受干扰破坏，生态系统结构完整、功能完善，极少出现生态问题，但该区域对人为活动的敏感性较高，生态一旦受损恢复难度大。

高度敏感区的面积为 1160.799 平方千米，占研究区总面积的 23.48%，分布少且分散，主要分布于三合镇、开山屯镇和德新乡的交界地区、月晴镇东部边缘地区。区域以自然系统为主体，生态环境较为脆弱，复原能力差，一旦受到人为活动的干扰破坏则难以恢复，是需要重点保护且禁止开发的区域。该区域保护得较好，生态环境较少受到干扰破坏，生态结构基本完整、功能较好，很少发生生态问题。此类区域可作为保护区，应当禁止开发建设活动，保持原生生态系统的完整性，避免人为干扰。

中度敏感区的面积为 1 696.208 平方千米，占研究区总面积的 34.31%，空间分布广泛，面积较大，主要集中分布在朝阳川镇、老头沟镇、智新镇、东盛涌镇、依兰镇、三道湾镇，以及研究区域的西侧。该区域土地生态环境相对较好，具有一定的生态服务价值，若生态环境受到破坏，生态结构会发生一定的变化但基本功能尚存，环境系统具有一定的生态恢复能力，能抵抗适当强度的人为活动干扰。

轻度敏感区的面积为 1 209.016 平方千米,占研究区总面积的 24.45%，主要分布在延吉、龙井、图们三市市区及各乡镇居民点附近，以及东盛涌镇东北部的石井、柳林和德新乡西部等地。此区域的生态环境近年来有所恶化，使生态系统结构受到较大破坏，功能退化不全，系统恢复再生较难，生态问题较明显。此区域土地生态环境较为脆弱，自我恢复能力较差，人类活动已经对土地生态环境产生破坏。人为活动强度大、频率高，对区域生态环境的干扰较大。今后应当合理协调好自然与人为景观的空间布局；可在社会经济持续发展和生态环境保护的前提下，统筹优化土地利用结构和布局。

第二节　生态系统服务功能评价

一、生态系统服务分类与内涵

　　生态系统不仅可以通过初级生产和次级生产为人类提供食物、木材、医药用品以及其他生产生活原料和能源物质，还可以向人类提供一系列的服务，如人类共享的美好生活环境。生态系统服务分类是价值评估及其应用的基础。关于生态系统服务功能的描述和分类多种多样，埃利希（Ehrlich）等人是最先在生态系统功能中把生态系统服务功能分离出来的。从此之后，很多学者展开了更加详细的分类。德格鲁特（De Groot）将生态系统服务功能分成 4 类，戴利分为 3 种；科斯坦萨等人则将其分为 17 种类型，他的分类研究成果是最有影响的。2002 年，德格鲁特（De Groot，2002）基于自身的研究，又将生态系统服务的 4 大功能分类分成了 23 个小功能类别。这些分类系统成为 20 世纪末 21 世纪初生态系统服务价值评估的重要依据。而后，联合国《千年生态系统评估报告》则根据需要，将生态系统服务分为供给、调解、支持和文化服务，其应用广泛。表 6-4 列举了国外几种比较典型的分类方法。

表 6-4　国外典型生态系统服务分类

研究者	生态系统服务分类数	生态系统服务分类具体内容
科斯坦萨等	17	气候调节、气体调节、扰动调节、水调节、废物处理、水供给、食物生产、原材料、基因资源、侵蚀控制和沉积物保持、土壤形成、养分循环、传粉、生物控制、避难所、休闲、文化
戴利	3	提供生活与生产物质基础、维持生命系统和提供生活享受
德格鲁特	4	生产功能、承载功能、调节功能和信息功能
《千年生态系统评估报告》	4	供给服务、调节服务、支持服务和文化服务

　　我国学者也进行了大量对于生态系统服务功能分类的研究。例如，董全、欧阳志云、孙刚、徐丛春、李健勇、王欢、张朝辉、刘纪远、康旭、谢高地等人进行了生态系统服务功能的分类研究，并且取得了一定的成果（表 6-5）。

表 6-5　中国学者对生态系统服务的分类

研究者	生态系统服务分类数	生态系统服务分类具体内容	与国际上分类的比较
李健勇	4	生境功能、调节功能、生产功能、信息功能	类似《千年生态系统评估报告》的分类
刘纪远	4	生态系统结构、支持功能、调节功能、供给功能	
王欢	3	提供产品、文化、调节支持	
董全	11	自然生产、生物多样性、调节气象、气候和物质循环、调节水循环和减缓旱涝灾害、保持和改善土壤、净化环境、传粉播种、控制病虫害的暴发、感官、心理和精神	类似科斯坦萨的分类
欧阳志云	8	调节气候、土壤的生态服务功能、生物多样性产生和维持、有机质生产与生态系统产品、传粉与种子传播、减轻洪涝和干旱、环境净化、有害生物的控制	
孙刚	9	生物生产、调节物质循环、土壤的形成与保持、调节气象气候及气体组成、净化环境、生物多样性维持、传粉播种、防灾减灾、社会文化源泉	
徐丛春	10	气候调节、干扰调节、气体调节、营养盐循环、废物处理、生物控制、生境功能、食物供应、供给原材料、基因资源储备	
张朝辉	15	食品供给、原材料供给、基因资源、气候调节、空气质量调节、水质净化调节、有害生物与疾病的生物调节与控制、干扰调节、精神文化服务、知识扩展服务、旅游娱乐服务、初级生产、物质循环、生物多样性、提供生境	
谢高地	9	气体调节、气候调节、水源涵养、土壤形成与保护、废物处理、生物多样性保护、食物生产、原材料、娱乐文化	

　　但到目前，学界对于生态系统服务的分类仍然有不同的看法。华莱士（Wallace，2007）认为，由于对一些关键概念如生态系统过程、功能和服务

界定不清，现有的分类系统将实现服务的过程（途径和手段）与服务本身（终极目标）混合在一起，限制了它们的应用范围。据此，他提出了一个用于自然资源管理的分类系统，在这个系统中，生态服务功能被分为以下几类，即充足的资源，良好的物理和化学环境，天敌、疾病和寄生虫的防护，以及社会文化满足与实现。最近，欧洲环境署（European Environment Agency，EEA）提出了一个满足人类福祉的国际生态系统服务分类方案（common international classification of ecosystem services，CICES），将生态系统服务分为供给服务、调节与维持服务、文化服务三大类。事实上，由于生态系统结构复杂性和功能的多样性，很难找到一个普适的生态系统服务分类方案，但一个较好的分类方案应当包括生态系统功能和服务特征，同时又便于决策使用（Fisher et al.，2009）。

　　虽然学界对于生态系统服务的分类仍有争论，但对其内涵的认知是一致的：生态系统是服务提供的基础，服务产生于生态系统的组分、过程和功能及它们之间的相互作用；生态系统服务满足人类需求并为人类福祉做出贡献，是人类生存和发展的基础（李琰等，2013）。在生态系统服务研究过程中出现了多种服务分类方案。究其原因，一方面，由于生态系统是一个复杂、动态的自适应系统，具有非线性反馈、阈值和滞后效应。研究者对"服务"的认识存在分歧，表现为：服务本身与服务产生机制间难以被清晰界定，对生态系统结构、过程、功能、服务和收益等概念的理解存在歧义，对服务产生过程认识仍不够清晰；另一方面，从社会实践上来说，人类社会经济系统也具有区域差异大、价值观多元、管理模式和应用背景复杂、受多种利益相关方影响的特征。总之，理论的复杂性和实践的多样化使得难以对生态系统服务建立清晰统一的定义和分类体系。因此，没有普适的服务分类体系，而只有"适合于目的"的服务分类方案（李双成等，2014）。

二、生态系统服务功能评价指标及评价方法

（一）生态系统服务功能评价指标

1. 水源涵养功能

水源涵养具有为城市提供水资源保障及调蓄洪峰的作用。水源涵养功能通过自然生态系统的含水蓄水功能，能够较好地保护水资源、截留降水、增强土壤下渗、抑制蒸发、缓和地表径流和增加降水等（肖燚等，2011），能够改善水文状况、调节区域水分循环，对人类社会的生产生活有着至关重要的作用。

2. 积累营养物质功能

积累营养物质功能是指城市生态系统具有固氮，维持氮、磷和其他元素及养分的循环功能（蔡云楠等，2014）。积累营养物质重要性评价的主要依据是研究区域氮磷流失可能造成的富营养化后果的严重程度，比如研究区域下游有重要的湖泊与水源地，那么这些水体的富营养化后果相当严重，所以城市生态系统的积累和保持营养物质的功能，其重要性不容置疑。

3. 生物多样性保护功能

生物多样性保护重要性评价是评价区域内各地区生态系统对生物多样性保护的重要性。生态系统为人类提供了食物、能源等基本的生活需求资源，同时，生态系统的生物多样性对于保持土壤肥力、保证水质、调节气候、稳定环境、维持生态平衡以及生态系统服务功能都具有重要的作用。《生态功能区划技术暂行规程》要求根据物种数量来评价生物多样性保护重要性。就实际情况而言，对各物种的保护很难落实到确切的空间中，而物种多样性很大程度上反映在其赖以生存的生态系统环境中（冯存，2008）。

4. 农产品供给功能

农产品供给功能是指农田生态系统提供食物、经济作物、第二产业原料等产品的功能。生态系统通过初级生产和次级生产，提供人类生存所必需的有机物质及其制品。生态系统为人类提供的主要产品包括粮食、肉类、

鱼类、贝类、木材、燃料、纤维、生化资源等，这些产品能够保障人类最基本的生活，同时为其他行业的产品生产提供基础材料或条件（贾林平，2007）。

5. 自然与人文景观保护功能

自然与人文景观作为特殊的文化景观，具有独特性、垄断性、稀缺性、脆弱性和不可再生性等特点（曹玉红、曹卫东，2007），破坏后难以得到有效修复，具有极高的生态文化保护价值。在开发过程中要严格保护，并对其周围一定范围内的土地利用方式以及建筑物的风格加以控制，确保与自然景观和历史文化遗存的景观一致，控制人口与用地规模，防止过度开发。

（二）生态系统服务功能评价方法

1. 水源涵养评价方法

水源涵养的生态重要性取决于整个区域对评价地区水资源的依赖程度及洪水调节作用，因此，可以根据评价地区在区域流域所处的地理位置，以及对整个流域水资源的贡献来评价。本研究所指的生态系统水资源保护服务功能重要性，是指区域生态系统对城市供水水源的贡献及其保护的重要程度（香宝等，2011），主要根据延龙图地区主要水系及其支流汇水区域、流经区地表覆盖状况，以及主要城市供水取水口的位置和特点，选取对水源涵养功能重要性有影响的河流、湖泊、水源保护区、用地类型等因素进行分析。参考延边州水利局提供的关于延龙图地区水源保护区的划定标准，绘制了延龙图地区水源保护区分级图，将饮用水源保护区作为水源涵养中心区；使用水源保护区分级图，以延龙图地区现有水库及上游河段为评价要素，按照距离衰减原理进行重要性的空间差异评价。详细的分级标准见表6–6、表6–7。通过对所得指标的分级、赋值，并运用 ArcGIS 软件栅格计算功能得出延龙图地区水源涵养重要性分级图。

表 6-6　水源涵养重要性分级

影响目标	类型、范围	分级
河流	河流两侧 1 km	极重要
	河流两侧 2 km	高度重要
	河流两侧 3 km	中等重要
水库、水源保护区林地	常绿阔叶林、落叶阔叶林、针阔混交林	极重要
	灌木林地	高度重要
	疏林地	中等重要
农田及其他地区	旱地、水田、城镇用地	一般重要

表 6-7　河流和湖泊水源涵养重要性分级

河流湖泊饮用水源保护区类型	定性分级
河流型饮用水源一级保护区、湖泊水库型饮用水源一级保护区	极重要
河流型饮用水源二级保护区、湖泊水库型饮用水源二级保护区	高度重要
河流和湖泊饮用水源准保护区（一、二级保护区外的汇水区）	中等重要

2. 积累营养物质功能评价方法

在延龙图地区，积累营养物质的重要地区是饮用水源地。本研究将城市饮用水源地汇水地区作为极重要地区，重要湿地为重要地区，其他地区为一般地区。先根据河流分布图，划分出重要湖泊湿地和一般湖泊湿地，然后利用 1∶1 万 DEM 数据划出湖泊湿地的汇水区；其次根据湖泊湿地的重要性及其所在河流的级别、湖泊湿地在河流上的位置，确定湖泊湿地汇水区积累营养物质的重要性级别（王治江等，2007）。再次，围绕区域生态系统类型或土地利用类型本身积累营养物质的性质，结合基于位置的积累营养物质重要性评价结果进行综合考虑，根据湖泊湿地的重要性等级及其所在河流的级别和河流上的位置，确定湖泊湿地汇水区积累营养物质重要性的级别（表 6-8），并以此来评价积累营养物质重要性，形成积累营养物质重要性分布图。

表 6–8　积累营养物质重要性分级

河流级别	居河流位置	湖泊湿地重要性分级	分级
1、2、3	上游	重要	极重要
	中游	一般	中等重要
	下游	重要	高度重要
4、5	上游	重要	高度重要
	中游	一般	一般重要
	下游	重要	中等重要
其他	上游	重要	一般重要
	中游	一般	一般重要
	下游	重要	一般重要

注：重要湖泊湿地包括重要水源地、自然保护区、保护物种栖息地。

3. 生物多样性评价方法

借鉴相关研究成果，并征询专家意见，由中国科学院资源环境科学数据中心获得相关数据，结合延龙图地区实际情况，本研究以生态系统类型（表现为土地利用）、植被覆盖度作为评价指标，分别对各评价指标分级赋值并形成专题地图。具体步骤为：首先，将省级及以上的自然保护区确定为生物保护极重要区；将森林生态系统确定为高度重要区；湖泊、水库湿地生态系统和草地生态系统确定为中等重要区；将农田生态系统、城市生态系统和其他类型生态系统确定为一般重要区。其次，根据保护物种级别适当进行调整，确定生物多样性保护重要性级别（表 6–9），绘制成生物多样性保护重要性分布图，确定研究区生物多样性保护重要性等级，从而对延龙图地区不同区域对于生物多样性维持与保护的重要程度进行评价。

表 6–9　生物多样性保护重要性分级

生态系统各类型	分级
省级及以上自然保护区	极重要
森林生态系统	高度重要
湖泊、水库湿地生态系统	中等重要

续表

生态系统各类型	分级
草地生态系统	中等重要
农田生态系统	一般重要
城市生态系统	一般重要
其他类型生态系统	一般重要
国家一级重点保护动植物、珍稀濒危植物分布区； 国家级自然保护区、森林公园、风景名胜区	极重要
国家二级重点保护动植物、珍稀濒危植物分布区； 省级自然保护区、森林公园、风景名胜区	高度重要
其他国家和省级保护动植物分布区； 县级自然保护区、森林公园、风景名胜区	中等重要
其他地区	一般重要

4. 农产品供给评价方法

农产品供给评价的重点对象是各类农田，包括耕地、园地等，参考《基本农田划定技术规程》，结合延龙图地区用地类型、1∶1 万 DEM 以及耕地分布等数据，确定农产品供给的重要性评价分级标准。在进行评价的过程中，区域内食物生产能力是评价的关键，本研究在进行食物生产服务功能重要性评价时，通过分析延龙图地区土地食物生产功能的能力差异，对不同类型土地的重要性做出分类。例如，高标准基本农田的食物生产功能最高，则为极重要区域；荒草地、建筑用地在食物生产功能上并无直接贡献，则为不重要区域。具体的分级标准见表 6–10，最终的农产品供给重要性分布图。

表 6–10 农产品供给重要性分级

评价标准	分级
基本农田	极重要
蔬菜、粮食生产基地的耕地；拥有良好水利、水土保持措施的农田；园地、林地	高度重要
其他平整的集中连片耕地；地形坡度大于 25°、田面坡度大于 15° 的耕地	中等重要
其他现状及规划期内的非农田、非耕地	一般重要

5. 自然与人文景观保护评价方法

本研究所涉及的自然与人文景观是指区域内众多的自然保护区和人文景观（李艳春，2011），主要包括风景名胜区、自然保护区、文化遗产、国家森林公园等。这些景观若拥有双重或多重角色则只计一次。无论风景名胜区还是自然保护区，它们都是历史传承的宝贵资产；这些区域绝大多数不但有奇山秀水，而且植被覆盖良好，汇聚了丰富的植物和动物等物种资源，在地质史上曾是、现在也仍然是生物区系的避难所；这些区域不仅具有景观审美和精神文化功能，还具有为人类提供休闲娱乐场所等服务功能，可以改善人们的生活、丰富人们的精神世界，为人类提供了多样的生态系统服务功能。

延龙图地区的红色历史厚重，历史遗址和文物古迹较多。其中国家级保护地有 2 处，为磨盘村山城、延吉边务督办公署旧址；省级保护地有 12 处，如王隅沟抗日根据地、龙井日本总领事馆遗址、台岩古城、北兴村朝鲜族传统民居、龙岩墓群等。依据与文化遗产的距离以及其用地类型的保护级别，对延龙图地区自然及文化景观重要性进行分级，具体的分级标准见表 6–11。

表 6–11　自然与人文景观保护重要性分级

自然保护区分级标准	文化遗产分级标准	分级
国家级自然保护区、风景名胜区	距离历史遗址和文物古迹 100 m 范围以内	极重要
省级自然保护区、风景名胜区、森林公园	距离历史遗址和文物古迹 100—500 m 范围	高度重要
市县级自然保护区、风景名胜区、大型广场绿地	距离历史遗址和文物古迹 500—1 500 m 范围	中等重要
其余地区	距离历史遗址和文物古迹 1 500 m 范围以外	一般重要

6. 生态系统服务功能综合评价方法

生态系统服务功能重要性评价是针对区域典型生态系统，评价的是生态系统服务功能的综合特征。本研究选择水源涵养、积累营养物质、生物多样性、农产品供给、自然与人文景观保护等五项要素，依据相应分级标准，对每一类生态服务功能重要性的影响因子进行赋值，运用 ArcGIS 软件空间分析模块进行叠加计算，再将各项服务功能的空间分布进行综合，形成生态系统服务功能重要性综合分布图。其中，按生态系统服务功能的重要性标准将生态系统分为极重要、高度重要、中等重要、一般重要四个类型。

综合评价延龙图地区生态系统服务功能重要性分布，则要综合考虑上述五项要素，并按照相应重要性等级赋值，重要性指数计算公式如下：

$$SF = \sqrt[k]{\prod_{i=1}^{k} D_i} \qquad (6\text{--}6)$$

式中，SF 为评价单元的生态服务功能重要性计算分值；k 为评价指标的个数；D_i 为单项城市生态系统服务功能的重要性分值；i 为评价指标的序号。

表 6–12 延龙图地区生态系统服务重要性诸因子权重

评价因子	水源涵养	营养物质保持	生物多样性	农产品供给	自然及文化遗产
权重	0.394	0.302	0.210	0.056	0.038

三、生态系统服务功能评价结果分析

（一）水源涵养评价结果

结合延龙图地区主要的水源地、水源地保护区以及河流等基础数据，根据表 6–6 和表 6–7 中明确的各分级标准，在流域中的每个集水区域开展相应赋值，得出水源涵养重要性分布图。从评价结果可以看出，延龙图地区的水源涵养功能分为极重要区、高度重要区、中等重要区和一般重要区。

极重要区域的面积为 478.174 平方千米，占研究区总面积的 9.67%。此区呈集中分布，主要在三道湾镇的六道水库附近、智新镇的大新水库附近、汇水区和河流附近，另外在石岘镇和凉水镇有少量分布。这些区域植被覆盖度高，可以起到滞留雨水的作用，削弱雨水对地面的侵蚀能力，具有很好的保水功能，能防止水源渗漏和流失，有利于整个研究区域内的生产生活以及农业生产的发展。对此区域应尽量保存原地形、地貌和植被，以保障该区域内山系、水系的连续性，禁止在沿河流域开发建设，避免对水体的污染和破坏。

高度重要区域的面积为 2 027.729 平方千米，占研究区总面积的 41.01%。此区域的面积较大，主要分布在白金乡中部、三合镇南部和中部、智新镇中部和西南部、长安镇东部，分布在石岘镇、月晴镇的部分均超过其乡镇面积的 50%。此区域大多沿河流分布，或位于水库附近。区域植被类型多为森林，拥有良好的蓄水功能。做好这一区域的保护工作，对于水源涵养可以起到基础性的保护作用，有利于加强生态建设涵养水源，提高水质量。

中等重要区域的面积为 1 713.025 平方千米，占研究区总面积的 34.65%。此区域主要分布在河流沿岸，且多为农业生产区域。这些区域受到人类活动的影响，保水蓄水能力较差。此区域应控制和引导流域沿线的产业发展，防止产业发展不当对环境造成危害。

一般重要区域的面积为 725.401 平方千米，占研究区总面积的 14.67%。此区域较分散，主要是荒地、居民区等无法进行保水蓄水的区域。

（二）积累营养物质功能评价结果

延龙图地区积累营养物质功能空间分异评价分为极重要区、高度重要区、中等重要区和一般重要区。

极重要区域的面积为 1 093.176 平方千米，占研究区总面积的 22.11%。此区域主要沿图们江分布，主要包括龙井市，智新镇北部及中部的中东屯、大成、文化屯，白金乡南部的龙岩洞、安和村，开山屯镇东部，长安镇和月晴镇的大部分区域，石岘镇境内嘎呀河两岸等地域。此区域水域较多，集中分布在水源地以及河流周围的湿地，多为城市饮用水源地汇水区，在积累营养物质方面发挥着重要作用。

高度重要区域的面积为 2 115.116 平方千米，占研究区总面积的 42.78%。此区域占地面积较大，主要分布在小营镇、朝阳川镇大部；另外在老头沟镇、三道湾镇、凉水镇、白金乡也有分布，多为河流源头处以及水源地、河流湿地周边区域，以及部分二、三级河流附近。

中等重要区域的面积为 1 364.955 平方千米，占研究区总面积的 27.61%。

主要分布在研究区外围,包括南部白金乡的永和农场,三合镇的天佛指山,凉水镇的北大村、河东等地,依兰镇北部的水洞、台岩、新仓等地。此区域海拔相对较高,河流水源较少。

一般重要区域的面积为 371.083 平方千米,占研究区总面积的 7.51%。此区域面积较小,集中分布在两个地区,三道湾镇西北部的梨树、支边等地和凉水镇东北部。这些地区的海拔在 700 米以上,众多养参场、林场分布其中,如石头养参场、凉水乡林场、河西大队木耳场。此区域远离水源,因此积累营养物质的重要性较低。

（三）生物多样性评价结果

延龙图地区生物多样性功能空间分异评价分为极重要区、高度重要区、中等重要区和一般重要区。

极重要区域的面积为 656.588 平方千米,占研究区总面积的 13.28%。此区域主要分布在三合镇、白金乡东部、智新镇南部、开山屯镇南部、枫梧水库附近,还有一大部分位于龙井天佛指山自然保护区内部。此区域绝大多数地区天然植被保存较好、生物多样性比较丰富、生物多样性价值高,对维持研究区域的生物多样性发挥着重要作用。另外,此区域内人员相对较少,应加强保护区建设,优化自然保护区功能分区,保护生态系统的完善性,防止生境破坏和生境破碎化。

高度重要区域的面积为 3 120.419 平方千米,占研究区总面积的 63.11%。此区域分布比较广泛,在三道湾镇、石岘镇、凉水镇三镇的分布都超过 70%,老头沟镇、月晴镇、东盛涌镇均有分布。用地类型主要为林地、园地,区域内受人为影响很小,大多为原始植被,因而需加强森林经营和管理,禁止乱砍滥伐,防止旅游开发带来的破坏,限制外来物种的引种。

中等重要区域的面积为 1 076.811 平方千米,占研究区总面积的 21.78%。主要集中在建成区及小营镇大部、朝阳川镇大部、老头沟镇东部、德新乡大部。该区域受人为活动影响较大,用地类型多为耕地以及未利用的裸露土地。该区域有被明显人为干扰的天然植被,今后应控制资源开发和产业建设,协调和处理好保护与开发的关系。

一般重要区域的面积为 90.512 平方千米，占研究区总面积的 1.83%。主要集中在建成区，各乡镇的居民点和工矿用地等，区域植被覆盖率较低，人为活动较多，适应动植物生存的环境相对较少。针对这一区域，应多增加绿化林面积，建设绿色防护带。

（四）农产品供给评价结果

延龙图地区农产品供给功能空间分异评价分为极重要区、高度重要区、中等重要区和一般重要区。

极重要区域的面积为 1 079.310 平方千米，占研究区总面积的 21.83%。此区域呈集中分布态势，主要分布于建成区附近、小营镇、朝阳川中部和南部、老头沟镇东南部、依兰镇南部、智新镇北部、德新乡西部、凉水镇中部沿石头河地带。此区域多分布在河流两侧，接近水源，又接近人口聚居地，用地类型多为耕地或郊区农业区域，是市区外围地带，以供应蔬菜、副食品等满足城市居民需要的产品为主，主要产品包括蔬菜、肉、乳、禽、蛋、水产品、果品、花卉等，可以及时均衡地满足城市居民生活和部分生产需要。

高度重要区域的面积为 2 427.799 平方千米，占研究区总面积的 49.10%。此区域面积较大，呈分散分布态势，主要分布在三道湾镇、依兰镇、老头沟镇北部和西部、月晴镇南部和西部、石岘镇。这些地区的林场和耕地面积较大，水利设施较完善，主要向城市提供木材及农作物。

中等重要区域的面积为 1 318.499 平方千米，占研究区总面积的 26.67%。在白金乡、三合镇和智新镇南部、开山屯镇南部、长安镇西部呈相对集中分布态势，在其余地区则为零星分布。

一般重要区域的面积为 118.722 平方千米，占研究区总面积的 2.40%。此区域的面积较小，主要分布在市区，用地类型以建筑用地、工矿用地、未利用地为主，所提供的生态系统产品较少。

（五）自然与人文景观保护评价结果

延龙图地区自然与人文景观保护功能亦划分为极重要区、高度重要区、中等重要区和一般重要区。

极重要区域的面积为 884.872 平方千米，占研究区总面积的 17.90%。此区域主要分布在三合镇中部和东部、开山屯镇南部、依兰镇东南部、长安镇南部、延吉市市区和龙井市市区等地，集中分布的区域还包括台岩古城、磨盘村山城、延吉边务督办公署旧址等文物保护单位的所在地。对于文物保护单位的开发，应统一管理和规划，在"保护优先"的原则下，对其周围一定范围内的土地利用方式以及建筑物的风格加以控制，确保与文物保护单位的景观一致，应限制人口和用地规模，发挥自然及文化遗产的主要功能，推动旅游事业发展，拉动国民经济增长。

高度重要区域的面积为 1 362.691 平方千米，占研究区总面积的 27.56%。此区域集中分布在白金乡东部与智新镇南部，处各文物保护单位的外围区域。此区域应合理利用资源，减少自然资源的浪费与环境污染。人文景观与自然景观的结合，如果失去了良好生态环境的支持，其文化价值不可能充分发挥，遗产也不可能持续存在。因此，在经济发展的同时，应提高自然和文化资源的利用效益，减少自然和文化资源的浪费，减少环境污染，这是保护遗产必不可少的工作。此区域依托旅游促进遗产的保护，在提高旅游效益的基础上，继续加大对自然环境、文化遗产保护与开发的投入，实现旅游发展与遗产保护的良性互动。

中等重要区域的面积为 1 220.546 平方千米，占研究区总面积的 24.69%。此区域分布面积相对较大，主要集中在东盛涌镇，此外在老头沟镇、朝阳川镇、依兰镇、石岘镇、凉水镇、智新镇也有分布。

一般重要区域的面积为 1 476.220 平方千米，占研究区总面积的 29.86%。主要分布在三道湾镇大部、石岘镇北部、凉水镇北部、白金乡西部，多位于研究区边缘。此区域远离自然保护区和文物保护单位，区域内基本无具有特殊保护价值的对象。

（六）生态系统服务功能综合评价

根据生态系统服务功能重要性指数公式，基于 GIS 空间分析，延龙图地区生态系统服务功能空间分异分为极重要区、高度重要区、中等重要区和一般重要区。

极重要区域的面积为 1 263.445 平方千米，占研究区总面积的 25.55%。此区域主要集中分布在三合镇东部和南部的朝阳洞、禹迹村，智新镇大部和大新水库、杏花屯、高兴屯，延吉市市区东部远郊，长安镇南部的向阳屯、连野，三道湾镇中部长方形区域以及老头沟镇中部天宝山河区域。此区域植被覆盖度较高，水源涵养等级较高，应禁止进行各类建设和土地开发活动，强化区域的生态功能，严格实行封山育林政策。此区域对维持延龙图地区生态系统的稳定及其服务功能的发挥具有重要作用。

高度重要区域的面积为 1 440.814 平方千米，占研究区总面积的 29.14%。此区域分布较分散，大部分位于三道湾镇大部、依兰镇中部、月晴镇西侧，在其余地区也有零星分布。此区域多为水源保护区聚集地，应加强对饮用水源保护区的保护，建设水土保持林，在坡度适宜区域发展经济果木林。该区域生态系统一旦遭受破坏或被占用，会对区域的生态环境质量产生不可逆的影响，同时将对区域经济、社会和生态的可持续发展产生极严重的影响，但影响程度低于极重要区。应严禁把此区域作为城市发展用地。

中等重要区域的面积为 1 750.665 平方千米，占研究区总面积的 35.41%。此区域的面积较大，分布相对分散，多位于老头沟镇西部、依兰镇中部和西北部、凉水镇中部、朝阳川镇，以及延吉市、龙井市、图们市的市区，城市发展用地潜力较大，可适度进行开发。此区域应积极发展亲自然的旅游活动，并且加强对农业开发活动的管理，限制大规模工业建设项目，禁止过度放牧、陡坡垦殖、砍伐森林，积极推进退耕还林政策的实施，提高水源涵养和水土保持能力。

一般重要区域的面积为 489.406 平方千米，占研究区总面积的 9.90%。此区域的面积较少，零星分布，主要位于研究区边缘，即凉水镇东北部、依兰镇北部、老头沟镇南部。此区域对于整个区域环境质量和可持续发展能力的影响程度非常小，基本上可以忽略。

通过现场调研以及相关资料分析，并与延龙图地区的实际生态环境现状相对照，本研究所得出的生态系统服务功能重要性分布结果能够较好地反映区域的实际情况，具有较高的吻合性，从而也验证了本研究的评价方法和技术是可行的。本研究成果可以为延龙图地区生态系统的可持续发展以及土地利用结构的调整提供科学的依据。

第三节　生态系统重要性评价

一、重要性评价结果

生态系统是指在自然界的一定空间内生物与环境构成的统一整体。在这个统一整体中，生物与环境之间相互影响、相互制约，并在一定时期内处于动态平衡状态。生态系统重要性是指某个地区在诸多影响因子的综合作用下对维持区域生态安全的重要程度。影响生态系统重要性的因子较多，本研究仅从生态敏感性和生态系统服务功能两个方面对本研究区的重要性进行评价。以下采用单因子分析和综合分析相结合的方法，首先生成各单因子评价分布图，再利用 ArcGIS 软件将矢量单因子图层转化为栅格图，运用栅格计算器工具，对单因子栅格图进行叠加分析，把多个生态信息叠合到一个图层上，形成复合图层。根据如下公式计算得到叠加之后每个空间单元的重要性分值，运用自然断点法进行分级，得出延龙图生态系统重要性分布图。

$$S_j = \sum_{i=1}^{n} F_{Ai} A_i \qquad (6\text{--}7)$$

式中，S_j 为 j 空间单元重要性分值；A_i 为指标因子的分值；F_{Ai} 为该指标因子的影响系数。

从评价结果可知，延龙图地区的生态系统重要性空间分异分为极重要区、高度重要区、中等重要区和一般重要区。

极重要区域的面积为 977.839 平方千米，占研究区总面积的 19.78%。此区域分布集中，主要分布在白金乡南部边缘，三合镇南部和东部，长安镇东部，月晴镇西部、东北部和南部，石岘镇中部，凉水镇西南部庆荣道班附近。这些地区多邻近水库、保护区，植被覆盖度较高，自然环境较好。此区域具有很高的生态价值，对维护整个研究区的生态环境有很大的作用。用地类型主要为林地，包括龙井市的天佛指山，不仅具有水源涵养和水土保持等功能，还是重要的野生动物栖息地，对维护生物多样性有很大作用，对延龙图地区生态安全的保护亦具有重要意义。此区域可作为保护区，继续加大荒山造林和退耕还林力度，提高森林覆盖率，恢复和保护原生植被，提高生态系统的多样性、稳定性，改善生态环境状况，促进生态良性循环，严格控制工程建设项目。此区域土地生态环境脆弱，生态环境极易受到人为破坏，而且一旦破坏短时期内很难恢复，不仅会影响本区域，还会给整个研究区域的生态系统带来严重后果，因而应禁止城市开发建设。

高度重要区域的面积为 2 064.327 平方千米，占研究区总面积的 41.75%。主要分布于极重要区外围，包括智新镇大部、石岘镇和凉水镇的交界处、开山屯镇西部、白金乡中部、老头沟镇中部以及三道湾镇南部。该区域坡度大且植被覆盖率高，土地利用类型大部分为林地、水域，小部分为耕地。此区域主要包括林地、耕地、河流，以及帽儿山国家森林公园等，对于维护生态多样性具有很大的价值，对整个地区的生态环境也具有重要意义。因此，此区域应以生态涵养和生态保育功能为主，恢复原生植被，提高生态系统的多样性和稳定性；应加快退耕还林步伐，搞好天然林保护工程，提高水源涵养能力和抵御自然灾害的能力，保护植被以防止水土流失，严格限制与生态环境保护无关的开发。此区域可以适当发展生态旅游、绿色生态农业等。其中，农业应向着绿色生态的模式发展，积极发展特色生态农业，必要时退耕还林、还草以维护区域生态环境；在旅游方面，应防止因资源开发对生态环境造成的重大破坏，做好建设项目地质灾害评估，合理布局各类用地，严格控制在此区域内进行各类开发建设活动。

　　中等重要区域的面积为 1 058.739 平方千米，占研究区总面积的 21.41%。此区域分布广泛，在各乡镇均有分布，主要在朝阳川镇、依兰镇北部、老头沟镇南部。此区域受人为活动的影响较多，用地类型主要为耕地和建筑用地。此区域属于较脆弱的生态环境区，比较容易受到人为活动的干扰，从而造成生态系统的扰动与不稳定。今后应提高区域森林覆盖率，加强植树造林，促进生态产业的发展，如积极种植风景林、果林。此区域可以在满足生态建设需要的前提下，进行相对较小强度的开发建设。开发应以生态保护为主，尽量保持自然风貌，开展生态旅游和生态产业，合理布置旅游线路，提高旅游品位，改变能源结构。区域建设中控制人为活动规模和强度，不准从事大型的生产开发活动，以期达到经济开发和环境保护的双赢目标。

　　一般重要区域的面积为 843.424 平方千米，为研究区总面积的 17.06%。此区域主要分布在居民聚集区和建成区。此区域靠近建成区，交通便利，地势相对平坦，用地类型主要是耕地、林地、园地，还有大面积荒草地。该区域地形平坦，主要为平原，土地利用类型的生态服务功能相对较少。该区域生态环境稳定，受到自然和人为干扰时，不易出现生态环境问题，是城镇建设的主要承载空间和未来拓展的备用空间，可将城乡居民点、企业和基础设施的开发建设重点布局在该区域内，在采取一定防护措施的基础上，可以对其进行深度开发，考虑建设用地的布局发展，但要严格控制生产与生活污染。此区域应当加强绿化建设，尽量维持原有自然形态，充分利用地形、水体、原有植被等条件，提高区域内绿地质量和生态效益，努力改善城市生态状况；实行开发与保护并重、适度开发的原则，避免过度占用耕地，严禁开发对环境和土地有污染的产业；要加速城镇和交通等必要的基础设施建设，多发展生态农业和绿色农业。

二、生态系统保护对策

　　延龙图地区生态环境相对较好，极重要区域和高度重要区域的面积之和在 60% 以上，主要集中在两个地区，一个区域是石岘镇、长安镇和月晴镇交界处，以及石岘镇中部区域，另一个区域为三合镇的南部和东部。与之相对的是，市区的生态环境明显较差，有待进一步改善。针对延龙图地区生态系统的重要性在空间上差距较大的状况，建议采取以下措施。

（一）推进产业转型，积极拓展生态产业的发展

延边州在开展生态文明示范城市创建工作中，目标之一就是探索建立生态环境损害终身追究制度，可以说生态保护一直是延龙图地区发展保障制度建设的重中之重。进一步优化空间格局和产业结构，加快转变生产方式和生活方式，符合地区的经济社会发展方向，有利于生态环境与经济社会发展统筹兼顾，实现人与自然、人与社会和谐发展。通过推动绿色生态项目建设，突出延边特色，"下好生态棋，打好绿色牌"，真正把绿色生态优势转化为产业优势、发展优势和竞争优势，实现工业的绿色转型升级，应主要从以下几个方面做好工作。

1. 确立以生态建设发展城市的原则

不仅要加大生态建设和保护改造力度，还要从源头控制污染。从加大建设项目环境管理力度入手，坚持不引进重工业、污染产业，坚持做到一律拒批不符合国家产业政策、不符合城市发展总体规划、不符合环境功能区划、污染物不能稳定达标、达不到总量控制要求的项目。坚决从源头上控制新污染源的产生，为实现"绿色城市"迅速崛起奠定基础。围绕绿色转型主线，大力发展生态工业、生态旅游、生态效益农业和高科技产业。进一步加强资源节约利用，发展循环经济，推进绿色清洁生产，强化对土地、森林、大气、水体等生态系统的保护，减少资源消耗和污染物排放，逐步实现生产方式和生活方式的绿色化，率先建成全国首批生态文明示范区。兼顾生态效益和社会效益，优先发展生态健康型产业，如长白山生态食品。在城市发展中，要尽量保持自然风貌，控制人为活动，不准从事大型的生产开发活动。

2. 推动林业生态转型发展

保护与发展并举，加强森林资源管护与经营，严格落实国有林区停伐要求，严密防范森林火灾和森林病虫害，坚持森林经营的科学规程，强化对森

林资源的全方位和全过程监管。深入推进国有林场和国有林区改革，大力发展矿泉水、绿化苗木、野山参、红松果四大重点项目，重点推进绿化苗木、中药材培育、珍贵树种培育、林下林地经济、森林旅游、森林矿泉水等产业，有序引导林区人口向县城所在地和区域中心镇转移。

3. 积极发展朝阳产业

延龙图地区应充分利用自然生态、边境区位、民俗文化等优势，进行生态旅游的开发，打造自己的专属品牌，如将现有的"生态天堂、魅力延边"做大做强，以培育品牌、打造东北重要旅游目的地为核心目标，突出旅游设施项目建设、国际旅游合作、旅游大通道建设等重点，大力开发生态观光、养生健身、休闲度假等旅游产品，加快旅游业向多元化、专业化、品质化转型发展。

（二）加强生态法治体系建设

加强延龙图地区的生态法制体系建设，建立规范长效的生态保护体制。建立统一的环境监管与行政执法体制，健全政府生态文明科学决策制度，强化生态文明法治建设。建立生态监测点，开展生态监测，利用现在比较成熟的"3S"技术对生态系统服务功能评价的各个要素进行实时监测，以确保生态空间的各项指标都能符合要求。要坚持"保护重于治理"的原则，实践证明"先发展后治理"得不偿失，应坚持在保护中求发展，在发展中保护生态环境。在我国已有的生态安全法规体系下，要尽快建立符合延龙图地区自身特点的生态安全法规体系，使生态安全制度化、正规化。对区域内各类保护区建设应统筹规划，长远考虑，超前论证，兼顾保护与开发，合理划定面积范围，以防未来的开发受到掣肘；设立保护区应预先将配套基础设施规划进去，以防建成后配套项目审批遇阻。

（三）开展生态项目建设，加大生态建设投入力度

结合国家生态文明先行示范区建设和长白山区林业转型发展，延龙图地区应积极开展一系列资源综合利用、重点生态区建设和生态型产业重大项目

建设。目前延龙图地区已经完成了一系列生态系统工程，例如，自 2014 年起，延边州所有重点国有林区天然林全面停止商业性采伐，并通过政策扶持、资金注入，加大造林和森林抚育经营力度，使森林资源得到休养生息；2016 年实施布尔哈通河防洪护堤维修工程，有效增强了布尔哈通河的防洪能力，改善了流域生态环境，提升了布尔哈通河南岸的水系景观，对延吉市加快建设图们江地区生态宜居开放前沿城市起到了很好的促进作用。政府作为地区生态建设的责任主体，对生态建设工程的实施、管护和利用负有主要责任，应积极开展对新建项目和专项规划的环境影响评价，做好项目实施过程中的环境监督管理，加大对于生态建设的投入力度，进一步加强生态环境保护。

此外，延龙图地区应坚持人为活动与生态系统相互协调、保护与防治相结合的原则，积极争取生态资金加大投入，扩大生态建设项目范围，加大对生态建设的投入力度；积极推进土地整治、中低产田改造和高标准农田建设，坚持最严格的耕地保护制度。

本 章 小 结

本章运用 GIS 空间分析法，对延龙图地区的生态环境进行系统分析。通过生态系统敏感性和生态系统服务功能的评价，构建生态系统重要性分区的识别体系，有效识别出研究区内的自然状况，并在生态环境约束下规划土地利用空间分布格局，以提高生态系统的环境质量，为延龙图新区的建设提供数据参考。主要结论如下：

第一，选取土壤侵蚀、生境和人为活动影响三个敏感性因子进行单因子分析，并对延龙图地区的生态敏感性进行了综合评价，将其划分为轻度、中度、高度和极敏感四个级别。其中，极敏感区占研究区总面积的 17.76%，主要分布在图们江流域、石岘镇和凉水镇等地，该区域生态环境较为完整，受人为影响较小，对区域生态环境有重要作用；高度敏感区占总面积的 23.48%，集中分布在三合镇、开山屯镇和德新乡交界处，该区域以自然系统为主体，是需要重点保护的区域；中度敏感区占总面积的 34.31%，集中分布在朝阳川镇、老头沟镇、智新镇和东盛涌镇等地；轻度敏感区占总面积的 24.45%，主要分布在市域及各乡镇居民点附近，适合在社会经济持续发展和生态环境保护的前提下进行适当开发。

第二，通过对水源涵养、积累营养物质、生物多样性保护、农产品供给和自然及人文景观等指标的评价，将延龙图地区生态系统服务功能划分为极重要、高度重要、中等重要和一般重要四个级别。极重要区占研究区总面积的 25.55%，主要分布在三合镇东部和南部的朝阳洞、禹迹村等地，此区域自然环境较好，应禁止各类建设和土地开发活动；高度重要区占总面积的29.14%，主要分布在三道湾镇大部、依兰镇中部和月晴镇西侧；中等重要区占总面积的 35.41%，分布在老头沟镇西部和依兰镇中部等地；一般重要区占总面积的 9.90%，主要分布在研究区边缘地带。

第三，基于生态敏感性和生态系统服务功能的评价结果，通过 GIS 空间分析，生成延龙图地区生态系统重要性分布图，分布图中划分了生态系统的极重要区、高度重要区、中等重要区和一般重要区。结果显示，延龙图地区生态系统极重要区面积为 977.84 平方千米，高度重要区面积为 2 064.33 平方千米，两者合计占延龙图地区总面积的 60%，表明该地区生态系统现状较好。然而，在空间分布方面，生态系统重要性存在较大差异。为促进不同重要性区域的发展，应加快产业转型、积极拓展生态产业、开展绿色环保产业以及加强生态法治体系建设等。

第七章 图们江地区开放核心区城市
生态系统胁迫评估与可持续发展

生态系统胁迫是指能够使生态系统发生不好的变化或者产生功能衰退现象的影响因子。实际上，许多生态系统会依靠某些具有正向作用的胁迫而维持稳定。这些不可或缺的胁迫不断给生态系统带来利益，成了自然生态系统中不可分割的一部分，这些胁迫被称为"正向胁迫"。但更多的情况下，胁迫被认为会给生态系统带来负面的影响，即所谓的"逆向胁迫"。

延边朝鲜族自治州（以下简称"延边州"）辖6市和2县，地处中、俄、朝三国交界地区，图们江地区开放核心区，是长吉图开发开放先导区的"窗口"和前沿，位于东北亚地区环日本海经济圈的西岸，是国家"一带一路"倡议向北开放和生态文明建设重点关注的地区。目前该地区正在经历的快速城市化已经对城市生态系统造成了显著的影响，对东北亚的城市生态安全与可持续发展构成了威胁。由于生态环境脆弱的限制以及社会经济快速发展带来的压力，近些年来，延边州的各个县、市、区出现了不同程度的生态问题，对当地人民的生活和经济社会发展造成非常不利的影响。开展延边州区域生态系统胁迫的研究，获取生态系统胁迫评估结果，能够更加明确地揭示人类活动对区域生态系统的影响，对延边州的生态环境保护与可持续发展具有重要作用。

第一节　生态环境现状及问题

伴随着城市化进程的不断加快，人类的生产生活活动干预了自然环境，使得生态环境遭到破坏，并已经逐渐影响到人类的正常生活，甚或制约社会经济的发展。近年来，延边州以可持续发展为目标，努力改善生态环境，创建生态文明城市。

一、研究区概况

延边州位于东经 127°27′—131°18′、北纬 41°59′—44°30′，经度跨度为 3°51′，纬度跨度为 2°31′。延边州东面濒临日本海，并与俄罗斯的滨海边疆区域接壤；南面隔图们江与朝鲜两江道和咸镜北道相望；西面邻近吉林市和白山市；北面邻近牡丹江市。延边州辖 8 个县级行政区，分别是延吉市、图们市、敦化市、珲春市、龙井市、和龙市、汪清县、安图县。延边州边境线全长 768.5 千米，总面积为 43 318.4 平方千米。

（一）自然条件情况

延边州地处长白山区，长白山脉贯穿全境，全州地势西高东低，自西南、西北、东北三面向东南倾斜。全州地形以山地、丘陵、盆地为主，其中山地最多，占全州总面积的 54.8%。山地主要位于州境外围地带，丘陵则位于山地的边缘，盆地依江河两岸和山岭之间的区域分布。州内主要山脉有张广才岭、牡丹岭、长白山岭和老爷岭等。安图县海拔明显高于其他地区，除延吉、敦化、珲春等地，多地处于丘陵地带。

延边州地处北半球的中温带，属中温带湿润季风气候，自西向东，州境内又分为三种气候区，依次为湿润性高寒气候区、长白高寒气候区、温带海洋性季风气候区。延边州地处长白山区，地形构成复杂，北部、西部有高山为天然屏障，东临日本海，气候有明显的垂直分布特点。受日本海影响的海洋性季风气候区，四季气候变化较大，春季干燥多风，夏季温热多雨，秋季凉爽多雨，冬季漫长寒冷，可长达 5 个月。延边州境内平均气温大致随纬度和海拔高度的增高，由南向北呈递减趋势，盆地区平均气温高于山地，且东部高于西部。延边州年均降水量为 400—800 毫米，长白山可达 1 000—1 500 毫米。该州年日照时数为 2 150—2 480 小时，无霜期 100—150 天（延边朝鲜族自治州地方志编纂委员会，2007、2016）。

延边州是河源地区，水系发达，河流众多，水资源丰富，分属图们江、松花江、绥芬河三水系。州内有大小河流 487 条，总长大约为 1.09 万千米；流域面积上超过 20 平方千米的河流有 470 条，超过 100 平方千米的河流有 137 条；年平均径流量为 162.65 亿立方米；拥有 27.4 亿立方米的地下水资源储量，其中可采储量为 3 亿立方米。

（二）自然资源情况

延边州自然资源丰富。全州林地面积 322.8 万平方千米，占土地总面积的84.9%，森林覆盖率达 79.5%，是吉林省主要的木材生产基地。州内野生植物种类繁多，约有 3 890 种，其中，地衣类有 270 多种、苔藓类 350 多种、蕨类 140 多种、裸子植物 30 余种、被子植物 2 200 余种、食用菌 120 种，重点保护野生植物有长白松、东北红豆杉、红松、黄檗、水曲柳、钻天柳等。境内盛产人参、鹿茸、貂皮，被誉为"东北三宝"；苹果梨、大米等农产品也享誉国内外。延边州境内陆生野生动物有 367 种，有 60 种被列为国家重点保护动物，如虎、豹、紫貂、梅花鹿、棕熊、黑熊、猞猁、中华秋沙鸭、白鹳、丹顶鹤、花尾榛鸡、鸳鸯、鹰等。全州已发现矿产 93 种，查明有资源储量的矿产 60 种，有开发利用价值的矿产 38 种。据 2016 年资料，州境内拥有铁矿石储量 2 亿多吨、煤炭储量 8 亿多吨、石油储量在 1 亿吨以上、天然气储量在 260 亿立方米以上。延边州自然环境优美，旅游资源独特且丰富。

（三）社会经济情况

延边州下辖 8 个县级行政区，有 51 个镇、15 个乡、22 个街道办事处、2 个省级经济开发区和 1 个边境合作区。2016 年年末延边州户籍人口数总计 212.0 万，其中城镇人口数总计 146.6 万，占户籍人口总数的 69.2%。2016 年实现生产总值 915.1 亿元，比上年增长 7.6%，其中第一产业 69.2 亿元、第二产业 445.7 亿元、第三产业 400.2 亿元，三次产业结构比例为 7.6：48.7：43.7。全州人均生产总值达到 43 003 元；全州农作物播种面积达到 39.3 万平方千米，粮食产量达到 137.9 万吨；实现公共预算全口径财政收入 160.5 亿元。全州全年工业企业实现增加值 474.9 亿元，社会消费品零售总额 531.2 亿元，年进出口总额 134.7 亿元。全年接待国内外游客 1 860.5 万人次，实现旅游收入 334.9 亿元。

二、土地资源利用现状与生态环境问题

延边州的土地总面积约为 4.3 万平方千米，约占长白山区土地总面积的 45%。州境内具有丰富的土地资源，面积最大的为林地，占全州总面积的 83%；其次是耕地，约占据全州总面积的 11%。全州境内的土地利用类型以林地和耕地为主，林地上主要是开展采伐业，耕地上主要是开展旱地和水田的种植业。粗放的土地开发利用方式、人类活动对土地的不合理开发和失当的保护措施、土地资源保护的意识薄弱，这几方面的因素造成了区域内土地侵蚀加重和土地质量下降，加速了延边州的水土流失。第二产业产生的"三废"的排放，农业活动大量施用化肥、农药的无限制污染等，都是耕地土壤质量下降的主要原因；经济社会的发展致使建设用地面积迅速增加，部分耕地和林地被居住用地和工业用地侵占。强烈的人为活动已经严重破坏了生态环境健康状况，使延边州水土流失的面积逐渐增加，污染不断加重。例如，大量的农药和化肥不仅污染了土壤，还通过径流进入水体，导致水体富营养化和生物多样性减少。此外，土地资源的过度开发和不合理利用也对生物栖息地造

成了严重破坏。森林和湿地的减少直接威胁到野生动物的生存环境，导致生物多样性降低。土壤的退化和侵蚀也影响了植被的生长，进一步削弱了土地的生态功能。

面对这些问题，需要采取一系列措施进行土地资源的保护和合理利用。首先，应加强土地资源管理，推广可持续的土地利用模式，限制粗放式开发。其次，政府应制定和实施严格的土地利用规划，防止耕地和林地被非法侵占。对污染严重的区域进行治理，减少化肥和农药的使用，推广有机农业和生态农业。同时，应加强公众的环保意识教育，提高对土地资源保护重要性的认识。推进土地资源的生态修复工程，恢复受损土地的生态功能，减少水土流失。通过这些措施，延边州可以实现土地资源的可持续利用，改善生态环境，促进经济社会的协调发展。总之，延边州的土地资源利用现状与生态环境问题密切相关，合理的土地利用和有效的生态保护措施是实现区域可持续发展的关键。只有在保护生态环境的前提下，科学合理地利用土地资源，才能为延边州的经济社会发展提供坚实的基础。

三、森林资源现状与生态环境问题

森林资源是延边州境内范围最广、价值最大的自然资源，构成了森林生态环境的基础。延边州的植被种类繁多，然而，森林资源的破坏和减少成了森林生态环境变化的主要原因。在这些破坏因素中，人为活动是最主要的原因。由于人类对资源保护意识薄弱，伴随着社会和经济的快速发展，人们对森林资源进行了盲目过度的开采和利用，而忽视了对森林的保护。这种做法导致森林资源数量不断减少，树木种类和年龄结构比例严重失调。森林资源的减少和破坏不仅改变了森林资源的结构和组成，还引发了森林生态系统的剧烈变化。首先，森林的进一步破坏和植被的减少，严重损害了森林的净化空气功能。其次，这种破坏阻碍了森林的涵养水源功能，降低了防风固沙的生态功能。此外，森林生态系统中的生物多样性也受到严重影响，进一步恶化了未来森林的生态环境。具体来说，过度砍伐和不合理的土地利用是主要的人为因素。大量的森林被清理用于农业开发、城市扩展和基础设施建设。这些活动不仅直接减少了森林面积，还破坏了栖息地，影响了动植物的生存。同时，非法采伐和不规范的森林管理也加剧了森林资源的减少。

随着森林面积的减少，水土流失问题也日益严重。森林在防止土壤侵蚀、保持水土方面发挥着重要作用。当森林被砍伐后，土壤暴露在空气中，容易被雨水冲刷，导致水土流失加剧。此外，森林减少还影响到区域气候调节功能，增加了洪涝灾害的风险。为了应对这些问题，延边州需要加强森林资源的保护与管理。首先，应该提高公众的环保意识，推动可持续的森林管理和利用方式。其次，政府应加大对非法采伐的打击力度，严格执行森林保护法规。同时，推进生态修复工程，恢复被破坏的森林生态系统，改善区域的生态环境。总之，森林资源的现状与生态环境问题紧密相关，延边州必须采取积极措施保护和恢复森林资源，以确保生态系统的协调发展和可持续性。这不仅有助于提升区域生态环境质量，也为社会经济的长远发展提供了坚实的生态基础。

四、水资源现状与生态环境问题

延边朝鲜族自治州地势西高东低，境内河流众多，主要河流包括图们江、海兰江、牡丹江等。这些河流为延边州提供了丰富的水资源，水资源总量约为 300 亿立方米，人均水资源占有量超过全国平均水平。然而，尽管水资源较为丰富，但在保护与利用方面仍存在诸多问题，导致了生态环境的诸多隐患。延边州的水资源利用状况令人担忧，主要表现在农业、工业和生活用水方面。农业作为延边州的支柱产业之一，水稻种植面积广泛，灌溉用水量巨大。然而，传统灌溉方式导致用水效率低下，造成了大量水资源浪费。此外，过度抽取地下水用于灌溉，对地下水资源造成了严重压力。工业用水方面，许多企业未能严格按照环保要求处理废水，工业废水直接排放到河流中，污染了水环境，特别是在一些工业集中的地区，水污染问题尤为严重。随着城市化进程的加快，人口增加，生活用水需求上升。尽管城市供水设施逐步完善，但在偏远地区，供水系统仍不健全，居民生活用水得不到有效保障，城市居民用水习惯不节约，导致不必要的浪费。面对上述问题，延边州采取了一系列措施加强水资源的保护与治理。法律法规建设方面，延边州制定和完善了多项水资源管理的法律法规，严格控制水资源的开发利用，确保水资源的可持续发展。通过建设水库、河道治理等工程，改善河流生态环境，增强水资源的调蓄能力，并加强河流两岸的植被恢复和水土保持工作，减少水土流失。在农业生产中推广滴灌、喷灌等节水灌溉技术，提高用水效率，减少不必要的水资源浪费。在工业生产中推动企业加强废水处理，实施循环用水，提高水资源利用率。建立完善的水环境监测体系，对主要河流和水体进行定期监测，及时发现和解决水污染问题，加强对工业废水排放的监管，严厉打击非法排污行为。

然而，水资源问题直接影响到了延边州的生态环境。工业废水、农业面源污染和生活污水的排放，使得河流和地下水体受到不同程度的污染，水质下降，影响了水生生物的生存和发展。由于过度开发和不合理的土地利用，延边州的水土流失问题严重，水土流失不仅减少了土壤肥力，还导致河流湖泊淤积，降低了水体的调蓄能力。湿地是重要的生态系统，对维持水资源的平衡和生物多样性具有重要作用。然而，由于水资源的不合理利用和土地开发，延边州的一些湿地面临退化甚至消失的风险。总之，延边州在拥有丰富水资源的同时，也面临着保护和合理利用的挑战。通过加强水资源管理、推广节水技术、实施水资源保护工程和开展水环境监测，可以有效改善延边州的水资源状况，保护生态环境，实现可持续发展。然而，这需要政府、企业和公众的共同努力，形成合力，共同维护水资源的健康和生态环境的平衡。

五、旅游发展现状与生态环境问题

近年来，延边朝鲜族自治州凭借其独特的自然风光和丰富的文化资源，成为了旅游热点地区。延边州的大力发展旅游文化产业，不仅带动了当地的经济发展，提升了居民生活水平，还促进了区域知名度的提升。然而，伴随着旅游业的快速发展，生态环境问题也日益凸显，对延边州的可持续发展构成了挑战。

延边州拥有丰富的旅游资源，包括壮丽的自然景观和独特的民族文化。著名景点如长白山、图们江、珲春防川等旅游地每年吸引大量国内外游客。此外，延边州的朝鲜族文化风情村、民族博物馆等文化旅游资源也深受游客喜爱。随着旅游业的蓬勃发展，延边州的基础设施建设不断完善，交通条件逐步改善，旅游接待能力显著提高，旅游业的快速发展为当地经济注入了新的活力，创造了大量就业机会，提高了居民收入水平。

尽管旅游业的发展带来了经济效益，但对生态环境的负面影响也不容忽视。人为活动对自然环境的干扰是主要问题之一。在旅游资源的开发和利用过程中，大规模的植被种植和绿化工程、山体开凿和公路修建等不可避免地破坏了原有的生态系统。旅游景区内大量基础设施的建设，如旅馆、餐饮等设施，也对环境造成了污染，特别是污水和垃圾的处理不当，导致水体污染和土壤污染。旅游业的发展使得景区内人口流动量大幅增加，汽车尾气的排放对空气质量造成了不利影响。景区内的人口承载力不断加重，部分游客的不文明行为，如乱扔垃圾、破坏植被、干扰野生动物等，进一步加剧了环境问题。特别是一些珍稀植物和动物因游客的频繁活动受到干扰，生存环境恶化，生物多样性面临威胁。此外，景区内的过度开发和过量游客的涌入，使得生态系统的自我恢复能力下降，长期来看可能导致生态系统的不可逆转的破坏。

为了应对旅游业发展带来的生态环境问题，延边州政府和相关部门采取了一系列保护措施。政府加强了对旅游景区环境的保护监管，制定了严格的环保法规和标准，限制对自然景观的破坏性开发行为。对已经受到破坏的生态环境进行修复，如植被恢复、河流治理等，改善景区生态环境质量。倡导绿色旅游理念，鼓励游客环保出行，减少使用一次性用品，提倡垃圾分类和环保行为。通过宣传教育，提高游客的环保意识和文明素质。在旅游资源开发中，优先考虑生态友好型项目，如生态旅游、文化旅游等，减少对环境的负面影响。开发低碳旅游产品，推动旅游产业的绿色转型。在主要旅游景区建立环境监测系统，对空气、水质、土壤等进行实时监测，及时发现和解决环境问题。加强对景区环境状况的评估和管理，确保环境保护措施落实到位。总之，延边朝鲜族自治州在大力发展旅游业的同时，面临着严峻的生态环境挑战。通过制定环保法规、实施生态修复工程、推广绿色旅游、发展生态友好型旅游项目、建立环境监测系统以及社区参与和公众监督等多方面措施，可以有效缓解旅游业对生态环境的负面影响，实现旅游业与生态环境的协调发展。然而，这需要政府、企业、社区和游客的共同努力，形成全社会共同参与的环保氛围，确保延边州的美丽风景和生态资源得以持续保护和传承。

第二节　生态系统胁迫评估指标体系构建

本节基于"驱动力-压力-状态-影响-响应"模型（driving-pressure-state-impact-response，DPSIR，以下简称"DPSIR 模型"）的理论和原则，构建生态系统胁迫评估指标体系，结合研究区实际情况，从 DPSIR 模型中的驱动力、压力、状态、影响和响应五个方面选取反映延边州生态系统胁迫的 17 个具体指标，通过相应的计算公式对数据进行处理。

一、DPSIR 模型指标体系构建

（一）DPSIR 模型理论基础

DPSIR 模型是一种综合性、系统性、整体性揭示生态环境与人类活动的因果关系和相互作用效应的评价指标体系，并能对有效整合资源和促进"发展与保护"协调提出具体措施。DPSIR 模型结构中，"驱动力"表示如人口增长、社会经济发展等因素，是引起区域生态环境变化的原因；"压力"是指人类的社会经济活动（工业污水、废水排放等）给区域周边生态环境带来的直接压力效应；"状态"是指生态系统受压力作用而表现出的状况（如土地利用程度、植被覆盖状态等）；"影响"是指人类的不断活动给生态环境造成的变化（如"三废"的排放等）；"响应"是指为提高和改善人居生态环境而做出的一系列措施（如植树造林、退耕还林等）（Atkins *et al.*，2011）。DPSIR模型通过在人类活动和生态环境之间建立由不同因子相互作用构成的指标体系而形成模型的基础框架，并将各指标的表征信息经计算处理来查找各指标在生态环境中的因果关系和作用效应（张继权等，2011）。

DPSIR 模型多用于分析区域的生态安全评价问题、区域的生态系统健康问题、区域的生态系统胁迫问题等。目前该模型在生态领域应用比较广泛，在前人研究成果的基础上，应用该模型对延边州的生态系统胁迫做评价分析（图 7–1）。在本研究中，DPSIR 模型的五个字母分别代表着不同的含义：

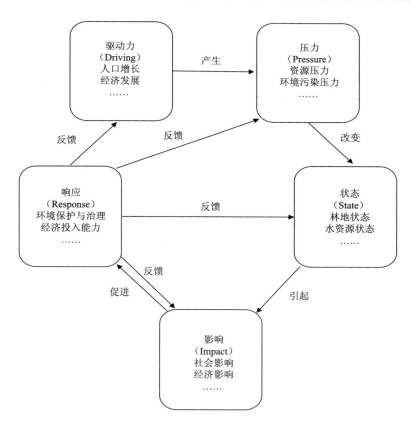

图 7–1　DPSIR 模型结构及相互作用关系示意

"D"表示延边州生态系统胁迫变化的表面现存原因,"P"表示对延边州生态系统胁迫变化造成的直接影响,"S"表示延边州在直接因子作用下所表现出的生态状态,"I"表示在生态环境和社会经济状态下所产生的影响,"R"表示延边州地区针对上述因素的影响而实施的措施。

(二)选取评价指标的基本原则

本研究评价指标的选取遵循以下原则。

(1)科学性原则。在评估指标过程中,所选取的评价指标要保证是在科学的基础上获取的,必须要体现其评价对象的真实准确性,做到可以充分体现生态系统存在的问题及生态环境状况和发展趋势,其数据也要确保真实、合理,并且要充分考虑各个因子指标之间及与子系统之间是否有关联。

(2)目的性与区域性原则。针对所选取的指标,要做到指标所包含的范围广且基本普遍存在,每个指标所代表的意义指向性强。考虑到不同区域自然、社会和经济条件的不同,在选取指标时要注意区域的差异性,要从实际情况出发,要确保评价结果更具代表意义。具有区域特点的指标能够全面地反映区域生态系统胁迫和区域生态环境状况(卢涛,2016)。

(3)可操作性原则。建立指标体系必须基于现实环境基础。生态系统是个巨大的系统,包含范围十分广泛。因此,在构建评价指标体系时,要尽量选择容易获取的指标,同时指标体系中的每一个指标都应该有可测性和代表性,保证数据可获得性,确保能够有效地反映生态环境质量以及环境管理等各方面的行为。

(4)可比性原则。区域生态系统胁迫评价要遵循时间和空间的动态性,在对生态环境状况和胁迫程度进行分析时,要尽可能地选取多个时间段的指标,并且要保证所选取指标本身的基本含义、选取范围和计算方法统一,从而使得评估结果具有不同时间和不同区域的可比性(蔡成凤,2007)。

(5)整体性原则。所建立的生态系统胁迫评估指标体系要作为一个整体才能更具合理性,要达到所有指标都能够充分体现评估对象的真实现状,并且做到符合研究内容的基本标准,在选取指标时必须根据其内在含义来做出最终的选择，防止选取的指标不合理而导致研究结果存在误差。要以整体性的标准将不同子系统的指标串联起来，从而组成一个完整、丰富且有逻辑的整体。

（三）评价指标体系的建立

生态系统胁迫评价指标体系的构建是区域生态环境评价研究的重要一步，生态系统胁迫评估指标的选择和确定也是生态环境评价的重要研究内容之一，每一个具体的评价指标都是整个评价过程的重要部分。所以，本研究以生态系统胁迫评估为研究目标来建立研究区的生态系统胁迫评估指标体系，通过一一对应的计算方法对评价指标进行合理选取，最终对区域生态系统结构和生态环境现状做出科学评价并给出合理的对策。

本节内容主要是依据 DPSIR 概念模型框架及层次结构，借鉴国内外学者所构建的生态安全评价、生态脆弱性评价以及生态系统胁迫评价的指标体系，并结合延边州的实际情况，以及社会经济、环境状况等指标数据的可获取性，选取能够反映研究区生态胁迫环境状态的评价指标，将指标体系分为目标层、准则层和指标层三个层次，从而构建区域城市生态系统胁迫评价指标体系（刘扬，2018）。在指标体系中（表 7–1），目标层为延边州生态系统胁迫评估，综合体现延边州地区生态环境的现有情况；准则层由驱动力、压力、状态、影响和响应五个子系统组成；指标层由反映区域生态系统胁迫状况的 17 个具体指标构成。

表 7–1　延边州生态系统胁迫评价指标体系

目标层	准则层	指标层	单位
延边州生态系统胁迫评估	驱动力（D）	单位土地面积 GDP	万元/km²
		人口密度	人/km²
		城镇建设用地指数	%
		人均 GDP	元/人
		交通网络密度	%

续表

目标层	准则层	指标层	单位
延边州生态系统胁迫评估	压力（P）	SO_2排放强度	t/km²
		污水排放强度	t/km²
		人均建设用地	m²/人
		单位面积化肥施用量	t/km²
	状态（S）	土地利用强度	%
		森林覆盖率	%
		水域面积比例	%
	影响（I）	生态服务功能价值	亿元
		水资源利用强度	%
	响应（R）	自然保护区面积	km²
		环境污染治理力度	%
		万元 GDP 建设用地	m²

1. 驱动力指标

驱动力指标反映引起生态系统胁迫的驱动因素，驱动因素可以间接导致区域生态环境发生变化，主要是由城市的社会经济发展状况因素组成的。在驱动力指标中，人口、社会经济发展水平、人居环境等因素会伴随时间变化而发生改变，正是这些因素的变化影响了生态环境，最终导致生态系统结构发生变化。考虑到研究区域中社会经济发展驱动力因子对延边州生态环境的影响，本研究选取了单位土地面积 GDP、人口密度、城镇建设用地指数、人均 GDP 和交通网络密度五个具体指标。

2. 压力指标

压力指标反映人类不断的活动对生态系统产生的直接影响，与驱动力指标的影响方式相反。在生态环境系统的发展变化中，驱动力和压力同时会对其产生影响，其中驱动力对生态系统造成的影响是间接的，而压力是直接的。本研究中压力指标主要表征污染物排放以及土地资源的使用等对环境造成的直接影响，选取了 SO_2 排放强度、污水排放强度、人均建设用地和单位面积化肥施用量 4 个具体指标。

3. 状态指标

状态指标与驱动力和压力有着直接的联系，驱动力和压力的共同作用，使生态系统胁迫发生变化后在一定地域呈现出某种状态，这种状态可以用其所表现出的现象的数量和质量数据来表示，这些数据经计算处理后可以用来表征各类资源的利用状况及环境状况。本准则层最终选取了土地利用强度、森林覆盖率和水域面积比例三个具体指标。

4. 影响指标

由于多种因素对生存环境造成的压力会不断地增加，导致环境质量及现状发生变化，最终这种变化会给区域整体的社会经济发展带来一定影响。影响指标就是用来表征这种会带来影响的变化因素的。例如，生态服务功能价值的变化会影响生态系统中的各个单元。本准则层选取了生态服务功能价值和水资源利用强度两个具体指标。

5. 响应指标

响应指标是对前四者作用的一种反应和应对措施，是指人类对自身活动所引致的生态环境变化所采取的保护措施，以使人类的经济社会尽量适应生态环境变化带来的各种不利影响。研究选取了自然保护区面积、环境污染治理力度和万元 GDP 建设用地三个具体指标。

二、评价指标数据来源与处理

（一）数据来源

收集的数据主要由遥感影像数据和社会经济数据两大部分组成。遥感影像数据来自地理空间数据云 1996 年、2006 年和 2016 年三期云量小于 10% 的 TM/OLI 遥感影像。社会经济数据来自 1997 年、2007 年和 2017 年《吉林统计年鉴》，1997 年、2007 年和 2017 年《延边统计年鉴》，1996 年、2006 年和 2016 年《延边朝鲜族自治州国民经济和社会发展统计公报》，以及 1996 年、2006 年和 2016 年《延边州水资源公报》等相关资料。此外，研究结合了实地调查获取的数据及其他文献资料。文献资料以中国知网中发表的期刊论文、相关学术会议报告和出版的书籍为主。

（二）数据预处理

1. 土地利用信息的提取

在上述具体指标中，如城镇建设用地指数、人均建设用地、土地利用强度、森林覆盖率、水域面积比例和万元 GDP 建设用地均需要使用延边州土地利用变化的数据，这需要通过遥感和地理信息系统的相关软件对这些基础数据进行提取。

研究选用的遥感影像为 30 米数据精度的 1996 年、2006 年的 Landsat 5 号卫星 TM 遥感数据以及 2016 年 Landsat 8 号卫星 TM/OLI 遥感数据。首先利用 ENVI 5.2 对遥感影像数据进行大气校正、几何精校正、图像增强、拼接和裁剪等影像预处理，得到以下三期标准假彩色类型（波段为 2、3、4）遥感影像图（图 7–2），该种组合的波段更容易判断地物类型，目视解译精度更高。其次基于 e Cognition 9.0 软件，应用面向对象与目视解译相结合的人机交互方式对遥感影像进行信息提取，同时参考 Google Earth 影像数据辅助进行修正，并结合研究区实际情况，将土地利用类型统一划分为耕地、林地、草地、建设用地、水域和未利用地，经过精度检验后得到 1996 年、2006 年和 2016 年遥感影像的总体精度为 92.09%、90.30% 和 89.12%，均满足精度要求。最后利用 ArcGIS 软件将解译结果转化成矢量格式，得到土地利用类型图。

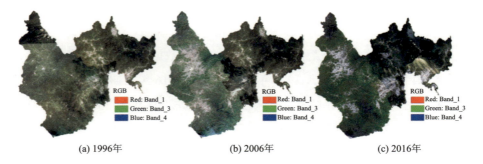

(a) 1996年　　　(b) 2006年　　　(c) 2016年

图 7–2　1996 年、2006 年和 2016 年延边州行政区划范围遥感影像

上述土地利用类型的划分,参考了 2017 年由国土资源部组织修订的国家标准《土地利用现状分类》和《中华人民共和国土地管理法》中的"三大类",再以二级分类进行划分。依据本研究具体内容的需要,且为了提高土地利用分类结果,最终选取林地、耕地、草地、水域、建设用地和未利用地六种土地利用类型,具体用地类型说明见表 7–2。

表 7–2　土地利用类型

土地利用类型		说明
一级分类	二级分类	
林地	有林地、灌木林地、其他林地	指生长灌木、疏林、果树等的土地
耕地	旱地、水田、水浇地	指种植农作物的土地
草地	天然草地、人工草地	指以生长草本植物为主的土地
水域	河流、湖泊、水库、坑塘	指陆地人工开挖或天然形成的水域用地
建设用地	城镇、农村居民点、工矿建设用地	指用于人类居住、工业活动、矿业生产和特殊建设的土地
未利用地	沙地、戈壁、盐碱地、沼泽地、裸地、其他未利用地	指未被利用或利用甚少的土地

根据土地利用类型的分类标准,通过数据处理可以得到 1996 年、2006 年和 2016 年三期土地利用类型分类现状图(图 7–3)。在土地利用面积统计表(表 7–3)中我们可以看出,延边州在 1996—2016 年间的土地利用类型发生了一些改变,这都与近些年城市的发展和人类强烈的人为活动有密不可分的关系。

表 7–3　1996 年、2006 年和 2016 年延边州各土地利用类型面积(km²)

时期	林地	耕地	草地	建设用地	水域	未利用地
1996 年	36 927.28	4 463.83	402.99	752.99	619.67	46.68
2006 年	36 126.92	4 893.94	711.82	946.43	480.63	53.70
2016 年	36 330.16	4 633.48	700.65	1 000.28	501.37	47.49

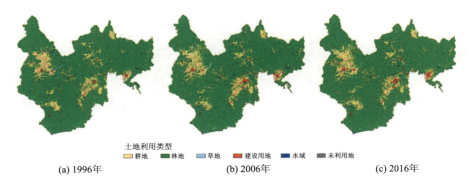

土地利用类型
▢耕地 ■林地 ▢草地 ■建设用地 ■水域 ■未利用地

(a) 1996年　　　　　　　　(b) 2006年　　　　　　　　(c) 2016年

图 7-3　1996 年、2006 年和 2016 年研究区土地利用类型分布

　　DPSIR 模型中的城镇建设用地指数、人均建设用地、土地利用强度、生态服务功能价值、森林覆盖率、水域面积比例和万元 GDP 建设用地等指标，都需要用到上述土地利用类型数据中的建设用地面积、森林面积、水域面积等数据。

2. 社会经济统计数据处理

　　本研究从相关统计年鉴和统计公报文献资料中获得了用于 DPSIR 模型研究的具体指标，例如人口密度、人均 GDP、SO_2 和污水排放量、化肥施用量以及自然保护区面积等，而另一些指标如交通网络密度指标则要通过收集全州四级以及四级以上的公路长度进行计算，水资源利用强度指标需要利用水资源总量和生活、工业用水量等数据的计算获取，环境污染治理力度指标需要利用环保污染治理投资总额和 GDP 数值进行计算得到。而生态服务功能价值数据的获取，不仅需要土地利用数据，还需要查阅研究区在研究时间范围内的粮食作物面积和单位价格，根据模型所需的数据对之进行计算而获得。

三、指标说明及计算方法

　　延边州生态系统胁迫评估以延边州下辖的 6 市 2 县作为评价的基本单元，选取的 17 个指标尽可能全面、综合地反映延边州生态系统胁迫程度变化。以下对 17 个指标的计算进行一定的说明。

（一）驱动力准则层指标

（1）单位土地面积 GDP 是指一个地区国内生产总值与该地区国土总面积的比值，该指标是反映一个地区生产力水平的综合经济指标，显示单位面积的产出情况。其计算公式如下：

$$单位土地面积GDP = \frac{研究区GDP}{研究区总面积} \tag{7-1}$$

该指标可以表征地区经济发展水平的变化对于城市生态系统的驱动作用，能够充分反映区域经济发展速度对于城市生态发展的重要性。

（2）人口密度是指单位国土面积上的平均人口数量，该指标反映一个区域人口的密集程度，进而评估人口数量和密度的增长对生态环境所造成的压力和变化。其计算公式如下：

$$人口密度 = \frac{研究区总人口}{研究区总面积} \tag{7-2}$$

（3）城镇建设用地指数可以反映区域城镇建设发展综合水平。计算方法是建设用地面积与总土地面积的比值，其中建设用地面积是从土地利用分类数据中提取的建筑物面积数据。

$$城镇建设用地指数 = \frac{研究区建设用地面积}{研究区总面积} \times 100\% \tag{7-3}$$

该指标指评估一个区域内建设用地面积占研究区总面积的百分比，反映了人类生产生活设施建设对城市生态环境空间变化的驱动作用以及对生态质量造成的影响。

（4）人均 GDP 又称为人均国内生产总值，是衡量区域经济发展水平和区域人民生活水平的一个指标。其计算公式如下：

$$人均GDP = \frac{研究区GDP}{研究区总人口} \tag{7-4}$$

（5）交通网络密度指一个地区所设的四级及以上公路的总长度与全区域总面积的比值，反映单位国土面积上的公路长度，用以评估交通公路的发展对生态系统产生的胁迫影响。其计算公式如下：

$$交通网络密度 = \frac{研究区公路总长度}{研究区总面积} \times 100\% \qquad (7-5)$$

（二）压力准则层指标

（1）SO_2 排放强度是计算区域工业生产和日常生活中 SO_2 的排放量与研究区面积的比值，反映大气污染物排放对酸雨及各类生态系统的胁迫影响。其计算公式如下：

$$SO_2 排放强度 = \frac{SO_2 排放总量}{研究区总面积} \times 100\% \qquad (7-6)$$

（2）单位面积污水排放量反映污水排放对生态系统的胁迫程度，即工业进程、人类生活给生态系统可持续发展和人类生存环境带来的压力。这里的污水包括生活污水及工业废水。其计算公式如下：

$$单位面积污水排放量 = \frac{研究区工业废水和生活污水排放总量}{研究区总面积} \times 100\%$$

$$(7-7)$$

（3）人均建设用地一般指城市规划建设用地总面积按城市总人口分配的人均面积。人均城市建设用地面积可以体现城镇建设用地总体发展水平，从而可以表现出城市面积扩张对自然资源和生态环境质量的影响以及给生态系统带来的压力。其计算公式如下：

$$人均建设用地 = \frac{研究区建设用地总面积}{研究区总人口} \qquad (7-8)$$

（4）单位面积化肥施用量计算单位土地面积进行耕地种植所使用的化肥量，用来评价农业生产活动中化肥的过量施用给生态环境带来的影响。其计算公式如下：

$$单位面积化肥施用量 = \frac{研究区化肥施用总量}{研究区总面积} \times 100\% \qquad (7-9)$$

（三）状态准则层指标

（1）土地利用强度指数反映人类活动与自然环境因素给土地带来的非

自然属性。通过定量化描述的分析方法，其按照土地利用类型将土地利用强度分为四级并赋值（表 7-4），利用分级指数和各土地利用类型面积百分比作为变量，求得土地利用强度指数。

表 7-4　依据土地利用类型的土地利用强度分级赋值

土地利用类型	未利用地	林地、草地	耕地	建设用地
分级指数	1	2	3	4

其计算公式如下：

$$I = 100 \times \sum_{i=1}^{n}(L_i \times C_i), \quad I \in (100, 400) \qquad (7\text{-}10)$$

式中，I 为土地利用强度指数；L_i 表示第 i 级分级指数；C_i 表示第 i 级土地利用类型面积占区域总面积百分比。

土地利用强度指数可以反映区域土地利用强度的高低，主要包括土地可利用率和人类活动的干扰强度；土地利用强度指数越高，说明自然方面土地的可利用程度越小，人类对土地的干扰强度越大；反之，自然方面的土地可利用程度越大，人类对土地的干扰强度越小（宋茜茜，2019）。

（2）森林覆盖率是衡量一个地区森林资源所代表的区域林地生态发展水平的重要指标。森林覆盖率指森林总面积范围占研究区总面积的百分比。其计算公式如下：

$$森林覆盖率 = \frac{研究区森林总面积}{研究区总面积} \times 100\% \qquad (7\text{-}11)$$

森林覆盖率的高低在一定程度上决定了气候环境质量和土壤质地，当然，政府对于生态环境的优化、对自然林地的保护作用也不容小觑。为了保护自然环境和自然资源，促进国民经济的持续发展，各地区都对森林资源开展了特殊保护与管理。

（3）水域面积比例是指承载水域功能的区域面积占区域总面积的比例。水域面积比例反映了水体数量及质量变化给土地利用结构和生态环境带来的影响，是衡量当前区域生态系统发展水平和格局现状的一个重要指标。其计算公式如下：

$$水域面积比例 = \frac{水体面积}{研究区总面积} \times 100\% \qquad (7\text{--}12)$$

（四）影响准则层指标

（1）生态系统服务价值是衡量人类以直接或间接的方式最终从生态系统得到的利益的指标，这个利益包括生态系统所支持的服务和产品（陈姝等，2009；Imhoff *et al.*，2004）。生态系统服务价值自身的变化，综合体现了生态系统服务功能各个方面的影响。在学者进行生态系统服务价值评估研究的初期，其评估方法强调社会环境变化对生态系统服务（供给、调节、支持和文化服务）的影响（Hein *et al.*，2006；侯焱臻等，2019）。对生态系统服务价值的定量研究主要是为了针对性地找到区域内部不同生态系统的重要性，通过分析其变化原因，发现区域分布特征，从而为合理规划生态建设及保护生态环境打下基础。

本研究利用当量因子法，依据以下公式对农田生态系统单位面积生态服务价值做出修正，公式表示单位面积农田系统所生产的生态服务价值（作为1 个标准的当量因子），相对等于研究区域当年平均粮食单产市场价值的 1/7（刘敏，2018）。

$$E_a = \frac{1}{7} \sum_{i}^{n} \frac{m_i \times p_i \times q_i}{M} \qquad (7\text{--}13)$$

式中，E_a 为单位面积农田系统提供食物生产服务功能的经济价值（元/公顷）；i 为作物种类，在本研究中为延边州粮食作物的种类；m_i 为第 i 种粮食作物面积（公顷）；p_i 为第 i 种粮食作物平均价格（元/千克）；q_i 为第 i 种粮食作物单产量（千克/公顷）；M 为粮食作物总面积（公顷）。

（2）水资源利用强度是指研究区工业、农业、生活、环境等用水量占研究区水资源总量的比值。水资源总量是指一定区域内储存的地表水和地下水的总量。其计算公式如下：

$$水资源利用强度 = \frac{研究区农业、工业、生活、环境等用水量}{研究区水资源总量} \times 100\%$$

$$(7-14)$$

（五）响应准则层指标

（1）自然保护区面积指数反映区域实施自然保护措施的程度。自然保护区是自然生态系统中野生动植物种生存的一种最为直接有效的天然保护集中区，自然保护区的建立可以反映和显示出自然生态系统的真实现状。自然保护区的面积指数计算公式如下：

$$自然保护区面积指数 = \frac{自然保护区面积}{研究区总面积} \times 100\% \qquad (7-15)$$

（2）环境污染治理力度是指为治理环境污染、保护生态环境及生态建设所投资的总额占研究区 GDP 的比重，可以反映研究区域政府对环境保护的重视程度。其计算公式如下：

$$环境污染治理力度 = \frac{环保污染治理投资总额}{研究区GDP} \times 100\% \qquad (7-16)$$

（3）万元 GDP 建设用地是指区域内每生产万元国内生产总值所占用的建设用地面积，万元 GDP 建设用地反映一定时期内研究区所在区域建设用地的土地价值。该指标可以衡量城市土地的价值、建设用地的开发利用效率、城市建设用地利用的集约程度以及给城市区域生态系统带来的影响。其计算公式如下：

$$万元GDP建设用地 = \frac{研究区建设用地面积}{研究区GDP} \qquad (7-17)$$

综上，经数据搜集、预处理、计算，整理延边州各县级行政区 1996 年、2006 年、2016 年生态系统胁迫指标数据（表 7-5 至表 7-7）。

表 7–5 1996 年延边州生态系统胁迫指标数据

指标层	延吉市	图们市	敦化市	珲春市	龙井市	和龙市	汪清县	安图县
Z1：单位土地面积 GDP（万元/km²）	163.39	70.20	19.65	16.32	45.49	15.45	8.85	13.23
Z2：人口密度（人/km²）	210.55	121.71	39.72	40.72	122.92	46.21	29.92	29.40
Z3：城镇建设用地指数（%）	4.22	3.44	2.04	2.11	2.68	1.24	0.76	1.31
Z4：人均 GDP（元/人）	7 637	5 750	4 948	4 034	3 690	3 332	2 944	4 501
Z5：交通网络密度（%）	6.29	1.75	1.06	3.24	2.81	0.41	0.30	0.60
Z6：SO₂ 排放强度（t/km²）	1.32	0.81	0.07	1.04	0.19	0.21	0.08	0.06
Z7：污水排放强度（t/km²）	13 226.54	3 499.56	552.81	3 715.28	874.09	272.24	405.92	334.50
Z8：人均建设用地（m²/人）	200.44	283.01	512.87	518.54	218.13	267.73	253.72	444.08
Z9：单位面积化肥施用量（t/km²）	2.53	3.14	1.69	1.58	8.92	2.34	0.98	0.96
Z10：土地利用强度（%）	224.26	218.77	213.51	207.25	222.99	207.07	208.57	207.75
Z11：森林覆盖率（%）	78.46	80.07	80.80	88.83	76.12	88.84	88.74	88.12
Z12：水域面积比例（%）	1.02	2.04	2.05	2.50	1.19	0.71	0.59	1.30
Z13：生态系统服务价值（亿元）	3 630.56	2 577.72	26 657.74	12 645.44	4 539.23	11 300.78	19 730.35	17 248.83
Z14：水资源利用强度（%）	28.47	3.89	0.39	1.09	3.29	0.87	0.26	0.21
Z15：自然保护区面积（km²）	1.29	3.63	6.71	24.17	35.62	0.00	4.84	26.65
Z16：环境污染治理力度（%）	1.122	0.041	0.031	0.074	0.080	0.067	0.039	0.040
Z17：万元 GDP 建设用地（m²）	258.29	490.68	1036.89	1 293.59	589.36	800.87	857.96	986.62

表 7–6 2006 年延边州生态系统胁迫指标数据

指标层	延吉市	图们市	敦化市	珲春市	龙井市	和龙市	汪清县	安图县
Z1：单位土地面积 GDP（万元/km²）	521.59	122.03	43.94	30.15	117.76	31.72	18.77	24.61
Z2：人口密度（人/km²）	245.50	116.18	40.31	41.99	109.88	41.00	28.09	28.94
Z3：城镇建设用地指数（%）	6.96	3.60	2.42	2.69	2.99	1.65	0.89	1.70
Z4：人均 GDP（元/人）	21 463	10 479	10 896	6 395	12 005	7 681	6 663	8 521
Z5：交通网络密度（%）	8.92	2.71	1.29	4.61	3.53	0.69	0.56	0.84
Z6：SO₂ 排放强度（t/km²）	2.20	1.69	0.11	1.39	0.42	0.39	0.16	0.10
Z7：污水排放强度（t/km²）	17 568.65	3 403.32	1 574.81	2 523.15	1 775.36	666.80	634.67	580.33

续表

指标层	延吉市	图们市	敦化市	珲春市	龙井市	和龙市	汪清县	安图县
Z8：人均建设用地（m²/人）	283.53	310.06	599.11	641.07	272.44	402.20	316.07	586.84
Z9：单位面积化肥施用量（t/km²）	2.59	3.28	1.94	4.17	9.36	1.83	1.59	1.58
Z10：土地利用强度（%）	227.16	214.40	219.40	208.25	224.82	210.62	208.66	210.06
Z11：森林覆盖率（%）	75.13	77.82	78.48	85.51	70.95	86.58	88.47	87.78
Z12：水域面积比例（%）	0.43	2.29	4.98	3.39	4.00	12.98	13.94	15.13
Z13：生态系统服务价值（亿元）	3 574.78	2 532.05	24 685.69	12 383.86	4 361.82	11 033.22	19 923.88	16 545.72
Z14：水资源利用强度（%）	31.56	4.48	0.77	1.18	3.97	1.59	0.64	0.32
Z15：自然保护区面积（km²）	1.24	4.81	6.50	20.97	35.02	0.00	4.79	26.41
Z16：环境污染治理力度（%）	1.841	0.077	0.049	0.091	0.084	0.049	0.054	0.067
Z17：万元 GDP 建设用地（m²）	133.45	295.21	549.61	892.84	254.19	519.91	473.11	690.00

表 7–7　2016 年延边州生态系统胁迫指标数据

指标层	延吉市	图们市	敦化市	珲春市	龙井市	和龙市	汪清县	安图县
Z1：单位土地面积 GDP（万元/km²）	1 838.20	382.29	149.40	271.94	179.36	109.62	75.07	93.71
Z2：人口密度（人/km²）	311.86	101.63	39.02	44.04	72.69	34.66	25.27	27.22
Z3：城镇建设用地指数（%）	7.40	4.08	2.48	2.84	3.18	1.82	1.14	1.78
Z4：人均 GDP（元/人）	59 149	37 157	38 148	61 802	24 416	31 271	29 493	34 212
Z5：交通网络密度（%）	12.02	3.58	2.18	4.88	3.94	1.03	0.77	1.04
Z6：SO_2 排放强度（t/km²）	2.32	1.53	0.09	1.49	0.28	0.32	0.11	0.09
Z7：污水排放强度（t/km²）	22 528.60	3 867.02	1 752.95	2 256.94	2 717.39	1 349.38	769.23	548.09
Z8：人均建设用地（m²/人）	237.22	401.92	636.89	645.49	438.16	525.51	375.40	653.92
Z9：单位面积化肥施用量（t/km²）	6.15	6.31	4.58	3.46	9.00	3.99	3.35	1.92
Z10：土地利用强度（%）	227.76	218.09	216.40	209.79	227.71	211.83	209.82	209.82
Z11：森林覆盖率（%）	76.51	77.92	77.87	85.86	74.57	87.22	88.67	86.50
Z12：水域面积比例（%）	1.11	2.06	1.25	2.22	1.38	0.56	0.64	1.11
Z13：生态系统服务价值（亿元）	3 565.68	2 539.42	24 735.34	12 138.58	5 004.36	11 078.08	19 820.58	16 876.62
Z14：水资源利用强度（%）	32.82	1.29	0.62	0.97	2.78	1.01	0.37	0.26
Z15：自然保护区面积（km²）	1.20	2.69	4.51	20.97	35.02	2.67	1.52	26.39
Z16：环境污染治理力度（%）	1.619	0.087	0.045	0.056	0.128	0.031	0.056	0.053
Z17：万元 GDP 建设用地（m²）	40.25	106.85	166.33	104.54	177.57	166.17	126.36	189.97

第三节 生态系统胁迫评估方法

本节基于主成分分析原理，将 1996 年、2006 年、2016 年延边州各县级行政区生态系统胁迫指标数据进行处理，再进行 KMO 检验，达到标准后利用综合指数法，对延边州生态系统胁迫指标进行权益分析。

一、主成分分析法概述

主成分分析法是将所用数据进行筛选压缩并提取数据相关特征信息的一种数理统计方法，它具有合理地消融数据之间相关性的作用。主成分分析的目的是解决研究分析过程中一些较为复杂而又难以取舍的指标变量选择问题，又可避免多元线性导致不能获取正确的结论。

假设在空间上存在一系列不规则分布的点，主成分分析就是用研究 a 点的 Y 轴来代替 b 点的 X 轴（$a<b$），而低维度的 Y 轴可以代替高维度的 X 轴，所丢失的信息很少。当只有一个主成分 Y_i（即 $a=1$）时，这个 Y_i 仍是使用全部 X 变量（b 个）而得到的。在所选的前 m 个主成分中，如果某个 X_i 的系数全部接近于零，那就可以把这个 X_i 删除。主成分分析通过因子分析的方法，把多数变量组合成少数的变量，从而达到降维的目的（杜阳，2019）。

二、主成分分析法计算方法

假设有 n 个研究区域，每个区域有 p 个指标，构成 $n\times p$ 的数据矩阵：

$$X = \begin{bmatrix} x_{11} & x_{12} & \cdots & x_{1p} \\ x_{12} & x_{22} & \cdots & x_{2p} \\ \cdots & \cdots & \cdots & \cdots \\ x_{n1} & x_{n2} & \cdots & x_{np} \end{bmatrix} \qquad (7\text{--}18)$$

当变量具有明显的相关性或者 p 值相对较大时，则需要少量相互独立且能够在很大程度上反映原先数据信息的指标。可以采用线性组合并且调节和整合系数，将其标准化，从而达到简化数据和揭示变量间关系的目的（Jolliffe，2002）。

假如原始变量为 X_1、X_2、$\cdots X_p$ 等指标，把它们进行标准化得到新的综合指标，即新变量为 Z_1、Z_2、$\cdots Z_m$（$m \leqslant p$），则：

$$\begin{cases} z_1 = l_{11}x_1 + l_{12}x_2 + \cdots + l_{1p}x_p \\ z_2 = l_{21}x_1 + l_{22}x_2 + \cdots + l_{2p}x_p \\ \qquad\qquad \cdots \\ z_m = l_{m1}x_{1+}l_{m2}x_2 + \cdots + l_{mp}x_p \end{cases} \qquad (7\text{--}19)$$

（1）计算相关系数矩阵。r_{ij}（i, j=1, 2, $\cdots$, n）为原变量 x_i 与 x_j 的相关系数，$r_{ij} = r_{ji}$，计算公式为：

$$r_{ij} = \frac{\sum\limits_{k=1}^{n}\left(x_{ki} - x_i\right)\left(x_{ki} - x_j\right)}{\sqrt{\sum\limits_{k=1}^{n}\left(x_{ki} - \bar{x}_i\right)^2 \sum\limits_{k=1}^{n}\left(x_{ki} - \bar{x}_i\right)^2}} \qquad (7\text{--}20)$$

（2）计算特征值与特征向量，确定主成分。通过特征公式 $|\lambda_m\text{--}R|=0$，从而求出 n 个特征根 λ_g（g=1, 2, 3, $\cdots$, m），将其按大小的顺序排列为 $\lambda_1 \geqslant \lambda_2 \cdots \geqslant \lambda_m \geqslant 0$，它是主成分的方差，方差的大小表示各个主成分造成影响的强弱。从特征公式可以看出，任意一个特征根都对应一个特征向量 $\boldsymbol{lg}$（$\boldsymbol{lg}$=lg_1, lg_2, $\cdots$, lg_m）。

（3）确定主成分，标准化变量指标转换：

$$F_g = lg_1 Z_1 + lg_2 Z_2 + \cdots + lg_p Z_m (g = 1, 2, \cdots, m) \qquad (7\text{--}21)$$

其中，F_m 为第 m 个主成分。

（4）求方差贡献率，检验并确定主成分个数。

方差贡献率定义为：

$$S_g = \frac{\lambda_g}{\sum\limits_{g=1}^{m} \lambda_g} \qquad (7\text{--}22)$$

进行主成分分析时，尽可能使所获取的主成分个数越少越好，还要保证损失的信息量越少越好，只要累计方差贡献率达到一定水平，这时选取累计方差贡献率≥85%即可，最终获取 k 个主成分（何亮，2007）。

对 k 个主成分进行综合评价，得到生态环境胁迫综合指数：

$$HPI = \sum_{g=1}^{k} \left(\lambda_g \Big/ \sum_{g=1}^{m} \lambda_g \right) F_g \qquad (7\text{-}23)$$

三、主成分分析法计算步骤

1. 原始指标数据预处理

根据前文所提到的基于 DPSIR 模型准则层的五个子系统，分别计算分析了 17 个子指标的数据，反映了生态、环境、自然资源和社会经济状况，得到了延边州生态系统胁迫指标的具体原始数据。因为各指标数据具有不同的量纲，所以在进行主成分分析之前，要预先解决原始数据指标之间量纲不同的问题，即要解决原始数据中数量纲不一致的问题（刘新华，2009；于秀林、任雪松，2006）。

一个评价指标体系中存在着不同方面的指标，包括正面指标和负面指标，需要对其进行分析。正向指标数值越高，生态系统胁迫指数越高；而负向指标数值越低，生态系统胁迫指数越高。因此，在进行无量纲化处理之前，一般会把负向指标统一转变为正向指标，通常的做法是取原数值的倒数或负数。延边州生态系统胁迫评估指标中，森林覆盖率、水域面积比例、生态系统服务价值、自然保护区面积比例和环境污染治理力度为正向指标，其他指标为负向指标。假设 x_{ij} 是指标 j 的期望值，先将评价指标所有数据进行归一化处理，然后消除各指标值的量纲。

$$x'_{ij} = \frac{x_{ij} - \overline{x}_j}{s_j} \qquad (7\text{-}24)$$

式中，$\overline{x}_j = \dfrac{1}{n}\sum\limits_{i=1}^{n} x_{ij}$，$s_j = \sqrt{\dfrac{\sum\limits_{i=1}^{n}\left(x_{ij}-\overline{x}_j\right)^2}{n-1}}$。$x_{ij}$ 为指标 j 的原始数据值；$\overline{x}_j$、s_j 分别为指标 j 的区域城市数量的均值、标准差；n 为区域城市个数。

由上述计算步骤，运用 SPSS 软件对延边州生态系统胁迫评估体系指标数据进行量纲化，最终得到评价体系指标数据是均值为 0、方差为 1 的标准化数据。下列表 7–8、表 7–9、表 7–10 是三个时期的标准化后数据。

表 7–8　1996 年原始数据标准化后数值

指标层	延吉市	图们市	敦化市	珲春市	龙井市	和龙市	汪清县	安图县	综合值
Z1	0.241 6	0.222 0	− 0.173 9	− 0.054 5	0.014 1	− 0.134 7	− 0.182 9	− 0.147 4	0.758 7
Z2	0.229 1	0.192 5	− 0.176 9	− 0.061 5	− 0.038 0	− 0.145 2	− 0.187 2	− 0.151 1	1.105 7
Z3	0.283 9	0.260 2	− 0.171 2	− 0.050 4	0.042 8	− 0.129 9	− 0.181 3	− 0.144 7	1.116 4
Z4	− 1.742 2	− 3.030 7	− 0.911 3	− 1.215 9	− 2.436 9	− 1.267 3	− 0.780 9	− 1.163 4	0.728 5
Z5	0.283 3	0.261 2	− 0.171 1	− 0.050 7	0.042 8	− 0.129 6	− 0.181 2	− 0.144 6	1.010 5
Z6	0.284 6	0.261 7	− 0.170 9	− 0.050 1	0.044 5	− 0.129 5	− 0.181 1	− 0.144 4	1.151 5
Z7	− 3.225 9	− 1.741 9	− 0.253 6	− 1.123 7	− 0.543 2	− 0.222 4	− 0.263 8	− 0.220 2	0.967 2
Z8	0.231 8	0.100 1	− 0.247 7	− 0.199 7	− 0.102 0	− 0.220 9	− 0.232 8	− 0.245 0	1.052 3
Z9	0.284 3	0.260 4	− 0.171 2	− 0.050 2	0.038 7	− 0.130 2	− 0.181 3	− 0.144 6	0.802 1
Z10	0.225 4	0.136 9	− 0.202 9	− 0.109 7	− 0.105 3	− 0.200 2	− 0.223 6	− 0.191 5	1.073 1
Z11	0.305 8	0.308 1	− 0.158 8	− 0.024 1	0.095 8	− 0.099 1	− 0.163 0	− 0.124 5	1.127 1
Z12	0.285 2	0.263 4	− 0.170 6	− 0.049 0	0.045 5	− 0.129 2	− 0.181 0	− 0.144 1	− 0.557 3
Z13	1.248 7	1.738 4	3.817 9	3.605 7	3.097 3	3.729 6	3.838 3	3.760 4	1.129 6
Z14	0.277 4	0.260 0	− 0.171 0	− 0.050 0	0.042 4	− 0.129 7	− 0.181 2	− 0.144 5	0.821 1
Z15	0.285 3	0.264 3	− 0.169 9	− 0.042 8	0.068 6	− 0.129 4	− 0.180 1	− 0.138 4	0.927 5
Z16	0.285 3	0.262 2	− 0.170 9	− 0.049 7	0.044 7	− 0.129 4	− 0.181 1	− 0.144 4	− 1.108 0
Z17	0.216 4	− 0.018 8	− 0.326 1	− 0.423 7	− 0.351 7	− 0.402 9	− 0.355 9	− 0.367 8	− 0.985 4

表 7-9　2006 年原始数据标准化后数值

指标层	延吉市	图们市	敦化市	珲春市	龙井市	和龙市	汪清县	安图县	综合值
Z1	0.248 3	0.221 3	- 0.101 4	- 0.037 4	0.154 4	- 0.036 9	- 0.135 6	- 0.081 6	0.374 4
Z2	0.290 0	0.223 4	- 0.100 8	- 0.040 8	0.156 9	- 0.039 7	- 0.137 4	- 0.082 6	- 0.264 8
Z3	0.326 0	0.264 7	- 0.095 2	- 0.029 7	0.190 6	- 0.028 0	- 0.132 1	- 0.076 7	- 0.302 9
Z4	- 2.911 6	- 3.574 6	- 1.714 2	- 1.830 1	- 3.601 6	- 2.307 9	- 1.411 1	- 1.910 2	0.411 7
Z5	0.325 7	0.265 0	- 0.095 0	- 0.030 3	0.190 5	- 0.027 7	- 0.132 1	- 0.076 5	- 0.021 4
Z6	0.326 7	0.265 4	- 0.094 8	- 0.029 3	0.191 5	- 0.027 6	- 0.132 0	- 0.076 3	- 0.650 7
Z7	- 2.323 9	- 0.981 3	- 0.328 9	- 0.739 6	- 0.369 4	- 0.225 5	- 0.253 8	- 0.201 2	0.062 7
Z8	0.284 2	0.152 4	- 0.183 9	- 0.209 5	0.105 5	- 0.146 9	- 0.192 6	- 0.202 6	- 0.114 4
Z9	0.326 6	0.264 8	- 0.095 1	- 0.030 1	0.188 6	- 0.028 0	- 0.132 3	- 0.076 7	0.318 3
Z10	0.292 7	0.187 4	- 0.127 4	- 0.087 6	0.120 6	- 0.090 0	- 0.172 0	- 0.121 5	- 0.167 4
Z11	0.338 3	0.294 5	- 0.083 2	- 0.004 9	0.214 0	- 0.001 8	- 0.115 0	- 0.057 4	- 0.781 1
Z12	0.327 1	0.266 9	- 0.094 1	- 0.028 0	0.192 8	- 0.023 6	- 0.129 3	- 0.073 1	1.154 5
Z13	0.866 4	1.194 0	3.574 0	3.458 9	1.569 8	3.248 2	3.693 1	3.484 6	- 0.772 2
Z14	0.322 2	0.264 4	- 0.094 9	- 0.029 3	0.190 3	- 0.028 0	- 0.132 1	- 0.076 4	- 1.113 7
Z15	0.327 2	0.267 8	- 0.093 9	- 0.023 0	0.202 7	- 0.027 5	- 0.131 0	- 0.070 6	0.132 0
Z16	0.327 3	0.266 1	- 0.094 8	- 0.028 9	0.191 6	- 0.027 5	- 0.132 0	- 0.076 3	0.835 6
Z17	0.306 9	0.157 8	- 0.176 5	- 0.280 4	0.111 3	- 0.181 8	- 0.222 8	- 0.224 8	- 0.028 6

表 7-10　2016 年原始数据标准化后数值

指标层	延吉市	图们市	敦化市	珲春市	龙井市	和龙市	汪清县	安图县	综合值
Z1	0.193 1	0.215 4	0.071 4	0.184 9	0.193 3	0.148 3	0.065 7	0.107 8	- 1.133 2
Z2	0.294 3	0.246 4	0.081 2	0.199 7	0.210 8	0.157 4	0.071 3	0.114 8	- 0.841 0
Z3	0.314 5	0.257 2	0.084 4	0.202 3	0.222 2	0.161 5	0.074 0	0.117 5	- 0.813 6
Z4	- 3.607 2	- 3.848 7	- 3.281 4	- 3.804 3	- 3.773 1	- 3.656 9	- 3.254 4	- 3.494 9	- 1.140 1
Z5	0.314 2	0.257 2	0.084 4	0.202 2	0.222 0	0.161 6	0.074 1	0.117 6	- 0.989 2
Z6	0.314 8	0.257 5	0.084 6	0.202 4	0.222 6	0.161 6	0.074 1	0.117 7	- 0.500 8
Z7	- 1.178 9	- 0.169 7	- 0.070 1	0.056 2	- 0.222 0	- 0.003 1	- 0.012 7	0.059 8	- 1.029 9
Z8	0.299 2	0.213 2	0.028 4	0.160 7	0.151 0	0.097 5	0.031 8	0.048 7	- 0.937 9
Z9	0.314 6	0.256 9	0.084 2	0.202 3	0.221 2	0.161 2	0.073 8	0.117 5	- 1.120 4

续表

指标层	延吉市	图们市	敦化市	珲春市	龙井市	和龙市	汪清县	安图县	综合值
Z10	0.299 9	0.233 5	0.065 5	0.188 9	0.185 4	0.135 8	0.050 5	0.095 5	− 0.905 7
Z11	0.320 0	0.266 2	0.091 5	0.208 1	0.234 9	0.172 3	0.084 2	0.126 8	− 0.346 0
Z12	0.315 0	0.257 9	0.084 7	0.202 7	0.222 9	0.161 7	0.074 2	0.117 8	− 0.597 2
Z13	0.551 4	0.538 3	2.267 2	0.989 5	1.041 7	1.514 5	2.311 1	1.899 8	− 0.357 4
Z14	0.312 8	0.257 5	0.084 6	0.202 4	0.222 2	0.161 6	0.074 1	0.117 7	0.292 6
Z15	0.315 0	0.257 9	0.085 0	0.203 9	0.228 4	0.162 0	0.074 3	0.120 5	− 1.059 4
Z16	0.315 1	0.257 6	0.084 6	0.202 5	0.222 7	0.161 7	0.074 2	0.117 7	0.272 4
Z17	0.312 3	0.245 8	0.069 9	0.195 7	0.193 6	0.141 4	0.059 9	0.097 6	1.014 0

2. 适用性检验

KMO 被定义为一个测试变量是否存在部分相关性的统计量，KMO 检验是抽样适合性检验。KMO 统计量的值越接近于 1，表明指标变量之间相关性的程度越高。度量标准如表 7–11。Bartlett 球形检验则用于测试每个变量是否独立（林杰斌等，2006）。Bartlett 球形检验的一般标准是概率值小于 0.05，则认为该因子分析有效。

表 7–11 KMO 的度量标准

KMO 值	适用程度
[0.9，1]	非常适合
[0.8，0.9)	很适合
[0.7，0.8)	适合
[0.6，0.7)	一般适合
[0.5，0.6)	不太适合
[0，0.5)	极不适合

3. 选取主成分及主成分计算

运用主成分分析法处理延边州各县级行政区 1996 年、2006 年、2016 年生态系统胁迫指标的统计数据，使用 SPSS 软件对延边州生态胁迫指标进行分析（王维维等，2010），分别得到时间和空间维度的主要成分的特征值和贡献率；从中选取累积贡献率大于 85% 或者特征值大于 1 的因子作为主成分，从而确定主成分个数。最后，通过得到的主成分个数，确定主成分的载荷矩阵，并与标准化的指标数据相乘，最终得到主成分。

二、综合指数法

综合指数法的方式主要是先综合后对比。依据研究区境内胁迫指数具有多样性的特征，综合分析每个因子对生态环境状态的影响大小，通过加权算术平均定量化每一项指标评价指数。最后通过反馈在生态环境质量中的每一个侧面指标上，得出综合指标，从而实现对生态系统胁迫程度的综合评价。

（一）指标权重确定

基于 DPSIR 模型的生态系统胁迫评估是一个多指标定量综合评价过程。为了统一各评价指标的单位与量纲，要对数据进行标准化处理。指标权重的确定将直接关系到生态系统胁迫评价结果的准确性（吴威龙等，2019）。为了避免人为因素的干扰，本研究利用熵值法来确定评价指标权重大小，从而使评价指标体系更加具有科学性与合理性（武玲玲、纪洁，2018）。本研究选取的指标对于生态系统胁迫的研究有一定的差异，考虑到熵值法与其他方式相比所具有的优势，它可以对所选指标进行客观性的权重确定，确保分析结果准确、合理，因此利用熵值法来计算各项指标的权重大小（杨丽、孙之淳，2015）。

根据熵值法对评价指标的权重值进行确定，该指标的信息熵越小，所得的权重值越大，反之权重值越小。利用熵值法确定指标权重，不仅可以克服主观赋权法无法避免的随机性问题，还可以有效解决多指标变量间信息的重叠（王富喜等，2013）。具体步骤如下：

设 DPSIR 模型中生态系统胁迫的研究目的是评价 m 个城市的指标状况，其中评价指标体系包括 n 个指标，于是得到评估的原始数据矩阵：

$$X = \{X_{ij}\}(i=1,2,\cdots,m; j=1,2,\cdots,n) \tag{7-25}$$

（1）数据标准化。假定 x'_{ij} 为指标 j 的期望值，对评估体系的指标进行归一化处理，分别对正向指标和负向指标统一消除量纲。

$$对正向指标，\quad x'_{ij} = \frac{x_{ij} - x_{min}}{x_{max} - x_{min}} \tag{7--26}$$

$$对负向指标，\quad x'_{ij} = \frac{x_{max} - x_{ij}}{x_{max} - x_{min}} \tag{7--27}$$

定义其标准化值，计算第 j 项指标下，第 i 个城市占该指标比重（y_{ij}）：

$$y_{ij} = \frac{x'_{ij}}{\sum\limits_{i=1}^{m} x'_{ij}} (0 \leqslant y_{ij} \leqslant 1) \tag{7--28}$$

（2）计算求得第 j 项指标的信息熵值 e_j：

$$e_j = -K \sum_{i=1}^{m} y_{ij} \ln y_{ij} \tag{7--29}$$

式中，常数 K 与样本数 m 有一定的关联，其中，$y_{ij} = \dfrac{1}{m}$，此时 K $= \dfrac{1}{\ln m}$。

（3）求各指标之间的差异系数 d_j，某项指标的 d_j 值通过该指标的信息熵 e_j 与 1 之间的差值求得：

$$d_j = 1 - e_j \tag{7--30}$$

（4）评价指标权重，第 j 项指标的权重 w_j：

$$w_j = d_j \sum_{j=1}^{n} d_j \tag{7--31}$$

表 7--12 为通过熵值法得到的各指标的权重大小。

表 7--12　延边州生态系统胁迫评价指标权重

目标层	准则层	指标层	权重	指标状态
延边州生态系统胁迫评估	驱动力（D）	单位土地面积 GDP	0.056 2	负向
		人口密度	0.047 9	负向
		城镇建设用地指数	0.060 3	负向
		人均 GDP	0.043 5	负向
		交通网络密度	0.039 7	负向

续表

目标层	准则层	指标层	权重	指标状态
延边州生态系统胁迫评估	压力（P）	SO$_2$ 排放强度	0.071 2	负向
		污水排放强度	0.068 3	负向
		人均建设用地	0.052 1	负向
		单位面积化肥施用量	0.077 4	负向
	状态（S）	土地利用强度	0.083 5	负向
		森林覆盖率	0.055 9	正向
		水域面积比例	0.041 2	正向
	影响（I）	生态服务功能价值	0.071 4	正向
		水资源利用强度	0.072 9	负向
	响应（R）	自然保护区面积	0.051 7	正向
		环境污染治理力度	0.047 5	正向
		万元 GDP 建设用地	0.059 3	负向

（二）综合指数计算

综合指数法是基于对评估体系中各个指标的标准化，利用得到的权重数值把所有指标数据进行加权求和的一种统计方法，换句话说就是把标准化数据与权重值相乘并总体求和的综合值，它是对指标进行综合计算的一种分析方法（方晓，2018）。

通过利用综合指数法，视 DPSIR 模型的五个准则层为五个子系统，从这五个层面进行详细分析，计算过程如下：

（1）分别计算五个子系统中所有不同指标的评估数值，具体计算公式为（这里以驱动力为例）：

$$Z(D_{ij}) = w_{D_i} \times y_{D_{ij}} \tag{7-32}$$

式中，$Z(D_{ij})$ 为驱动力子系统中的第 i 个指标在第 j 个年份的评估值；$y_{D_{ij}}$ 为标准化后的驱动力子系统中指标的具体数据；w_{D_i} 为驱动力子系统中第 i 个指标的权重值。

同理，分别求出压力、状态、影响以及响应子系统中第 i 个指标在第 j 个年份的评估值 $Z(P_{ij})$、$Z(S_{ij})$、$Z(I_{ij})$ 和 $Z(R_{ij})$。

（2）计算五个准则层因子在第 j 个年份的评估值，具体计算公式如下（以驱动力为例）：

$$Z(D_j) = \sum Z(D_{ij}) \qquad\qquad (7\text{--}33)$$

同理，分别求出另外四个准则层中压力因子、状态因子、影响因子以及响应因子的综合评估值 $Z(P_j)$、$Z(S_j)$、$Z(I_j)$ 和 $Z(R_j)$。

第四节　生态系统胁迫综合评估结果分析

由于本章建立的生态系统胁迫评价体系指标数量相对较多，属于统计研究中变量较多的类型，可以采用主成分分析法以少量却具有代表性的变量来研究分析、获取最重要的数据信息。在分析前，首先对原始数据进行预处理，利用 SPSS 软件对预处理后的数据进行标准化，从而得到指标间的相关系数、特征值、贡献率和累积贡献率，再选取其中的主成分对得到的因子载荷矩阵进行分析，最终对延边州 1996 年、2006 年、2016 年的生态系统胁迫指数进行综合评价，并且对结果进行比较。利用 ArcGIS 软件中的度量地理分布（measuring geographic distributions）工具，通过空间分析功能来体现各县级行政区生态系统胁迫分布情况，并分析 1996—2016 年延边州生态环境的发展趋势。

一、生态系统胁迫程度综合评估

按照主成分分析法的评价过程，对延边州 1996 年、2006 年、2016 年的生态系统胁迫程度进行评价。

（一）主成分分析适用性检验

由表 7–13 可知，生态系统胁迫的指标层原始数据经标准化后，数据 KMO 检验值为 0.697、0.743 和 0.725，Bartlett 球形检验结果相伴概率为 0，说明可对生态系统胁迫指标进行主成分分析。

表 7–13 KMO 检验和 Bartlett 球形检验

		1996 年	2006 年	2016 年
KMO 值		0.697	0.743	0.725
Bartlett 球形检验	df	15	23	21
	sig.	0.000	0.000	0.000

（二）确定主成分个数

通过综合分析以下两个方面来确定所提取主成分的数量。（1）全部的特征值在提取时都要大于特定的特征值，一般认定的特定值为 1，本研究采用之作为标准，提取所有特征值大于 1 的主成分；（2）所有主成分在提取时的累计贡献率至少要大于 85%，表示原有指标的绝大部分信息能被所提取的主成分概括。将前几个主成分的贡献率累加求和。从表 7–14 中可以看出，17 个因素根据总方差贡献值，最后确定 1996 年、2006 年和 2016 年的主成分个数分别为 3 个、4 个和 3 个，第一主成分、第二主成分、第三主成分及第四主成分贡献值的累计分别达到 88.759%、94.588% 和 89.045%，说明这几个主成分足够描述影响程度。

表 7–14 延边州生态系统胁迫评价指标的特征值和贡献率

	主成分	特征值	方差贡献率	累计贡献率
1996 年	1	10.239	60.232%	60.232%
	2	2.669	15.702%	75.934%
	3	2.180	12.825%	88.759%

续表

	主成分	特征值	方差贡献率	累计贡献率
2006 年	1	10.951	64.477%	64.477%
	2	2.587	15.216%	79.693%
	3	1.512	8.892%	88.586%
	4	1.020	6.002%	94.588%
2016 年	1	10.549	62.055%	62.055%
	2	2.648	15.577%	77.632%
	3	1.940	11.412%	89.045%

（三）主成分计算结果

对选取的主成分进行系统计算。首先可以将得到的主成分载荷矩阵（表 7-15）进行计算，得到主成分的表达式，再通过公式得到延边州不同年份、不同县级行政区的生态环境胁迫综合指数。

表 7-15　主成分载荷矩阵

指标	1996 年			2006 年				2016 年		
	F1	F2	F3	F1	F2	F3	F4	F1	F2	F3
Z1	0.308	0.072	−0.064	0.292	0.128	−0.010	0.078	0.298	0.116	−0.065
Z2	0.310	0.081	−0.009	0.301	0.011	−0.038	−0.039	0.304	0.032	−0.083
Z3	0.290	0.036	0.211	0.294	0.059	0.153	0.007	0.303	−0.037	0.061
Z4	0.262	0.242	0.058	0.286	0.051	−0.047	0.282	0.183	0.325	0.401
Z5	0.276	0.130	0.150	0.273	0.032	0.303	−0.058	0.299	0.028	0.097
Z6	0.232	0.295	0.127	0.238	0.117	0.253	−0.471	0.266	0.125	0.281
Z7	0.281	0.242	−0.050	0.281	0.205	0.081	0.058	0.298	0.092	−0.102
Z8	−0.177	0.356	0.364	−0.168	0.139	0.584	0.284	−0.226	0.061	0.335
Z9	0.106	−0.510	0.259	0.076	−0.581	0.089	−0.062	0.155	−0.503	−0.043
Z10	0.270	−0.226	0.140	0.247	−0.208	−0.094	0.429	0.229	−0.384	−0.121
Z11	−0.223	0.255	−0.240	−0.219	0.366	0.039	−0.202	−0.183	0.419	−0.043
Z12	−0.019	0.267	0.570	−0.224	0.165	−0.311	0.082	0.055	−0.122	0.664

续表

指标	1996 年			2006 年				2016 年		
	F1	F2	F3	F1	F2	F3	F4	F1	F2	F3
Z13	−0.228	0.200	−0.064	−0.209	0.212	0.035	0.565	−0.204	0.247	−0.131
Z14	0.289	0.136	−0.140	0.284	0.181	0.008	0.077	0.289	0.105	−0.148
Z15	−0.065	−0.230	0.454	−0.058	−0.465	0.319	0.149	−0.079	−0.342	0.288
Z16	0.272	0.174	−0.172	0.269	0.233	0.041	0.138	0.288	0.114	−0.147
Z17	−0.262	0.225	0.215	−0.229	0.117	0.499	−0.031	−0.258	−0.239	−0.105

（1）1996 年主成分：

用 Y_1、Y_2 和 Y_3 分别代表 1996 年生态系统胁迫指标的第一主成分、第二主成分和第三主成分，用标准化的指标数据与主成分载荷矩阵的数值相乘可以得到主成分的结果。

将第一主成分、第二主成分和第三主成分与它们的权重相乘，得到 1996 年生态系统胁迫指数的最终结果，其中权重就是它们的方差贡献率。

$$\text{HPI}_{1996} = Y_1 \times 0.602\,32 + Y_2 \times 0.157\,02 + Y_3 \times 0.128\,25 \qquad (7\text{–}34)$$

（2）2006 年主成分：

用 Y_1、Y_2、Y_3 和 Y_4 分别代表 2006 年生态系统胁迫指标的第一主成分、第二主成分、第三主成分和第四主成分，同理得到 2006 年生态系统胁迫指数的最终结果。

$$\text{HPI}_{2006} = Y_1 \times 0.644\,77 + Y_2 \times 0.152\,16 + Y_3 \times 0.060\,02 \qquad (7\text{–}35)$$

（3）2016 年主成分：

用 Y_1、Y_2 和 Y_3 分别代表 2016 年生态系统胁迫指标的第一主成分、第二主成分和第三主成分，同理得到 2016 年生态系统胁迫指数的最终结果。

$$\text{HPI}_{2016} = Y_1 \times 0.620\,55 + Y_2 \times 0.155\,77 + Y_3 \times 0.114\,12 \qquad (7\text{–}36)$$

生态环境综合评价核心和综合评价指标具有不同的量纲和数量级，不宜直观表现，也不利于综合分析，因此，有必要把上述各评价指标转换到同一个等级值或分值尺度上。本章将综合评价指标值转换到 100 分的分值尺度上，分值越高，反映评价单元综合生态环境质量越差（翁耐义，2014；任杰等，2015）。

在获取延边州各县级行政区各年份生态系统胁迫综合指数后，通过下式将其转换到 0—100 的分值范围内。

$$\left(\mathrm{HPI}_{\mathrm{score}}\right)_{ij}=\left[\frac{\mathrm{HPI}_{ij}-\min\left(\mathrm{HPI}_{ij}\right)}{\max\left(\mathrm{HPI}_{ij}\right)-\min\left(\mathrm{HPI}_{ij}\right)}\right]\times100 \qquad (7\text{–}37)$$

（$\mathrm{HPI}_{\mathrm{score}}$）$_{ij}$ 代表第 i 年第 j 个县级行政区生态环境胁迫综合得分，分值越高，说明该年其受到的生态环境胁迫越大（赵峥，2013）。HPI_{ij} 代表第 i 年第 j 个县级行政区生态环境胁迫综合指数。

从表 7–16 中可以看出，延边州 1996 年、2006 年和 2016 年各县级行政区中，生态系统胁迫指数最大的是延吉市。延吉市在三个时期的生态系统胁迫指数分别为 4.180 4、5.009 7、4.653 4，排序均为第一；其次是图们市，在三个时期的生态系统胁迫指数分别为 1.131 4、0.644 4、0.662 0，排序均为第二；受生态系统胁迫影响最小的是汪清县和安图县，汪清县在三个时期的生态系统胁迫指数分别为–1.799 0、–1.649 7 和–1.281 4；安图县在三个时期的生态系统胁迫指数分别为–1.394 1、–1.672 6 和–1.580 2。1996 年汪清县和安

表 7–16　1996 年、2006 年、2016 年延边州生态系统胁迫指数与排序

县市	1996 年			2006 年			2016 年			1996—2016 年 HPI 排序变化
	HPI	得分	排序	HPI	得分	排序	HPI	得分	排序	
延吉市	4.180 4	100.00	1	5.009 7	100.00	1	4.653 4	100.00	1	0
图们市	1.131 4	49.01	2	0.644 4	34.67	2	0.662 0	35.97	2	0
龙井市	0.376 7	36.39	3	0.372 1	30.60	3	0.283 0	29.89	3	0
珲春市	−0.298 6	25.09	4	−0.761 4	13.64	5	−0.511 2	17.15	4	0
敦化市	−0.810 1	16.54	5	−0.728 5	14.13	4	−1.018 8	9.01	5	0
和龙市	−1.386 7	6.90	6	−1.214 0	6.86	6	−1.206 7	5.99	6	0
汪清县	−1.799 0	0.00	8	−1.649 7	0.34	7	−1.281 4	4.79	7	−1
安图县	−1.394 1	6.77	7	−1.672 6	0.00	8	−1.580 2	0.00	8	1

图县的排序为第八和第七，2006 年排序变为第七和第八，2016 年维持 2006
年的位序。综合分析延边州的生态系统胁迫指数、得分及排序，可以得出
1996—2016 年延边州各县级行政区的生态系统胁迫指数由高到低排序为：延
吉市、图们市、龙井市、珲春市、敦化市、和龙市、汪清县、安图县。

　　从图 7– 4 可以看出，1996 年、2006 年和 2016 年延边州各县级行政区生
态系统综合胁迫指数变化趋势大体一致，在三个时期中，延吉市的生态系统
胁迫指数均为最大，其次是图们市和龙井市，这三个县级市的胁迫指数均为
正值；其他县级市或县的胁迫指数都为负值，其中珲春市和敦化市居中，汪清
县和安图县胁迫指数最小。2006 年全州不少县级行政区生态系统胁迫指数较
1996 年的有所上升，而 2016 年与 2006 年的指数相比，延边州部分地区的数
值有明显的下降。

图 7– 4　1996 年、2006 年、2016 年延边州各县级行政区生态系统综合胁迫指数变化

二、生态系统胁迫评估时间维度分析

　　在对延边州生态系统胁迫进行综合评估后，再从时间维度系统分析延边
州近 20 年生态系统胁迫的变化程度。以 1996 年、2006 年和 2016 年为研究
时间节点，对延边州生态系统胁迫指数进行分析。

（一）1996 年延边州生态系统胁迫指数分析

从图 7-5 分析，1996 年延边州各县级行政区生态系统胁迫指数大于 0 的是延吉市、图们市和龙井市，其胁迫指数值分别为 4.180 4、1.131 4 和 0.376 7。HPI 值在 0—1 的地区为龙井市，大于 1 的有延吉市和图们市。这三个县级市的生态系统胁迫指数排在前三位。HPI 值介于–0.5 与 0 的是珲春市，其胁迫指数值为–0.298 6，排名第四位；介于–1 与–0.5 的是敦化市，其胁迫指数值为–0.810 1，排名第五位；介于–1.5 与–1 的地区有两个，是和龙市和安图县，其胁迫指数值分别为–1.386 7 和–1.394 1，排名第六位和第七位。生态系统胁迫指数小于–1.5 的是汪清县，排名第八，其胁迫指数值为–1.799 0。

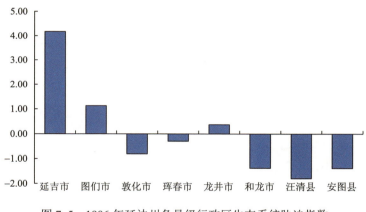

图 7-5　1996 年延边州各县级行政区生态系统胁迫指数

（二）2006 年延边州生态系统胁迫指数分析

从图 7-6 分析，2006 年延边州各县级行政区生态系统胁迫指数大于 0 的是延吉市、图们市和龙井市，其胁迫指数值分别为 5.009 7、0.644 4 和 0.372 1。HPI 值在 0—1 的地区有图们市和龙井市，大于 1 的地区仅有延吉市。相比 1996 年的数值，延吉市的胁迫数值有所上升，图们市和龙井市的胁迫数值略有下降，这三个县级市的胁迫指数排名没有发生变化，从第一名到第三名依旧为延吉市、图们市、龙井市。生态系统胁迫值介于–1 与–0.5

的是敦化市和珲春市，其胁迫指数值分别为–0.728 5 和–0.761 4，排名在第
四位和第五位，与 1996 年的排名相比发生了变化，敦化市上升一位，珲
春市下降一位。HPI 值介于–1.5 与–1 的仅有和龙市，其胁迫指数值为–1.214 0，
排名第六位，胁迫指数与 1996 年相比略有上升。生态系统胁迫指数小于
–1.5 的地区，也是排名全州最后两位的，是汪清县和安图县，胁迫指数值分
别为–1.649 7 和–1.672 6。

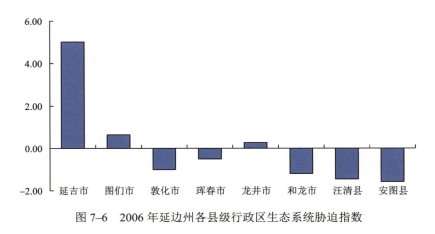

图 7–6　2006 年延边州各县级行政区生态系统胁迫指数

（三）2016 年延边州生态系统胁迫指数分析

从图 7–7 分析，2016 年延边州各县级行政区生态系统胁迫指数大于 0 的
是延吉市、图们市和龙井市，其胁迫指数值分别为 4.653 4、0.662 0 和 0.283 0。
HPI 值在 0—1 的有图们市和龙井市，大于 1 的仅有延吉市。相比 2006 年的
数值，延吉市和龙井市的胁迫指数值有所下降，图们市的胁迫指数值略有上
升，这三个县级市的胁迫指数排名没有发生变化，从第一名到第三名依旧为
延吉市、图们市、龙井市。HPI 值介于–1—–0.5 的是珲春市，其胁迫指数值
为–0.511 2，排名第四位，胁迫指数值与 2006 年相比有所上升。HPI 值介于
–1.5—–1 的共有三个，分别为敦化市、和龙市和汪清县，其胁迫指数值分别
为–1.018 8、–1.206 7 和–1.281 4，其中珲春市和敦化市的排名与 2006 年比较
发生了变化，珲春市排第四名，敦化市排第五名；和龙市和汪清县分列第六名、

第七名。HPI 值小于–1.5 且排名居全州最后的是安图县，其 HPI 值为–1.580 2，胁迫指数值较 2006 年略有上升。

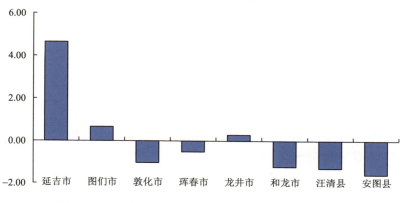

图 7-7　2016 年延边州各县级行政区生态系统胁迫指数

三、生态系统胁迫评估空间维度分析

为了更深层次地研究评估延边州生态系统胁迫及生态环境状况，也为了系统管理延边州生态环境，需要从空间的维度评价延边州各县级行政区的社会经济发展、地理环境等因素所导致的生态系统胁迫的差异。以下从空间维度系统分析延边州 1996—2016 年近 20 年生态系统胁迫的变化状态。

延边州的中部——延龙图地区的生态系统胁迫程度较大，西部的安图县和东北部的汪清县生态系统胁迫程度较小。

延吉市作为延边州经济发展最快、人口密度最大的中心城市，是延边州公路、铁路的交通枢纽。随着社会经济的不断发展，城市化进程的逐渐加快，延吉市面临着经济发展、人口密集对资源需求量不断增大的环境压力。延吉市的人口密度是八个县级行政区中最大的，城市建设用地面积最多，生活、工业污水排放最多，长期以来受人类活动的范围不断增大、程度不断加深的影响，每一个生态系统胁迫指标数值均最大，即生态系统胁迫程度最大。延龙图地区作为长吉图先导区开发开放战略的前沿城市，在三市一体化发展的过程中，与延吉市相邻的图们市，生态系统胁迫程度也很大，污水和 SO_2 排放量及建设用地面积仅次于延吉市，化肥施用量和水资源利用强度也较高，但环保投资力度较低，故其生态系统胁迫程度仅次于延吉市，排名第二。生态系统胁迫排名第三的龙井市，生态环境也受到了影响，三个县级市中龙井市的化肥施用量最高，人均 GDP 处于延边州所有县级行政区的最低水平。延吉市、龙井市和图们市由于地理位置有优势，再加上政府政策的大力支持，此三个县级市的经济得到了快速发展，但生态环境问题以及如何正确地展开生态保护，政府和相关部门应予以重视，加大生态环境保护力度。

珲春市作为延边州的"对外窗口"，地处中、俄、朝三国交界地区，旅游产业、经济贸易发展迅速，经济在延边州各县级行政区中排第四位，生态系统胁迫指数也排名第四位。珲春市的胁迫指数值有一定程度的偏高，因为其经贸业比较发达，人均 GDP 指数最高，也导致污水和 SO_2 排放量偏高，使生态环境受到影响。

排名第五的敦化市是延边州中行政区域面积最大的县级市，随着时间的推移，人口数量的增加，人类对生活物资的需求增大，该地区开始大范围进行农作物的种植，使得森林覆盖率降低，耕地面积扩大，化肥施用量有明显的增加。由于人为高强度的活动，城市内部的生活污水以及工业废水排放量持续增加，从而使生态环境遭受胁迫的影响。

排名第六位的和龙市近几年经济发展快速，给区域的生态环境带来一定不利影响，旅游经济的发展和农田土地质量的破坏均导致该地区生态环境处于不断恶化的趋势中。

安图县和汪清县生态系统胁迫较小。安图县拥有本州境内面积最大的自然保护区，并且森林覆盖率（约 88%）相对高于延边州其他县级行政区。两县较少的人口数量、较适度的工业规模，加上优良的森林生态环境，维护了汪清县和安图县的生态环境状况。

四、各项生态胁迫因子分析

建立指标体系应具备科学性、系统性、可量化性、可操作性和层次性，在充分考虑这些原则的情况下，将延边州的生态系统胁迫分为驱动力、压力、状态、影响和响应五个子系统，各个子系统之间相互影响、相互制约和相互作用。丰富的自然资源、优异的生态环境以及科学又合理的社会结构层次，能够促进社会经济水平的稳步发展，从而进一步促进社会结构的良性发展，同时有助于提高人们的物质生活，丰富人们的精神生活。对延边州地区生态系统胁迫进行评估分析，更进一步是为促进社会与自然环境和谐发展，以及为改善延边州区域生态环境提供科学建议和决策。

根据第四章综合指数法计算的详细步骤，先将延边州1996年、2006年、2016年17个指标的数据利用熵值法进行标准化处理，再计算指标的权重大小，最后通过得到的权重，结合标准化数据，采用综合指数法以求取延边州20年间每一项因子指数的值和准则层5个子系统指数（表7-17和图7-8）。

表7-17　1996年、2006年、2016年延边州各项生态系统胁迫因子指数值

年份	驱动力指数	压力指数	状态指数	影响指数	响应指数
1996年	0.076	0.112	0.087	0.106	0.098
2006年	0.103	0.159	0.042	0.147	0.171
2016年	0.124	0.096	0.065	0.123	0.159

从表7-17中可以看出，1996年，驱动力指数和状态指数均相对较小，对生态系统胁迫的影响较低；压力指数作用最大，其次为影响指数和响应指数，表明在1996年，生态系统胁迫压力子系统对生态环境造成的影响最大。

到2006年，整个生态系统胁迫指数所形成的多边形变化显著[图7-8(b)]，整体呈现出从图形的下方向图形的左右两侧变化。其中影响指数呈上升的态

势；压力指数和响应指数都有所提升，说明压力子系统和响应子系统对生态
系统胁迫有明显的作用；驱动力指数和状态指数略有变化，驱动力子系统呈
上升态势，状态子系统呈下降态势。

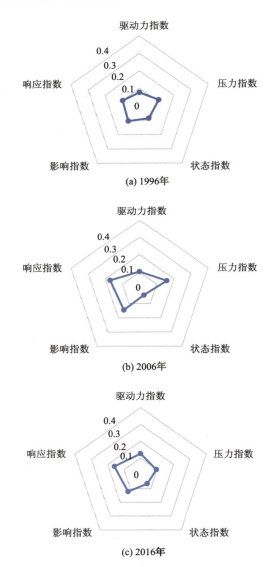

图7-8　1996年、2006年和2016年延边州生态胁迫因子指数变化

2016 年生态系统胁迫指数的变化趋势与 2006 年相比又有明显不同。在 2006 年的基础上，压力指数有小幅度下降，这主要是由于政策的实施，减轻了直接排放污染对生态环境的损害，与此同时也使生态系统胁迫变化情况最直接的表征因子——生态环境的状态指数得到了相对显著的提升。始终保持显著上升状态的为驱动力子系统，从侧面说明了人们的生活质量和环境质量得到了明显提高，同时保护环境的响应措施在逐年加大力度，对区域生态系统胁迫的作用逐渐增大。

再用折线图的形式将延边州生态系统胁迫五项因子指数 20 年的变化态势呈现出来（图 7–9）。

图 7–9　1996 年、2006 年和 2016 年基于 DPSIR 模型的延边州各项生态胁迫因子变化

从 1996 年至 2016 年，延边州生态系统胁迫驱动力指数呈上升态势，指数从 0.076 上升至 0.124，增幅高达 63.2%。随着社会经济的发展，城市的快速扩张，人口数量剧增，人均 GDP、建设用地面积和城镇公路建设长度都在逐年增加。这些因子对生态环境的影响也在不断加大，使驱动力指数对生态系统胁迫作用强度不断增大。

压力指数从 1996 年到 2006 年呈上升态势，从 0.112 上升到 0.159；2006 年至 2016 年呈下降态势，该值下降至 0.096；总体为下降的态势。从 1996

年至 2006 年，压力指数值上升的主要原因是农业和工业的快速发展，造成了污染加重。SO_2 排放量、污水排放量和化肥施用量等指标都在不断增加，导致延边州的生态胁迫作用较大，给区域的生态环境带来一定的影响。

状态指数在这 20 年间直观展示了延边州生态环境的现状。从 1996 年至 2016 年，状态指数是先减少后增加，从 0.087 下降到 0.042，又增加至 0.065。这与延边州的土地利用强度有显著的关系。土地利用强度的加大，森林覆盖面积和水域面积的减少，都给生态环境造成严重的影响。2006 年后，人们增强了环境保护的意识，结合退耕还林、还草等措施的实施，生态环境的保护取得了一定的效果。

影响指数在这 20 年间总体上呈波动上升的态势，从 0.106 上升至 0.147，又降至 0.123。这个数值变化反映了区域内生态系统服务价值先上升后下降。近几年来水资源的合理利用使得影响指数发生变化。

响应指数代表了采用何种解决生态问题的办法和呈现出的效果。在这 20 年间，响应指数先从 0.098 上升至 0.171，又随着时间的推移下降至 0.159。提升响应指数的动力主要来自政府环保力度的增强和自然保护区开发等政策措施的实施，提高了生态环境质量。

五、生态系统胁迫与可持续发展基本对策

当前社会背景下，可持续发展是我国社会转型的重要发展方向，这需要调节好人与环境之间的关系，人类要从一味地追求物质生活向谋求永续发展的方向发展。近年来延边州政府高度重视地区生态环境发展，本章通过分析延边州地区的生态系统胁迫评估结果，可以清晰地了解和认识延边州土地利用现状以及生态环境的实际状况，在此基础上给政府提出合理的对策与建议，为促进区域可持续发展提供生态保障，并为进一步的生态文明建设提供相关的策略参考。

优化土地利用结构，保护生态用地。根据延边州生态胁迫的程度，加之研究区本身拥有的自然生态条件，在延边州土地利用结构中，林地、水域的

减少和建设用地的不断扩张使得延边州生态胁迫程度增大。近年来人类大范围高强度地在城镇中开发建设，逐渐破坏了原有的生态系统结构。因此，要合理地优化土地利用结构，根据具体情况实施生态用地保护。伴随着农业经济的不断发展，耕地面积与日俱增，更应减少化肥和农药的使用量，杜绝毁林开荒的行为。要限制城镇建设用地的大范围扩张，合理利用未利用地，做到不弃地。科学合理地调整人与土地之间的关系，要增大城镇绿化面积，并与城市生态建设有机地结合起来，逐步完善生态系统良性循环，改善生态系统结构和整体功能。

调整林业生态结构，合理开发水资源，促进区域生态系统持续发展。随着政府政策的实施和人们保护环境意识的增强，生态系统的健康质量得以逐渐改善，但是种种人为活动仍然对生态系统造成了胁迫。我们不能只着眼于眼前的利益，而是要确保未来的发展趋势。延边州近 20 年林地不断减少，调节林地生态结构、完善生态环境、发展优势产业、加强林业生态经济、带动城市发展，应成为重要的发展方向。以山区为主的延边州，森林资源十分丰富，占全州面积的 80%以上，因为之前盲目地乱砍滥伐，森林生态环境在一定程度上遭到了破坏。就目前情况，应合理对林业生态结构做出调整，制订林业生态经济规划并开展生态项目建设，实现森林资源的科学管理，采取植树造林等手段，保持森林生态系统的稳定。同时在城市中要保护水资源，禁止居民及工厂企业向河流排放污水和倾倒生活垃圾。须制订水源合理开发计划，涵养水源，保障水资源的质量。加强环境污染治理力度，让城市建设和生态环境保护协调发展，并促进区域的可持续发展。

引领绿色文化旅游理念，深化人地和谐共处思想。目前延边州旅游资源的开发产生了一系列生态环境问题，使延边州生态环境受到了一定的胁迫，因此绿色旅游的发展理念也需要高度重视。在提倡绿色旅游的实践中，人类应尽可能做到无污染旅行，按照生态智慧的基本原则对旅游中的交通选择、饮食准备、计划活动等进行安排。利用科学技术人为地建设绿色旅游住宿以及观光设施，少建钢筋混凝土建筑；在资源使用中尽量利用太阳能等可再生资源；开发适合当地的绿色食品。这些对策不但是为当今社会提供更加舒适、安全和有利身心健康的旅游场所，而且可以最终做到合理利用资源和保护生态环境。在绿色旅游中融入可持续发展理念的同时，要贯穿人地和谐共处的基本思想。

加强环境保护的宣传教育，提高生态文明的意识。优化生态系统质量的最终目的是保证区域的自然环境与经济环境、社会环境三者之间可持续发展。生态系统的协调发展需要依靠每一个人的参与，政府部门要加大生态环境保护的宣传和教育力度，提高生态环境保护的监管和监测能力，使居民能够自觉形成一定的环保意识。在工业企业经营者和城市居民中广泛普及生态文明理念，在全社会倡导生态环境保护和绿色消费。中小学校应积极带领学生植树，在高校要多开城市生态学、环境学等理论学习的课程，在相关大学和科研院所的支持下，加大力度投入科学研究，根据研究区实际情况全面且系统地开展生态环境保护和恢复的研究。

本 章 小 结

本章基于生态胁迫的概念与基础理论，以延边州生态系统胁迫评估为目标，基于土地利用变化和社会经济因素，将生态系统胁迫作为衡量生态系统的重要指标。通过 DPSIR 模型，结合研究区的自然、人文和社会特征，选取17 个代表研究区生态系统的驱动力、压力、状态、影响和响应的胁迫指标，建立了生态系统胁迫指标体系。详细分析了每个指标因子的动态变化特征，并根据研究区的实际情况，探讨了变化原因。本章分析了 1996 年、2006 年和 2016 年研究区各个指标对生态系统胁迫的影响程度，结合各县市的生态环境现状，提出了有利于生态环境的对策和建议。主要结论如下：

第一，研究区内生态系统胁迫指数最高的是延吉市，说明延吉市的生态问题仍需高度重视，合理解决生态环境问题。其次为图们市，近年来生态环境有所改善，但仍需加强城市生态建设，改善市区环境状况。生态胁迫综合指数最小的地区是汪清县和安图县，说明这些地区的区域发展对生态环境影响较小，生态环境相对较好，生态胁迫压力小。综合分析研究区各县市的生态系统胁迫程度，根据具体情况合理规划并改善生态环境，以期实现区域的可持续发展。从时间维度和空间维度对研究区不同年份、不同县市的生态系统胁迫程度进行了详细描述。从时间角度看，1996—2006 年研究区生态系统胁迫指数总体呈上升趋势，2006—2016 年总体呈小幅下降趋势。从空间角度看，研究区各县市中延龙图地区的延吉市、图们市和龙井市生态系统胁迫指数最高，其次是珲春市、敦化市和和龙市，最后是汪清县和安图县。

第二，利用综合指数法，从 DPSIR 模型的五项因子角度分析研究区的生态环境。从驱动力指数、压力指数、状态指数、影响指数和响应指数五个方面对研究区生态环境进行分析。首先通过熵值法确定各项指标的权重，综合计算五项因子指数，具体解析不同指标所带来的影响。从时间角度分析，1996 年驱动力指数和状态指数均较低，其中压力指数作用最大，说明 1996 年压力因子对生态环境的影响最大。2006 年影响指数、压力指数和响应指数有所提升，说明影响、压力和响应因子对生态系统胁迫有显著作用。2016 年压力指数略有下降，这得益于近年来政府加大力度，提出一系列保护生态环境的政策，缓解了直接排放对生态环境的危害，同时提升了生态环境的状态指数。驱动力指数仍保持明显上升趋势，说明人们的生活水平和环境质量得到了明显提高，同时保护环境的响应措施逐年强化，对区域生态系统胁迫的作用逐渐增大。为了更直观地分析各个指标的作用大小，从五个因子中的具体指标入手，系统地探究研究区生态系统胁迫变化原因及生态环境的变化情况。

第三，根据延边州生态系统胁迫的实际结果，提出优化土地利用结构，保护生态用地；调整林业生态结构和合理开发水资源，促进可持续发展；引领绿色文化旅游理念，深化人地和谐共处思想；加强环境保护的宣传教育，提高生态文明意识四点措施。

第八章 图们江地区城市生态系统服务变化与保护对策

　　进入 21 世纪，城市化的快速发展给人类文明建设带来了影响，伴随着人类文明的不断向前发展，又极大地提高了城市化的进程以及社会各个领域如经济、教育和文化的快速进步，创造了丰富的物质财富，充实着人类社会的精神文明。然而，社会的进步是把双刃剑，人类社会从自然环境和生态系统中获得的大量物质财富，也给生态系统本身造成了巨大的损害，伴随而来的是众多问题，如污染环境、人口数量剧增、资源的破坏和过度消耗，影响甚至阻碍着人类社会生活质量的提高（王阳，2007）。就目前而言，人类活动的范围和强度不仅仅干扰着生态系统，甚至有进一步破坏生态系统的可能性。比如，全球范围内生态用地都遭受不同程度的占用和破坏，林地被侵占、草地被开垦等行为使局部和全球的生态环境恶化。人口增长和城市化进程导致的日益严重的生态危机以及经济利益驱动下人类与生存环境质量的矛盾不断加剧，使得人类社会需要从生态学的角度出发去探讨发展人工复合型的生态系统，通过这种措施确保人与自然、社会与生态、经济与环境的协调发展。

　　城市作为人类生存和活动的重要集聚地，它是提升人民生活水平、推动经济快速发展、节约自然资源和保护生态环境的主要区域。在全球气候变化和经济全球化的背景下，为了实现区域可持续发展，建设良好的生态环境、合理地节约利用资源、提供便捷的居民生活方式的新型生态化城市已经成为当今时代的必然趋势，因为这是一种提倡人与自然和谐共生、共同发展的模式，也是一种强调可持续发展的新方向。生态系统胁迫一词具有综合表达性，它不仅仅包含了多种学科类型的知识和应用，其研究成果还将伴随着人类不断加强生态环境保护的意识和行为。在今后一段时期，提升生态系统健康水平、重塑局部乃至全球生态系统环境的完整、落实可持续发展战略已经成为全世界人们的共同目标和努力的重点，因此，加强生态系统管理力度、提升生态系统服务质量，对构建生态文明建设的积极理念具有重要的意义。当前在"一带一路""长吉图开发开放先导区和图们江-鸭绿江跨国城镇带"等政策的背景下，延边州作为图们江地区开放核心区，其社会经济呈一体化发展趋势，亟需从区域整体角度解决生态环境问题，优化生态系统服务，以维持图们江地区"社会-经济-自然"协调发展的可持续性。

第一节　生态系统服务变化

延边州位于国家北部屏障区的东北森林带，同时处于中国长白山区域，是我国重要的生态功能区。该生态功能区域能够为人类提供粮食和水产品生产、固碳释氧、土壤保持、气候调节与水源涵养等生态系统服务。结合 1996 年、2006 年和 2016 年延边州的实际情况和数据的可获取性，本研究选取了食物供给、植被净初级生产力（NPP）、土壤保持和生境质量四种生态系统服务功能指标进行制图，并且研究这四种服务之间的协同与权衡关系，这对于延边州和中国长白山地区生态系统服务的协调、可持续发展具有积极意义。

一、食物供给服务

食物供给服务是指生态系统通过农业生产为人类提供的粮食和其他食物资源。

（一）模型概述

本研究中食物供给服务分别采用 1996 年、2006 年和 2016 年延边州八个县级行政区所提供的粮食、水产品、肉类、水果和奶类产量的热量总和，以不同食物种类所对应的能量表进行转换（表 8–1）。其计算公式如下：

$$N_i = \sum_{x=1}^{x} C_x \times E_x \qquad (8\text{–}1)$$

式中，N_i 表示区域 i 中所提供的食物总能量（兆焦）；C_x 为不同类型 x 的产量（千克）；E_x 为各种食物所包含的热量（千焦/千克）。

表 8–1　不同种食物类型能量（kJ/kg）

食物类型	肉类	水果	粮食	奶类	水产品
热量	3 915	436	3 162	690	782

（二）食物供给服务动态分析

由食物生产模型计算可得，1996 年延边州食物生产总量为 2.5×10^9 千焦。其中敦化市的食物生产服务最高，供给量为 8.0×10^8 千焦；龙井市紧随其后，供给量为 4.76×10^8 千焦；图们市的食物生产量最低，仅为 7.66×10^7 千焦；延吉市的食物生产量也比较小，供给量为 8.95×10^7 千焦。2006 年，延边州的食物生产迎来了三个年份节点中的一次高峰产量，食物生产量总计高达 4.8×10^9 千焦。敦化市依旧保持食物生产量的领先位置，为 1.56×10^9 千焦；龙井市也以 8.93×10^8 千焦的食物生产量保持全州第二的位置；图们市和延吉市的食物生产量依旧较少，其数值分别为 1.8×10^8 千焦和 2.5×10^8 千焦。但较之 1996 年，两市的食物生产有了较为明显的增长。2016 年，延边州食物生产量有小幅度下降，总供给量为 4.7×10^9 千焦。敦化市依旧以 1.71×10^9 千焦的食物生产量位居第一；汪清县以 8.05×10^8 千焦的供给量居于全州供给量排名第二位。虽然龙井市的供给量下降得比较明显，但是仍然以 9.1×10^7 千焦的食物生产量位居全州第三。图们市的食物生产量依旧最少，供给量为 1.21×10^7 千焦。

从以上数据不难看出，1996—2016 年，延边州食物生产量呈现出先增加后减少的趋势。全州食物生产量最大的地区位于西部的敦化市，供给量最小的区域位于延边州的中部，其中包括延吉市和图们市，并且 1996—2006 年和 2006—2016 年食物生产量变化差异显著（图 8-1）。

图 8-1　1996—2006 年和 2006—2016 年食物供给量变化

　　1996—2006 年，大多数地区的食物供给量呈现出增加的态势；2006—2016 年，大多数地区的食物供给量呈现出减少的态势。具体而言，延吉市和图们市这两个城市在 1996—2006 年食物供给量略有增加，但在 2006—2016 年食物供给量减少。敦化市在 1996—2006 年食物供给量显著增加，是所有地区中增幅最大的一个；然而，在 2006—2016 年，食物供给量有所下降。珲春市在 1996—2006 年食物供给量呈现波动，但总体略有上升；在 2006—2016 年则明显减少。龙井市 1996—2006 年食物供给量显著增加，但在 2006—2016 年急剧减少。和龙市在 1996—2006 年食物供给量有所增加，在 2006—2016 年则明显减少。汪清县 1996—2006 年的食物供给量增加明显，在 2006—2016 年再度增加。安图县在 1996—2006 年食物供给量增加显著，但在 2006—2016 年有所减少。

二、植被净初级生产力

植被净初级生产力是指单位时间单位面积植被通过光合作用产生的有机物质总量中扣除自养呼吸后的净余部分，即净固碳量，它是衡量生态系统可持续性和功能协调性的可靠指标（Piao *et al.*，2009）。CASA 模型（Carnegie-Ames-Stanford Approach）能够很好地估算植被净初级生产力，并可用于大面积植被净初级生产力估算。

（一）食物生产动态分析

本研究使用 CASA 模型来计算植被净初级生产力值，其公式如下：

$$NPP(x,t) = \sum \left[APAR(x,t) \times \varepsilon(x,t) \right] \tag{8-2}$$

$$APAR(x,t) = SOL(x,t) \times FPAR(x,t) \times 0.5 \tag{8-3}$$

$$\varepsilon(x,t) = T_{\varepsilon1}(x,t) \times T_{\varepsilon2}(x,t) \times W_{\varepsilon}(x,t) \times \varepsilon^* \tag{8-4}$$

式中，$APAR(x, t)$是在位置 x 和时间 t 处吸收的总光合作用辐射，单位为 g C·m^{-2}·mon^{-1}；$\varepsilon(x, t)$是 $APAR(x, t)$对有机干物质的光利用效率，单位为 g C·MJ^{-1}；$SOL(x, t)$是位置 x 和时间 t 处的太阳辐射，单位为 MJ·m^2；$FPAR(x, t)$表示在 t 月份植物在细胞 x 所吸收光合作用辐射的占比；常数 0.5 则表示为有效的太阳辐射占太阳总辐射的比例；$W_{\varepsilon}(x, t)$是水分胁迫系数；$T_{\varepsilon1}(x, t)$和 $T_{\varepsilon2}(x, t)$是低温应力系数和高温应力系数；ε^*是理想条件下的最大光利用效率，单位为 g C·MJ^{-1}，其值为 0.389 g C·MJ^{-1}。

（二）CASA 模型的可行性验证

检验 CASA 模型的成果精度是研究的必要步骤。通过对 CASA 模型进行可行性验证，能保证研究区内所研究植被净初级生产力的可靠性、准确性和实用性。对成果数据的验证方式主要有两种，第一种是通过实地调研获得样本的实测数据来比较模型运行成果；第二种是将成果数据与其他相关的模型结果进行相关性分析。由于研究区内的实测数据获取的难度较高，因此本研究采取第二种方式，对比研究区其他研究成果，并进一步采用 MODIS 的植被净初级生产力数据产品进行可行性验证。通过这种方式对研究区 CASA 模型的研究成果进行精度检验。

1. 与 MODIS 的植被净初级生产力数据进行比较

采用 MODIS 的植被净初级生产力数据对研究成果进行验证已成为当前数据验证的主要方式（Piao *et al.*，2009；王建文，2019）。本研究验证所采用的数据是通过 NASA 网站（https://lpdaac.usgs.gov/data）下载的 MOD17A3HGF 数据集中的植被净初级生产力数据。该数据是对 MOD17A3.055 数据集的改进。MOD17A3HGF 数据集中的植被净初级生产力数据的时间分辨率为年，时间范围为 2000 年 2 月 18 日至今，空间范围为全球，正弦曲线坐标系，文件格式为 HDF-EOS，且分辨率为 500 米（Running and Zhao，2019）。

MOD17A3HGF 数据集中的植被净初级生产力数据从 2000 年开始，将本研究 2006 年和 2016 年的植被净初级生产力数值与 MOD17A3HGF 数据进行对比验证。首先对 MOD17A3HGF 数据进行预处理，定义投影和投影变换；然后将影像重采样，与本研究的空间分辨率 250 米达到一致；再通过生成 1 000 个随机验证点，剔除 MOD17A3HGF 数据中的填充值；最后将剩余的样本点的植被净初级生产力值与 CASA 模型的测算结果进行对比分析。2006 年和 2016 年植被净初级生产力数值验证结果见图 8–2 和图 8–3。其结果显示，两期 CASA 模型模拟出的数值与 MODIS-NPP 产品数值的 R^2 均达到了 0.65 以上，证实了本章所应用的 CASA 模型具有较高的实用性和准确性。

2. 与已有成果进行比较

CASA 模型当前已被众多学者在不同尺度和不同区域的研究中采用。然而，不同区域的自然因素和模型参数导致不同区域植被净初级生产力数据具有明显的差异性，而同一土地利用类型的植被净初级生产力数值则相对稳定。因此，在验证 MOD17A3HGF 数据集中的植被净初级生产力数据的基础上，将本章研究所得的植被净初级生产力数值与相似区域的已有成果进行对比，再次验证本研究 CASA 模型模拟的可靠性。

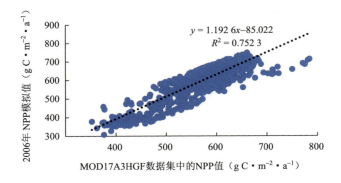

图 8–2　MOD17A3HGF 与 2006 年植被净初级生产力模拟值比较

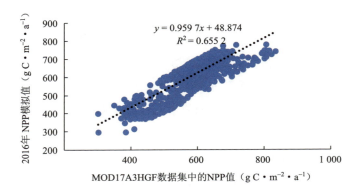

图 8–3　MOD17A3HGF 与 2016 年植被净初级生产力模拟值比较

　　本研究采用 1996 年、2006 年和 2016 年植被净初级生产力模拟数值，首先获取研究区植被净初级生产力数值的空间分布图，然后将植被净初级生产力数值与土地利用数据进行空间叠加分析，得到研究区各种土地利用类型的植被净初级生产力平均值。由表 8–2 可知，就国家尺度而言，本研究与朱文泉等（2007）的研究模拟数值相差不大。本研究还从邻近区域比较分析本研究的模拟结果。以图们江跨国界区域为例，研究成果与王健文（2019）的估算成果较为接近。以东北地区为例，与赵国帅等（2011）的估算成果相比，本研究草地的植被净初级生产力均值为 427.39 g C·m^{-2}·a^{-1}，略高于赵国帅等人研究中草地的植被净初级生产力均值 310 g C·m^{-2}·a^{-1}，耕地的植被净初级生产力均值相差不大。与张峰、周广胜（2008）的估算成果相比，本研究中林地和草地植被净初级生产力均值略大于前者研究中林地和草地的估算值（570 g C・m^{-2}・a^{-1} 和 336 g C・m^{-2}・a^{-1}），而本研究耕地植被净初级生产力均值略小于前者研究中耕地的估算成果（503 g C・m^{-2}・a^{-1}）。与毛德华等（2012）的估算成果对比，本研究中耕地的植被净初级生产力均值440.23 g C・m^{-2}・a^{-1}，分布在毛德华等的估算区域范围内。与程春晓等（2014）的估算结果相比，本研究的估算成果略高于其研究成果。

表 8–2　本研究植被净初级生产力模拟值（g C・m^{-2}・a^{-1}）与已有成果的对比

研究者与研究时间范围	土地利用类型					
	林地	草地	耕地	水域	建设用地	未利用地
本研究，1996—2016 年	643.60	427.39	440.23	211.65	306.30	268.62
王健文，2000—2016 年		469.97		205.57	280.40	249.07
朱文泉等，2007 年		507.4	426.5	236.8	347.1	
赵国帅等，2000—2008 年		310	424			
张峰、周广胜，1982—1999 年	570	336	503			
毛德华等，1982—2010 年			400—600			
程春晓等，2000—2010 年		256.859	282.18	160.46	211.375	170.22

在大多数研究中，东北地区森林植被的植被净初级生产力数值估算通常选择阔叶林、针叶林和针阔混交林的土地利用类型。而在本研究中并未采用阔叶林、针叶林和针阔混交林，而是采用林地这一土地利用类型。为了进一步证明本研究数据的精确性与可用性，本研究将研究区植被净初级生产力均值与其他研究成果进行对比。通过文献查询，本章研究区三个年份的植被净初级生产力均值为 605.42 g C・m^{-2}・a^{-1}，略高于王健文（2019）文章中中国一侧植被净初级生产力均值 584.29 g C・m^{-2}・a^{-1}，而低于毛德华等（2012）长白山脉地区的数值。毛德华等的文章中指出，在长白山脉地区，温带常绿针叶林和落叶阔叶林植被占主要部分，并且由于海洋气候，水热资源丰富，植被净初级生产力值相对较高，在 700 g C・m^{-2}・a^{-1} 以上（毛德华等，2012）。在近期的研究中，王春力等人（Wang et al.，2020）指出，在长白山区域内，

2008—2015 年，该地区的植被净初级生产力均值为 764.09 g C · m^{-2} · a^{-1}，本研究的估算成果略低于该值。

综上所述，本研究 CASA 模型的植被净初级生产力模拟值与已有估算成果较为接近，研究成果均值介于已有成果的预测数值之间，并且研究区植被净初级生产力均值也处于研究成果的范围之内，这证实了本模型的研究成果具有可靠性和准确性。

（三）植被净初级生产力服务动态分析

通过 CASA 模型模拟出 1996 年、2006 年和 2016 年延边州植被净初级生产力空间分布结果（图 8-4）。依据模拟结果可以看出，1996—2016 年延边州植被净初级生产力的空间分布具有一定的差异性。从空间上看，植被净初级生产力高值主要分布在延边州的西北部和西南部，低值主要位于延边州的中部，即延吉市、和龙市和龙井市附近。这种分布主要是受到地物类型的影响，比如延边州西南部的长白山自然保护区和敦化市北部都覆盖着大面积的林地，而在植被净初级生产力低值区（延龙图附近）则存在大量的耕地和建设用地。从时间上看，2006 年出现了植被净初级生产力的最高值 865.2 g C · m^{-2}，2016 年出现了植被净初级生产力的最低值 0。从总量和平均值的角度来看，1996 年延边州植被净初级生产力总量为 26.87 Tg C，平均值为 621.2 g C · m^{-2}；2006 年植被净初级生产力总量为 25.5 Tg C，平均值为 589.14 g C · m^{-2}；2016 年植被净初级生产力总量为 26.21 Tg C，平均值为 605.93 g C · m^{-2}。延边州

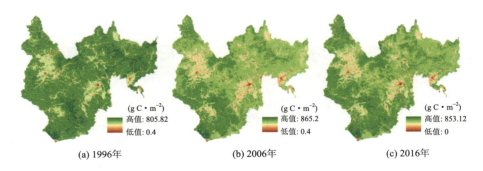

(a) 1996年   (b) 2006年   (c) 2016年

(a) 高值: 805.82 低值: 0.4   (b) 高值: 865.2 低值: 0.4   (c) 高值: 853.12 低值: 0 （单位: g C · m^{-2}）

图 8-4　1996 年、2006 年和 2016 年延边州植被净初级生产力空间分布

NPP 总量在 1996—2016 年呈现出先减少后增加的态势。虽然延边州植被净初级生产力总量出现逐渐转好的趋势，但从图 8-4 看，对比 1996 年，延边州部分地区植被净初级生产力数值依旧出现了减少的情况，以东部的珲春市和汪清县减少最为严重。

从表 8-3 可以看出，在 1996—2006 年延边州除安图县之外，其他几个县级行政区的植被净初级生产力总量都有所减少。其中以珲春市减少最为显著，其次是汪清县，而和龙市减少最少。较之 1996—2006 年，在 2006—2016 年，珲春市的植被净初级生产力增加量最多，紧随其后的是敦化市，图们市增加最少，而安图县的植被净初级生产力总量却有所减少。在 1996—2016 年，从整体上来看，延边州地区除安图县与和龙市的植被净初级生产力总量有所增加之外，其余县级行政区都减少，以汪清县的减少量最为显著，敦化市减少量最小。从各县级行政区的均值来看，安图县与和龙市的植被净初级生产力均值始终处于前列。2016 年与 2006 年相比，大部分县级行政区的数值有所回升，但是较之 1996 年仍有差距。

表 8-3　1996—2016 年延边州各县级行政区植被净初级生产力的总量、变化量和均值

	总量（Tg C）			变化量（Tg C）			均值（g C·m⁻²）		
	1996 年	2006 年	2016 年	1996—2006 年	2006—2016 年	1996—2016 年	1996 年	2006 年	2016 年
安图县	4.74	4.75	4.74	0.01	−0.01	0.001	632.18	633.70	632.34
和龙市	3.18	3.13	3.22	−0.06	0.09	0.03	632.74	621.55	639.11
敦化市	7.04	6.85	7.03	−0.19	0.18	−0.01	605.04	588.58	604.41
延吉市	1.03	0.96	0.99	−0.07	0.04	−0.04	595.85	552.78	573.95
汪清县	5.59	5.16	5.29	−0.43	0.13	−0.30	631.43	583.12	598.08
图们市	0.70	0.62	0.65	−0.08	0.03	−0.05	620.56	548.14	577.18
龙井市	1.30	1.20	1.28	−0.10	0.08	−0.02	591.71	546.78	582.98
珲春市	3.22	2.75	2.94	−0.47	0.19	−0.28	637.10	544.77	581.81

延边州不同土地利用类型植被净初级生产力总量反映出了区域内各种土地利用类型固碳能力的差异性（表 8-4）。1996 年，延边州植被净初级生产力

总量最高，紧随其后的是 2016 年，2006 年的植被净初级生产力总量最低。1996年延边州林地植被净初级生产力总量为24.23 Tg C,耕地总量约为2.07 Tg C，分别占全区植被净初级生产力总量的 90.17%和 7.7%；植被净初级生产力总量占比最小值为草地和水域。2006 年，延边州林地的植被净初级生产力总量占比依旧是第一位，较之 1996 年，占比值有所下降；耕地的植被净初级生产力总量占比有小幅度的提升。2016 年，延边州林地的植被净初级生产力总量为 23.29 Tg C，占比为三个年份中最低；耕地的植被净初级生产力总量为 2.13 Tg C，占比为三个年份中最高的；林地和耕地植被净初级生产力总量占比值分别为 89.06%和 8.15%。

表 8–4　延边州不同土地利用类型植被净初级生产力总量及占比

土地利用类型	1996 年总量（Tg C）	占比（%）	2006 年总量（Tg C）	占比（%）	2016 年总量（Tg C）	占比（%）
建设用地	0.25	0.96	0.29	1.13	0.32	1.22
耕地	2.07	7.70	2.06	8.07	2.13	8.15
林地	24.23	90.17	22.77	89.27	23.29	89.06
草地	0.17	0.65	0.29	1.15	0.30	1.15
水域	0.14	0.52	0.10	0.38	0.11	0.42
未利用地	0.00	0.00	0.00	0.00	0.00	0.00
总计	26.87	100.00	25.50	100.00	26.15	100.00

三、土壤保持服务动态变化分析

土壤保持的定义为潜在土壤流失与实际土壤流失之间的差异（Feng et al., 2017；Wang et al., 2017），即指生态系统在一年内保留的土壤。

（一）模型概述

本研究使用通用土壤流失方程来计算土壤保持量（Qiao et al., 2019）。

其公式如下：

$$A_c = A_p - A_r \qquad (8–5)$$

$$A_p = R \times K \times L \times S \qquad (8–6)$$

$$A_r = R \times K \times L \times S \times C \times P \qquad (8–7)$$

式中，A_c 是土壤保持量（$t \cdot hm^{-2} \cdot a^{-1}$）；$A_p$ 是潜在的土壤侵蚀量（$t \cdot hm^{-2} \cdot a^{-1}$）；$A_r$ 是实际土壤侵蚀量（$t \cdot hm^{-2} \cdot a^{-1}$）。土壤侵蚀量、保持量的单位为吨/（平方毫米·年）。R 是降雨侵蚀因子；K 是土壤侵蚀因子；L 是坡度的长度；S 是坡度；C 是植被覆盖因子；P 是作物经营管理因子。以下利用 ArcGIS 10.1 软件对各因子进行计算。

降雨侵蚀是指由降雨引起的土壤侵蚀，降水侵蚀因子 R 是评价降雨侵蚀的动力指标，在美国是通用水土流失方程中的重要因子。其计算公式：

$$R = 105.44 \times \frac{(P_{6—9})^{1.2}}{P} - 140.96 \qquad (8–8)$$

式中，$P_{6—9}$ 为 6—9 月的降水量之和，P 为全年降水量。降水量的单位为毫米。

不同类型土壤具有不同的侵蚀速度，在土壤侵蚀因子 K 的计算公式中，EPIC 模型主要考虑土壤的组成成分粒径和有机碳。其估算公式为：

$$K = \left\{ 0.2 + 0.3exp\left[-0.0256SAN(1-SIL/100) \right] \right\} \left(\frac{SIL}{CLA + SIL} \right)^{0.3} \times$$
$$\left[1 - \frac{0.25C}{C + exp(3.72 - 2.95C)} \right] \left[1 - \frac{0.7SN_1}{SN_1 + exp(-5.51 + 22.9SN_1)} \right] \qquad (8–9)$$

式中，C 为土壤有机碳含量（%）；SAN、SIL 和 CLA 分别为砂粒、粉粒和黏粒含量，其中 $SN_1=1-SAN/100$。

地形作为水土流失中最直接和重要的因素之一，分为影响土壤侵蚀的两个重要因子——坡长因子（L）和坡度因子（S），所采用的计算公式为通用水土流失方程中的栅格单元坡长因子计算方法。其计算公式为：

$$L = (\lambda / 22.1)^m \qquad (8–10)$$

式中，L 代表坡长因子；m 代表可变的坡长指数和；λ 代表水平投影坡长，其

中 m 的计算公式为：

$$m = \beta / (1+\beta) \tag{8-11}$$

式中，β 是细沟侵蚀与细沟间侵蚀的比值。其计算公式为：

$$\beta = \frac{\dfrac{\sin\theta}{0.0896}}{3 \times \sin\theta^{0.8}} + 0.56 \tag{8-12}$$

式中，θ 为栅格单元的坡度。

$$S = \begin{cases} 10.8\sin\theta + 0.08 & \theta < 5° \\ 16.8\sin\theta - 0.5 & 5° \leqslant \theta \leqslant 10° \\ 21.9\sin\theta - 0.96 & \theta \geqslant 10° \end{cases} \tag{8-13}$$

植被覆盖因子 C 在较大程度上影响着土壤侵蚀的强弱程度，并且能够及时反馈各种植被覆盖应对土壤侵蚀时所产生的成果。本研究通过 NDVI 值来测算植被覆盖度，其公式为：

$$fC = \left(\frac{NDVI - NDVI_{min}}{NDVI_{max} - NDVI_{min}}\right)^K \tag{8-14}$$

$$C = \begin{cases} 1 & fC = 0 \\ 0.650\,8 - 0.343\,6 \lg fC & 0 < fC < 0.783 \\ 0 & f > 0.783 \end{cases} \tag{8-15}$$

式中，fC 表示植被覆盖度；$NDVI_{min}$ 表示当土地没有植被覆盖时代表影像中某个土壤类型 NDVI 的低值；$NDVI_{max}$ 则代表某个地物类型的 NDVI 的最大值；K 为经验系数，取值为 1。

土壤侵蚀受人类活动中的农耕方式和制度影响较大，并且一般来讲，水土保持因子 P 的取值范围为 0—1，值越大则该地区内土壤侵蚀越严重。对不同的土地利用类型，本研究采用欧阳志云等人（2015）研究文章中的赋值数值，并且考虑当地实际情况得出表 8–5。

表 8–5　延边州水土保持因子（P）

土地类型	林地	耕地	建设用地	水域	草地	未利用地
数值	0	0.35	1	1	0	1

（二）土壤保持动态分析

延边州土壤保持量空间分布见图 8–5。1996—2016 年，延边州土壤保持量空间分布存在异质性。以土壤保持量为 200 t/km² 为界线，2016 年大于 200 t/km² 的区域面积要多于 1996 年和 2006 年，同样地，1996 年也多于 2006 年，2006 年土壤保持量大于 200 t/km² 的区域面积在三个年份中最小。从整体上看，土壤保持量大于 200 t/km² 的区域主要分布在延边州敦化市的北部山脉和延边州南部的和龙市、龙井市、安图县境内；在 1996 年和 2016 年，延边州东部珲春市境内也出现相对较大面积的土壤保持量大于 200 t/km² 的区域。相对应的是以土壤保持量 10 t/km² 为另一界线，小于这一界线的区域主要分布在延边州西南部的安图县境内，另外还分布在城市区域和耕地区域。

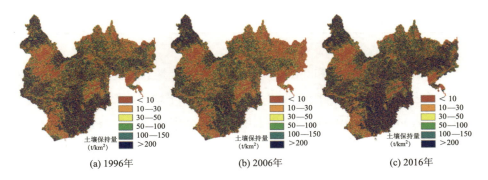

图 8–5　1996 年、2006 年和 2016 年延边州土壤保持量空间分布

延边州不同土地利用类型土壤保持总量反映出了区域内各土地利用类型土壤保持能力的差异。2016 年延边州土壤保持总量最高，紧随其后的是 1996 年，2006 年的土壤保持量总量最低（表 8–6）。1996 年，延边州林地土壤保持总量为 80.71×10⁶ t，耕地土壤保持总量约为 3.16×10⁶ t，分别占全区土壤保持总量的 94.29% 和 3.69%；比值最小的为建设用地和未利用地。2006 年，林地土壤保持总量占比依旧是第一位，但是较之 1996 年，占比有所下降；2006 年耕地的土壤保持总量占比有小幅度提升，且是三个年份中占比值最高的年份，为 4.06%。2016 年，建设用地的土壤保持总量高于其他两年，其值

为 0.6×10^6 t，占比为 0.68%；林地的土壤保持总量为 82.46×10^6 t，占比在三个年份中处于第二位，为 93.62%；耕地的土壤保持总量为 3.44×10^6 t，占比也居三个年份中的第二位，为 3.91%。

表 8–6　延边州地区不同土地利用类型土壤保持总量及占比

	1996 年土壤保持总量（10^6 t）	占比（%）	2006 年土壤保持总量（10^6 t）	占比（%）	2016 年土壤保持总量（10^6 t）	占比（%）
建设用地	0.44	0.51	0.53	0.64	0.60	0.68
耕地	3.16	3.69	3.37	4.06	3.44	3.91
林地	80.71	94.29	77.52	93.41	82.46	93.62
草地	0.64	0.75	1.11	1.34	1.09	1.23
水域	0.62	0.73	0.43	0.52	0.46	0.53
未利用地	0.03	0.03	0.03	0.03	0.03	0.03
总计	85.59	100.00	82.99	100.00	88.07	100.00

在 1996 年、2006 年和 2016 年，延边州各种土地利用类型的平均土壤保持量具有显著的差异性（图 8–6）。林地始终保持平均土壤保持量的最大值，1996 年、2006 年和 2016 年的平均土壤保持量分别为 2 183.9 t/km²、2 149.7 t/km² 和 2 280.2 t/km²；而最小值的土地利用类型为未利用地，其在三个年份的均值分别为 536.95 t/km²、493.85 t/km² 和 527.34 t/km²。相比较其他土地利

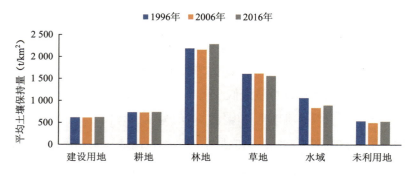

图 8–6　1996 年、2006 年和 2016 年不同土地利用类型平均土壤保持量

用类型，草地的平均土壤保持量从 1996 年至 2016 年始终处于下滑趋势，从 1 606.52 t/km² 下降到 1 560.6 t/km²。除草地之外，其余的土地利用类型都经历了平均土壤保持量先减后增的过程；只有林地在 2016 年的均值超越了 2006 年，其余的土地利用类型 2016 年的平均土壤保持量均未超越，依旧小于 2006 年。

1996—2016 年，延边州各县级行政区的土壤保持量都有所波动，以敦化市波动最大（表 8–7）。和龙市和敦化市在土壤保持量方面一直稳居榜首，而图们市和延吉市则因为地区面积太小，土壤保持量一直处于末尾。

表 8–7　1996—2016 年延边州各县级行政区土壤保持量（10^6 t）

	延吉市	图们市	敦化市	珲春市	龙井市	和龙市	汪清县	安图县
1996 年	3.68	4	17.92	6.40	5.76	20	12.32	15.52
2006 年	3.04	3.68	25.76	3.36	4.96	16.96	10.40	14.72
2016 年	3.68	5.92	13.76	8.80	7.68	20.64	13.60	14.08

四、生境质量服务

生态系统服务的生产与生物多样性有着密切的联系，因此可以通过分析土地利用对生物多样性的威胁程度计算得出生物多样性本身所具有的空间化特征。InVEST 模型中的生境质量模块，能够评估研究区生境类型的区域范围或者各种植被类型的退化态势，以下通过这种方式来阐述对生物多样性的影响。

（一）模型概述

本研究将采用 InVEST 模型并结合土地利用和生物多样性威胁因素来对延边州生境质量进行制图。

生境质量模块的使用与四种条件密不可分：①每一种生境类型对每一种威胁具有相对敏感性；②每一种威胁的影响程度；③单元区域所享受的各种保护程度；④栅格单元对于威胁的相对距离。同时所需数据有以下几种：①目前的土地覆被或利用图；②威胁因子；③威胁因子图层；④地物类型对威胁因子的敏感性。

依据所述模型运作的具体要求，需要对相关参数进行配置，并且需对数据进行栅格处理，转换成栅格数据，以满足不同研究区域生境质量评价分析。所需要的数据和公式如下：

（1）当前土地利用图

由前文可知，当前土地利用图基于 1996 年、2006 年和 2016 年的土地利用数据。土地利用类型主要分为六类。

（2）威胁因子

在生境质量模块中，威胁因子是通过空间距离来测算对地物类型网格的影响，并且被分为两种相关——指数相关和线性相关，其影响的程度用公式表示如下：

$$i_{rxy} = 1 - \left(\frac{d_{xy}}{d_{rmax}}\right) if \ linear \tag{8-16}$$

$$i_{rxy} = \exp\left[-\left(\frac{2.99}{d_{rmax}}\right)d_{xy}\right] if \ exponential \tag{8-17}$$

式中，i_{rxy} 表示威胁因子导致的影响程度；d_{xy} 是表示在空间上，土地利用类型 x 和土地利用类型 y 的相对距离；d_{rmax} 是表示在空间上，威胁因子 r 所影响的最大距离，并且，栅格单元距离威胁越近，威胁的影响程度越显著。当然，受研究区域范围大小的影响，威胁因子的种类、权重及最大影响距离等因素也会随之改变。

结合延边州当地的实际情况，并参考 InVEST 模型使用指南和相关文献，采用专家打分法，各威胁因子数据如表 8-8。

（3）土地利用图层

通过 ArcGIS 软件分别对 1996 年、2006 年和 2016 年延边州的土地利用数据采用重分类的方法，以此对各个威胁因子的分布和影响程度的栅格数据进行表述。在所涉及的各个图层中，通过赋予栅格单元对应数值来表示当前栅格单元是否存在威胁，以及威胁强度大小。通常来说，受到人类活动影响较为明显的威胁因子，属性为 1，不明显的则为 0。

表 8–8 威胁因子数据

威胁因子	衰退相关	最大影响距离	权重
耕地	线性相关	7	0.7
未利用地	线性相关	2	0.3
建设用地	指数相关	8	0.8
农村居民用地	指数相关	6	0.6

（4）威胁因子图层

在生态系统中，每一种地物类型都具有不同的威胁敏感度，而且模型假定地物类型对生态威胁敏感度越强，则地物类型就具有越明显的退化度。所以，在生境类型 j 中，栅格 x 的总威胁程度大小 D_{xj} 表示为：

$$D_{xj} = \sum_{r=1}^{R} \sum_{y=1}^{Y_r} \left(\frac{w_r}{\sum\limits_{r=1}^{R} w_r} \right) r_y i_{rxy} \beta_x S_{jr} \qquad (8\text{–}18)$$

式中，y 是指所有的栅格单元，且这些栅格单元仅存在于 r 威胁栅格图中；Y_r 代表某一栅格，而且某一栅格仅存在于 r 威胁栅格图上。

结合刘方田等（2020）、杨志鹏等（2018）、杨苏诗（2019）的研究，本研究各土地利用类型对威胁因子的敏感度是参考《InVEST 用户指南》，并考虑到研究区域的实际生态环境情况，得出表 8–9。

表 8–9 土地利用类型对威胁因子的敏感度

土地利用类型	自然属性	建设用地	农村居民用地	未利用地	耕地
未利用地	0	0	0	0	0
耕地	0.4	0.4	0.3	0.3	0.3
林地	1	0.7	0.6	0.15	0.75
草地	1	0.4	0.4	0.3	0.5
建设用地	0	0	0	0	0
农村居民用地	0	0	0	0	0
水域	1	0.7	0.6	0.5	0.65

在生境质量模块的计算中，每一个栅格单元的生境质量 Q_{xj} 的公式为：

$$Q_{xj} = H_j \times \left[1 - \left(\frac{D_{xj}^{z}}{D_{xj}^{z} + k^z} \right) \right] \qquad (8\text{-}19)$$

式中，Q_{xj} 是土地利用类别 j 的地块 x 中的栖息地质量；H_j 是分配给土地利用类别 j 的栖息地分数，其值范围为 0 到 1；z 表示模型中默认设置为 2.5 的比例因子；D_{xj}^{z} 代表具有土地利用或生境类型 j 的网格单元 x 中的总威胁级别；k 代表设置为景观网格分辨率大小一半的半饱和常数。

（二）生境质量服务动态分析

从生境质量空间分布图（图 8-7）上看，1996 年、2006 年和 2016 年延边州绝大多数区域的生境质量值在接近 1 的状态，其值分别为 0.907、0.890 和 0.895。这种情况主要是由于这三个年份中延边州林地面积分别高达 85.44%、83.57% 和 83.59%，林地为延边州的生态提供了良好的自然环境。耕地和建设用地区域皆处于生境质量低值区，而生境质量最低值的用地类型为建设用地，可以看出，建设用地对自然生态环境的破坏较为严重。耕地区域也处于低值区，耕地活动也对生境质量产生较为显著的影响。从整体上看，延边州生境质量空间变化不太明显，需要结合土地利用数据来具体分析。

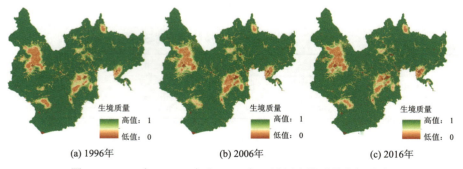

图 8-7　1996 年、2006 年和 2016 年延边州生境质量空间分布

从 1996 年至 2016 年，延边州林地依旧保持较高的生境质量值，但生境质量却在不断下降（表 8-10）。耕地的生境质量值从 1996 年到 2006 年略有

下降，2016 年的值相对 2006 年保持不变；草地和水体则是先减少后增加；而建设用地、未利用地和农村居民用地的生境质量值保持为 0。综合来看，延边州生境质量平均值先减后增，自然生态环境逐渐好转，但依旧没有达到1996 年的生境质量水平。

表 8-10　延边州地区不同土地利用类型生境质量值

	建设用地	耕地	林地	草地	水体	未利用地	农村居民用地	平均值
1996 年	0	0.390 001	0.988 82	0.988 03	0.976 44	0	0	0.477 61
2006 年	0	0.39	0.987 87	0.986 73	0.976 03	0	0	0.477 23
2016 年	0	0.39	0.987 77	0.987 94	0.977 24	0	0	0.477 56

从 1996 年至 2016 年，延边州各县市保持较高的生境质量值（表 8-11）。以珲春市、和龙市、汪清县和安图县为例，三个年份生境质量值始终保持在0.9 之上。除汪清县以外，2016 年各县级行政区的生境质量对比 1996 年均有所下降，其中以延吉市和珲春市生境质量下降最为严重。总而言之，延边州各县级行政区生境质量值呈现先减少后增加的态势，各县级行政区的自然环境有所好转，但与 1996 年的生境质量水平相比仍有一定差距。

表 8-11　1996—2016 年延边州各县级行政区生境质量值

	延吉市	图们市	敦化市	珲春市	龙井市	和龙市	汪清县	安图县
1996 年	0.864 5	0.895 3	0.899 1	0.941 6	0.856 7	0.937 3	0.937 3	0.925 2
2006 年	0.835 0	0.874 0	0.885 5	0.915 5	0.818 0	0.927 5	0.933 4	0.932 4
2016 年	0.841 2	0.880 2	0.876 3	0.918 3	0.850 2	0.931 4	0.939 1	0.921 4

第二节　生态系统服务之间关系研究

人类社会从生态系统中获取的服务具有多重性。由于生态系统服务的多样性特征，其内部具有相对复杂的相互作用，这种相互影响主要表现为相互增益或此消彼长的作用关系，协同为相互增益，权衡则为此消彼长。探讨生态系统服务中的权衡与协同关系，可以实现对生态系统的合理利用，也可以增强对生态系统内部各种关系的理解，达到更好的管理效果。

一、生态系统服务相关性分析

本研究将结合 1996—2006 年和 2006—2016 年生态系统服务的变化，并采用相关性分析来确定 1996 年、2006 年和 2016 年延边州生态系统服务的相互关系。图 8-8 中各分图左下方为圆形彩色图，右上方为各种生态系统服务之间的相关系数，圆形彩色图和相关系数共同展示了生态系统服务相互之间相关性的状态。圆形彩色图的大小反映相关系数数值，值越大则圆的面积越大，颜色从深红色到绿色代表负相关，从绿色到深蓝色为正相关。

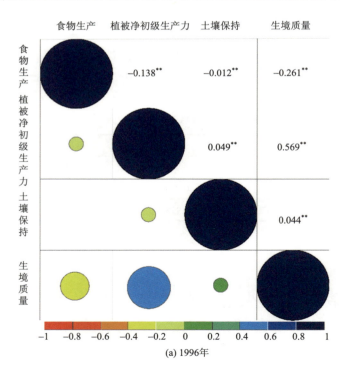

(a) 1996年

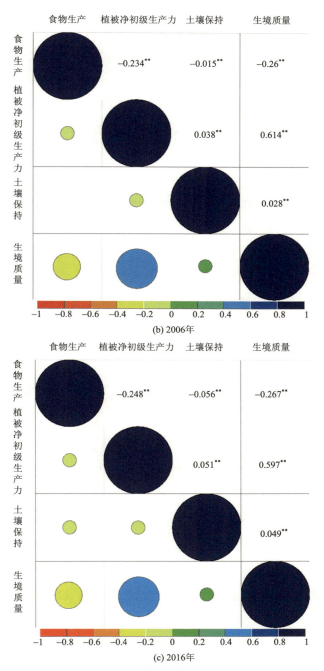

图 8-8　1996—2016 年延边州四种生态系统服务之间相关性

注：" *" 表示相关性在 0.1 上显著；" **" 表示相关性在 0.05 上显著。

在所有年份中，食物生产服务和生境质量之间都呈显著负相关，这意味着此二者之间存在权衡关系，相关系数的大小虽然在 2006 年有小幅度的下降，但在 2016 年上升且超过了 1996 年，总体表明权衡相关性呈增加的态势。在食物生产服务和植被净初级生产力服务关系中，二者呈现出负相关，并且负相关性逐年增加。而在整个研究期间内，植被净初级生产力服务与生境质量之间始终保持着正相关关系，即协同作用，这种关系保持着较高的数值，从 1996 年到 2006 年上升，但在 2006 年到 2016 年有所下降。1996 年和 2006 年，食物生产和土壤保持之间虽然没有呈现较为明显的负相关，但是在 2016 年，食物生产和土壤保持表现出了显著的负相关。1996—2016 年，食物生产服务与植被净初级生产力服务、土壤保持、生境质量都有着权衡关系，且与生境质量的权衡关系表现得更为显著。从 1996 年至 2016 年，植被净初级生产力服务始终和生境质量服务、土壤保持服务保持着较为显著的协同关系，且与生境质量服务的协同作用相关度最高，生境质量服务与土壤保持服务之间也保持着显著的协同关系。

二、生态系统服务权衡与协同关系分析

就生态系统服务的变化量而言，1996—2006 年，食物生产服务的增加伴随着植被净初级生产力服务、土壤保持服务和生境质量的下降：当食物生产总量从 2.5×10^9 kJ 增加到 4.8×10^9 kJ 时，植被净初级生产力服务总量从 26.87 Tg C 减少到 25.5 Tg C，土壤保持服务总量从 85.6×10^6 t 减少到 82.99×10^6 t，生境质量值从 0.9 降低到 0.89。而在 2006 年到 2016 年，食物生产服务的减少伴随着植被净初级生产力服务、土壤保持服务和生境质量的增加：当食物生产总量从 4.8×10^9 kJ 减少到 4.7×10^9 kJ 时，植被净初级生产力服务总量从 25.5 Tg C 增加到 26.15 Tg C，土壤保持服务总量从 82.99×10^6 t 增加到 88.07×10^6 t，生境质量值从 0.89 上升到 0.894。因此，某一种生态系统服务的增加会影响另一种或者其他多种生态系统服务，通过退耕还林和植树造林等措施，必然会极大地改善植被净初级生产力服务、土壤保持服务和

生境质量服务。

在不同的时空观测尺度下，生态系统服务的相互关系具有一定的差异性。本研究通过数据归一化，用延边州各县级行政区的生态系统服务变化量来简单地展示生态系统服务的协同与权衡关系。

图 8-9(a)中，伴随着食物生产的增加，1996—2006 年，除安图县以外，其余县级行政区生境质量和植被净初级生产力服务均为减少的；敦化市土壤保持量出现了大幅度的增加，呈现出食物生产和土壤保持的协同作用；安图县除了土壤保持服务减少外，其余三种生态系统服务都表现出增加的态势。在图 8-9(b)中，2006—2016 年延边州各县级行政区植被净初级生产力服务和生境质量均增加，表现出协同的态势；延吉市和汪清县四种服务都处于协同

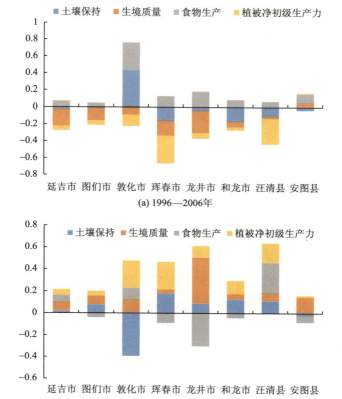

图 8-9　1996—2006 年和 2006—2016 年延边州各县级行政区生态系统服务变化

的状态；敦化市和安图县依旧表现出土壤保持与植被净初级生产力服务、生境质量的权衡状态；其他县级行政区呈现出食物生产与其余三种生态服务的权衡，而除食物生产外的三种生态服务之间呈协同关系。

第三节　生态系统服务保护对策措施

延边州生态系统服务变化较为明显。1996—2016 年，食物生产服务呈现先增加后减少的态势，植被净初级生产力服务呈现先减少后增加的态势，土壤保持量和生境质量值也出现先减少而后增加。就表征土地利用类型贡献的生态系统服务量而言，林地在植被净初级生产力服务方面始终保持 89% 以上的贡献率，在土壤保持服务方面始终保持 93% 以上的贡献率，同时生境质量值也在 0.98 之上；耕地在食物生产服务、植被净初级生产力服务和土壤保持服务方面也具有不容忽视的作用；而草地和水体的贡献主要体现在生境质量方面。在延边州不同县级行政区的生态系统服务量方面，敦化市在食物生产、植被净初级生产力服务方面具有最高的贡献率，和龙市在土壤保持方面具有最高的贡献率，而汪清县的生境质量处于最高水平。

延边州生态系统服务之间的相互关系显著，总体来说，以植被净初级生产力服务与生境质量服务之间的关系最为明显，而土壤保持与生境质量之间的相互关系最不显著。进一步看，食物生产与植被净初级生产力服务、土壤保持服务和生境质量服务之间存在权衡关系；植被净初级生产力服务、土壤保持服务和生境质量服务两两之间呈现出协同的关系。由县级行政区尺度的研究不难发现，大部分县级行政区依旧呈现出与延边州全州尺度相同的态势，但在局部地区呈现出四种服务协同增长以及土壤保持与植被净初级生产力服务、生境质量之间的权衡。这也进一步说明了在不同的时空观尺度下，生态系统服务的相互关系具有一定的差异性。

生态系统服务保护涉及水源保护区、自然保护区、森林公园等生态限建区域，它们是延边州景观生态安全格局中的重中之重，是生态物种、生态要素生存的最基本生境，也是维护研究区生态安全的最基本保障和生态底线。因此，应设立相应的禁止建设区范围，今后应坚持生态环境保护原则，当地环境相关管理者应严格执行并监督，严禁任何开发建设侵占或破坏"源地"内的生态用地。

应利用遥感技术对土地利用类型进行周期性监测。应加大监管力度，严禁在生态保护区内进行砍伐、放牧、狩猎、采药、开垦、开荒、采石和挖沙等活动，还应提高景区管理水平，把游客数量控制在景区承载力之内，应禁止建设大规模服务设施。

有些生态保护区的保护还是存在问题的，如在延吉市六道水库一级水源保护区、图们市凤梧水库水源保护区、黄草沟森林公园、城子山风景区、帽儿山生态敏感核、天佛指山生态敏感核南部、老头沟镇西部地质灾害高易发区内存在少量建设用地和耕地。这些建设用地对区域内环境造成的污染较为严重，会破坏生态系统，必须及时处理，政府应尽快出台相关移民政策，鼓励生态保护区内的农村居民点按照城乡规划在异地统一建设，并且要做好对这些居民的后续保障，避免出现回迁现象；对于保护区内的耕地，因为农业生产活动过程中不可避免地会使用一些农药，并产生重金属污染物，或多或少会对水源造成污染，所以也应该高度重视。政府部门应加大宣传力度和技术政策扶持力度，使水源周边居民转变传统观念，调整农业产业结构；对已受破坏的土地组织复垦，积极开展退耕还林；还应建立严格的监管体系，将已调查清楚的土地利用情况纳入数据库，加强对各类用地的监测力度。

本 章 小 结

本章基于多种模型分别估算了延边州多种生态系统服务总量，此外，采用相关性分析方法分析了多种生态系统服务之间的相互关系，并以县市尺度系统研究生态系统服务的权衡与协同关系，提出研究区的生态系统服务保护对策措施。主要结论如下：

第一，在 1996—2016 年，延边州的生态系统服务发生了显著变化。食物供给服务呈现先增加后减少的态势，植被净初级生产力服务、土壤保持服务和生境质量服务则表现出先减少后增加的态势。

第二，从土地利用类型对生态系统服务量的贡献来看，林地在植被净初级生产力服务中始终保持 89% 以上的贡献率，在土壤保持服务中贡献率始终保持在 93% 以上，同时在生境质量服务方面得分也保持在 0.98 以上。耕地在食物供给服务、植被净初级生产力服务和土壤保持服务中也发挥了重要作用，而草地和水体的贡献主要体现在生境质量服务上。

第三，在延边州不同县市的生态系统服务量方面，敦化市在食物供给、植被净初级生产力服务中贡献率最高，和龙市在土壤保持服务方面具有最高的贡献率，而汪清县的生境质量处于最高水平。

第四，延边州生态系统服务之间的相互关系显著。总体来看，植被净初级生产力服务与生境质量服务的关系最为明显，土壤保持与生境质量之间的关系最不显著。食物生产与植被净初级生产力服务、土壤保持服务和生境质量服务之间存在权衡关系；而植被净初级生产力服务、土壤保持服务和生境质量服务之间呈现相互协同的关系。通过县市尺度的分析发现，大部分区域呈现出与全州尺度相同的态势，但在局部区域则呈现出四种服务协同增长和土壤保持与植被净初级生产力服务、生境质量的权衡状态。这进一步说明在不同的时空尺度下，生态系统服务的相互关系具有一定的差异性。

第五，提出了延边州生态系统服务保护的九点对策。

第九章　结论

　　城市生态用地作为城市复合生态系统的重要组成部分，是构建城市宜居生活、保障生态安全的基础。然而长期以来，我国传统的城市规划往往只注重对城市建设的控制和引导，却忽视了城市生态用地的保护和建设，已有的城市生态规划大多停留在概念阶段，或是仅对生态环境进行分析，缺乏有效的实施途径。如何从用地角度建立科学的评价方法，将生态用地空间布局与生态过程和功能结合起来，并与城乡规划空间管控体系相结合，总结建立起城市生态用地规划的方法与内容体系，这已成为当前城市规划关注的热点和难点（蔡云楠等，2014）。生态系统服务研究的重要目的是辅助自然资产管理与规划管理决策应用。从生态用地变化视角探讨生态系统服务可持续性评价方法，有利于加强对土地利用变化与生态系统服务关联性的认识。通过建立生态系统服务与土地利用管理之间的反馈关联，开展生态系统服务保护研究，可为促进生态系统服务研究转向区域规划管理实践提供重要参考。

　　图们江地区社会经济发展与生态环境矛盾有日益激化的态势，如何在保持经济增长的同时维持生态系统的健康发展，使生态系统服务能够满足区域可持续发展，已成为图们江地区亟待解决的现实问题。面对生态用地缩减而社会发展对生态系统服务的需求却不断增加的现实矛盾，图们江地区亟须寻求有效提升生态系统服务可持续性供给的发展模式。图们江地区生态系统服务的空间格局如何？发生了怎样的变化？哪些自然和人文因素在影响生态系统服务功能的变化？这些问题已成为准确把握图们江地区生态系统服务可持续性供给的关键问题。本书以生态用地变化如何对生态系统服务功能产生影响为问题指向，将人文地理学对社会、经济、文化等因素的研究优势，融入生态用地变化对生态系统服务功能影响的研究中；将生态系统服务与社会经济发展组成情景矩阵，设计情景方案，分析不同情景下生态用地变化对生态系统服务功能的影响，并对各情景方案的模拟结果进行综合效益评价，探索最佳的土地利用模式，优化图们江地区城市生态用地空间格局，提出生态系统服务保护对策。本书主要研究工作可概括为以下几个方面：

一、延吉市作为图们江地区快速城市化的区域，是吉林省东部最大的中心城市，是以发展工业、商贸服务业、旅游业为主的具有民族特色的边疆开放城市，是东北亚经济圈中图们江流域"大三角"的三个支点城市（即俄罗斯的符拉迪沃斯托克、朝鲜的清津、中国的延吉）之一。延吉市地理位置的特殊性和重要性决定了其独特的地位，然而作为支撑延吉市发展的生态环境已受到旅游业发展和交通设施建设等人类活动的影响，遭到一定程度的破坏，导致生态环境结构发生了一定程度的变化。综合以上考虑，本书基于 S-PRD 概念模型，利用灰色关联分析对延吉市生态安全进行了评价及预警研究。

二、"延龙图"是延吉市-龙井市-图们市的简称，是图们江地区东部发展带的重要节点，即图们江地区开发的核心区域。近几年来随着生态文明建设的大力开展，延龙图地区也逐渐开始重视生态用地的保护，以期合理利用土地资源，在加快经济发展步伐的同时兼顾生态文明的建设。本书在明确最小生态用地意义的基础上，深化了最小生态用地的内涵，基于 ArcGIS 平台，运用空间分析对延龙图地区最小生态用地的空间范围进行了测算与识别。

三、从图们江地区城市规划需求出发，基于景观生态学和生态系统服务功能理论与方法，以城市生态系统服务功能为导向，分析了延龙图地区的城市生态用地空间结构与生态系统服务功能的关系，并以生态系统服务功能优化和提升为目标，基于"3S"技术和 MatLab 平台，对延龙图地区城市生态用地空间结构进行了评价；识别出研究区域极重要、重要、一般重要三种重要程度的生态用地的分布情况，基于 ArcGIS 平台、耦合逻辑回归模型和元胞自动机模型模拟了延龙图地区城市生态用地在 2025—2035 年的空间格局，将其与各类型生态用地的重要性相结合，进行延龙图地区 2025—2035 年生态用地模拟优化。

四、基于延龙图地区生态用地空间结构评价结果，运用 Fragstats 4.2 软件对延龙图地区生态用地进行空间分布特征分析，以生态用地保护为目标，基于最小累积阻力模型，运用 GIS 空间分析方法构建了延龙图地区生态用地的景观生态安全格局，基于所得的景观生态安全格局对延龙图地区生态用地进行了保护研究。

五、采用以点带面的研究范式，将研究区扩展至图们江地区开放核心区——延边朝鲜族自治州的城市化区域，基于 DPSIR 模型，选取了 17 个代表生态系统驱动力、压力、状态、影响、响应五个因素的胁迫指标，建立生态系统胁迫指标体系，详细地对每一个指标因子的数值做了动态变化特征分析，并根据研究区实际情况，探究产生变化的原因，就 1996 年、2006 年、2016 年的各个指标分析了生态系统胁迫的影响程度。

六、基于研究区生态系统胁迫评估结果，采用 InVEST、CASA 和 USLE 模型，对延边朝鲜族自治州城市化区域的生境质量、植被净初级生产力、土壤保持、食物生产四种生态系统服务进行估算，并分析四种生态系统服务的时空格局及演变特征，从而对生态系统服务进行优化配置，以获取未来最佳土地利用格局。

关于生态用地变化对生态系统服务的影响过程与机理的探讨一直是该领域研究的核心问题与难点之一，本书虽然总结了作者团队多年来的系列创新性研究成果，但对于极为复杂的城市生态系统而言，由于生态用地变化与生态系统服务相互作用的过程存在复杂的非线性关联，加之目前对于图们江地区生态系统服务的尺度效应和空间异质性的认识仍缺乏有力参考，研究面临诸多挑战。限于作者团队的能力和精力，存在以下问题有待于未来深入探讨。

一、本书分析评价了生态用地变化背景下生态系统服务的变化，但缺乏从生态学角度对土地利用变化的生态系统服务形成机制进行探讨，相关结论尚显粗浅。未来还有待通过加强实验观测，对生态用地变化影响生态系统服务的过程与机理进行深入探究，就本书相关研究结论进行实地调查监测，与图们江地区现实情况做对比验证。

二、当前已有大量研究指出生态系统服务具有时空异质性和尺度效应，本书从静态角度评价局地范围内生态系统服务的空间权衡、供需变化以及敏感性，所得结论具有一定的片面性。未来应加强对图们江地区社会经济发展背景差异、时空尺度效应等方面的探索，深化生态系统服务的时空异质性及其尺度效应的研究，以提高研究结论的系统性和科学性。

三、关于城市生态系统服务功能评价，本书研究多集中在单项生态服务功能，尚需探讨一套科学的生态系统服务功能重要性评价方法，把生态系统服务功能保护理念纳入图们江地区的城市规划之中。图们江地区城市生态用地空间规划将围绕生态城市建设目标，深化城市总体规划的生态建设与环境保护内容，维护城市生态空间格局，调节城市生态过程，保障城市生态安全，增强城市生态系统服务功能，加强对生态城市建设的规划引导。

参 考 文 献

艾勇军、肖荣波："从结构规划走向空间管治——非建设用地规划回顾与展望"，《现代城市研究》，2011 年第 7 期。

安永民、杨君玉："辽阳市土壤侵蚀敏感性评价"，《环境保护与循环经济》，2008 年第 2 期。

蔡博峰、穆彬、方皓等："基于自组织神经网络的生态敏感性分区——以北京市房山区为例"，《中国环境科学》，2008 年第 4 期。

蔡成凤："基于土地承载力的区域土地资源安全评价——以淮安市为例"，南京农业大学硕士论文，2007 年。

蔡青、曾光明、石林等："基于栅格数据和图论算法的生态廊道识别"，《地理研究》，2012 年第 8 期。

蔡云楠、肖荣波、艾勇军等：《城市生态用地评价与规划》，北京：科学出版社，2014 年。

曹露："基于网格单元和灰色聚类法的生态环境敏感性研究"，太原理工大学硕士论文，2011 年。

曹埼、陈兴鹏、师满江："基于 DPSIR 概念的城市水资源安全评价及调控"，《资源科学》，2012 年第 8 期。

曹玉红、曹卫东："安徽省沿江地区生态功能分区研究"，《资源开发与市场》，2007 年第 11 期。

陈华香："闽三角城市群生态系统服务权衡研究"，中国科学院大学博士论文，2020 年。

陈润羊、齐普荣："浅议我国生态环境评价研究的进展"，《科技情报开发与经济》，2006 年第 20 期。

陈姝、居为民、李显风："常熟市土地利用变化对生态服务价值的影响"，《水土保持研究》，2009 年第 5 期。

程春晓、徐宗学、王志慧等："2001—2010 年东北三省植被净初级生产力模拟与时空变化分析"，《资源科学》，2014 年第 11 期。

程琳、李锋、邓华锋："中国超大城市土地利用状况及其生态系统服务动态演变"，《生态学报》，2011 年第 20 期。

褚珊珊："城市边缘区生态环境敏感性评价与生态功能分区研究"，东北师范大学硕士论文，2015 年。

戴尔阜、王晓莉、朱建佳等："生态系统服务权衡：方法、模型与研究框架"，《地理研究》，

2016 年第 6 期。

党雪薇："关中平原城市群扩张对生态用地的多尺度影响及多情景空间模拟"，兰州交通大学硕士论文，2021 年。

杜阳："基于 DPSIR–主成分分析的 RBF 神经网络模型预测阳泉市用水量"，太原理工大学硕士论文，2019 年。

范少华："基于弱化热岛效应目标下北部湾城市群生态用地空间格局优化研究"，广西大学硕士论文，2021 年。

方晓："基于 DPSIR 模型的湖北省生态安全及时空分布研究"，湖北大学硕士论文，2018 年。

费建波、夏建国、胡佳等："生态空间与生态用地国内研究进展"，《中国生态农业学报》（中英文），2019 年第 11 期。

冯存："开封市生态功能区划研究"，河南大学硕士论文，2008 年。

冯漪、曹银贵、李胜鹏等："生态系统服务权衡与协同研究：发展历程与研究特征"，《农业资源与环境科学学报》，2022 年第 1 期。

傅伯杰："国土空间生态修复亟待把握的几个要点"，《中国科学院院刊》，2021 年第 1 期。

傅伯杰、刘世梁、马克明："生态系统综合评价的内容与方法"，《生态学报》，2001 年第 11 期。

傅伯杰、于丹丹："生态系统服务权衡与集成方法"，《资源科学》，2016 年第 1 期。

傅伯杰、张立伟："土地利用变化与生态系统服务：概念、方法与进展"，《地理科学进展》，2014 年第 4 期。

傅伯杰、周国逸、白永飞等："中国主要陆地生态系统服务功能与生态安全"，《地球科学进展》，2009 年第 6 期。

富伟、刘世梁、崔保山等："景观生态学中生态连接度研究进展"，《生态学报》，2009 年第 11 期。

高然："延吉市生态安全评价与预警研究"，延边大学硕士论文，2018 年。

高文兰："基于 GIS/RS 的拉市海保护区生态服务功能评价"，福建师范大学硕士论文，2012 年。

高晓巍："石家庄西部太行山区景观格局与景观安全格局分析"，河北师范大学硕士论文，2008 年。

宫雪："延龙图地区生态系统重要性评价"，延边大学硕士论文，2017 年。

郭红雨、蔡云楠、肖荣波等："城乡非建设用地规划的理论与方法探索"，《城市规划》，2011 年第 1 期。

郭纪光、蔡永立、罗坤等："基于目标种保护的生态廊道构建——以崇明岛为例"，《生态学杂志》，2009 年第 8 期。

郭志新、杨海燕、袁良济："中国森林生态系统服务功能价值评估研究进展与趋势"，《安徽农业科学》，2010 年第 3 期。

韩冬梅："临沂市生态用地规划布局研究"，河北师范大学硕士论文，2007 年。

韩旭龙："基于生态系统服务的延边朝鲜族自治州土地利用优化研究"，延边大学硕士论文，2020 年。

何春阳、陈晋、史培军等："基于 CA 的城市空间动态模型研究"，《地球科学进展》，2002 年第 2 期。

何亮："主成分分析在 SPSS 中的应用"，《山西农业大学学报》（社会科学版），2007 年第 5 期。

侯焱臻、韩旭龙、耿鑫等："延边朝鲜族自治州生态系统服务变化研究"，《延边大学农学学报》，2019 年第 2 期。

黄秀兰："基于多智能体与元胞自动机的城市生态用地演变研究"，中南大学硕士论文，2008 年。

黄宇驰、海热提："区域生态位定量化评价研究——以哈尔滨为例"，《环境污染与防治》，2004 年第 1 期。

贾芳芳："基于 InVEST 模型的赣江流域生态系统服务功能评估"，中国地质大学（北京）硕士论文，2014 年。

贾林平："雨城区土地利用类型变化对生态系统服务功能的影响研究"，四川农业大学硕士论文，2007 年。

蒋桂娟、徐天蜀："景观安全格局研究综述"，《内蒙古林业调查设计》，2008 年第 4 期。

蒋五一："特大型城市多尺度生态用地分类与适应性规划研究——以上海为例"，华东师范大学博士论文，2019 年。

金忠民："上海节约集约土地资源的生态思考"，《上海城市规划》，2011 年第 1 期。

景文超："西部生态脆弱区可持续发展模式研究"，西北师范大学硕士论文，2013 年。

（印度）K. V. 克里施纳默西著，张正旺主译：《生物多样性教程》，北京：化学工业出版社，2006 年，第 225 页。

黎佳君、廖秋林、沈守云等："长株潭城市群绿心地区生态系统服务价值时空变化研究"，《中国园林》，2022 年第 1 期。

李锋、王如松："城市绿色空间生态服务功能研究进展"，《应用生态学报》，2004 年第 3 期。

李锋、王如松、赵丹："基于生态系统服务的城市生态基础设施：现状、问题与展望"，《生态学报》，2014 年第 1 期。

李海梅、何兴元、陈玮等："中国城市森林研究现状及发展趋势"，《生态学杂志》，2004 年第 2 期。

李健飞、李林、郭添等："基于最小累积阻力模型的珠海市生态适宜性评价"，《应用生态学报》，2016 年第 1 期。

李俊生、高吉喜、张晓岚等："城市化对生物多样性的影响研究综述"，《生态学杂志》，2005 年第 8 期。

李明玉、田丰昊、董玉芝："延龙图地区城市生态用地生态重要性空间识别与保护"，《地理科学》，2016 年第 12 期。

李鹏、姜鲁光、封志明等："生态系统服务竞争与协同研究进展"，《生态学报》，2012 年第 16 期。

李双成、刘金龙、张才玉等："生态系统服务研究动态及地理学研究范式"，《地理学报》，2011 年第 12 期。

李双成、张才玉、刘金龙等："生态系统服务权衡与协同研究进展及地理学研究议题",《地理研究》,2013 年第 8 期。

李双成等:《生态系统服务地理学》,北京:科学出版社,2015 年。

李文华、张彪、谢高地:"中国生态系统服务研究的回顾与展望",《自然资源学报》,2009 年第 1 期。

李旭:"湿地生态廊道规划研究——以故黄河徐州段湿地生态廊道规划为例",南京林业大学硕士论文,2014 年。

李琰、李双成、高阳等:"连接多层次人类福祉的生态系统系统服务分类框架",《地理学报》,2013 年第 8 期。

李艳春:"区域生态系统服务功能重要性研究",太原理工大学硕士论文,2011 年。

林杰斌、林川雄、刘明德:《SPSS12 统计建模与应用实务》,北京:中国铁道出版社,2006 年。

林媚珍、刘汉仪、周汝波等:"多情景模拟下粤港澳大湾区生态系统服务评估与权衡研究",《地理研究》,2021 年第 9 期。

林齐宁:《决策分析》,北京:北京邮电大学出版社,2003 年。

刘滨谊、姜允芳:"中国城市绿地系统规划评价指标体系的研究",《城市规划汇刊》,2002 年第 2 期。

刘方田、许尔琪:"基于土地利用的新疆兵团与非兵团生境质量时空演变的对比",《应用生态学报》,2020 年第 7 期。

刘晖:"基于 DPSIR 模型的延边朝鲜族自治州生态系统胁迫评估",延边大学硕士论文,2020 年。

刘金雅、汪东川、孙然好等:"基于变化轨迹分析方法的生态用地流失空间关联研究",《地理研究》,2020 年第 1 期。

刘敬伟:"关于延龙图中心城建设及区域经济一体化的若干思考",《东北亚论坛》,2007 年第 4 期。

刘敏:"桂平市土地利用变化对生态系统服务价值的影响",《贵州农业科学》,2018 年第 1 期。

刘昕、谷雨、邓红兵:"江西省生态用地保护重要性评价研究",《中国环境科学》,2010 年第 5 期。

刘新华:"因子分析中数据正向化处理的必要性及其软件实现",《重庆工学院学报》(自然科学版),2009 年第 9 期。

刘扬:"基于 DPSIR 模型的昆明市域城市生态系统健康评价",云南大学硕士论文,2018 年。

卢涛:"基于变权 TOPSIS-DPSIR 模型的土地生态安全评价——以合肥市为例",中国地质大学(武汉)硕士论文,2016 年。

鲁敏、姜凤岐、李英杰:"沈阳城市绿化生态工程树种综合评价分级选择",《应用生态学报》,2004 年第 7 期。

陆大道:"中国人文地理学发展的机遇与任务",《地理学报》,2004 年第 Z1 期。

路纪琪:"生物多样性保护与城市生态系统的协调发展",《河南师范大学学报》(自然科学版),2001 年第 3 期。

吕祥:"基于 RS、GIS 的县域生态功能分析及区划研究——以四川省犍为县为例",西南大学硕士论文，2015 年。

马建武、陈坚、张云等："安宁市园林生态城市绿地系统规划与实施策略研究"，《西南林学院学报》，2001 年第 1 期。

马晓冬、徐建刚："江苏省城市化发展的区域差异分析"，《世界地理研究》，2006 年第 3 期。

毛德华、王宗明、韩佶兴等："1982—2010 年中国东北地区植被 NPP 时空格局及驱动因子分析"，《地理科学》，2012 年第 9 期。

毛齐正、黄甘霖、邬建国："城市生态系统服务研究综述"，《应用生态学报》，2015 年第 4 期。

孟根同、张明海、周绍春："黑龙江凤凰山国家级自然保护区野猪冬季容纳量及最适种群密度"，《生态学报》，2013 年第 3 期。

苗承玉："基于景观格局的图们江流域湿地生态安全评价与预警研究"，延边大学硕士论文，2012 年。

闵婕："基于 GIS 与 RS 技术的区域生态环境敏感性评价研究"，重庆师范大学硕士论文，2004 年。

穆媛芮、胡建团、郭洁等："西天山吐拉苏地区生态环境敏感性评价"，《水土保持通报》，2012 年第 6 期。

欧阳晓、贺清云、朱翔："多情景下模拟城市群土地利用变化对生态系统服务价值的影响——以长株潭城市群为例"，《经济地理》，2020 年第 1 期。

欧阳志云、李小马、徐卫华等："北京市生态用地规划与管理对策"，《生态学报》，2015 年第 11 期。

欧阳志云、王如松、赵景柱："生态系统服务功能及其生态经济价值评价"，《应用生态学》，1999 年第 5 期。

潘竟虎、刘晓："基于空间主成分和最小累积阻力模型的内陆河景观生态安全评价与格局优化——以张掖市甘州区为例"，《应用生态学报》，2015 年第 10 期。

潘贤章、赵其国："50 年来太湖水网地区城市化空间过程的监测与模拟 I 宜兴城区城市用地扩展的遥感监测"，《土壤学报》，2005 年第 2 期。

彭振华、王成："论城市森林的评价指标"，《中国城市林业》，2003 年第 3 期。

乔富珍、郑忠明、李加林等："基于最小累积阻力模型的围垦新区景观格局优化——以连云港连云新城为例"，《宁波大学学报》（理工版），2014 年第 3 期。

冉玉菊、雷冬梅、刘林等："滇中城市群 2000－2020 年土地利用变化对生态系统服务价值的影响"，《水土保持通报》，2021 年第 4 期。

任杰、钱发军、李双权等："河南省生态系统胁迫变化研究"，《中国人口·资源与环境》，2015 年第 S2 期。

荣冰凌、李栋、谢映霞："中小尺度生态用地规划方法"，《生态学报》，2011 年第 18 期。

邵君："灰色预测在模具生产中的应用"，上海交通大学硕士论文，2010 年。

申彦舟："县域景观生态安全格局研究——以山西宁武县为例"，山西大学硕士论文，2013 年。

税伟、杜勇、王亚楠等："闽三角城市群生态系统服务权衡的时空动态与情景模拟"，《生态学报》，2019 年第 14 期。

宋桂琴："基于 GIS 的河南省城市弹性时空演变特征及影响因素研究"，辽宁师范大学硕士论文，2019年。

宋茜茜："海南岛海岸带土地开发利用强度及生态承载力研究"，江西理工大学硕士论文，2019年。

宋旭光："可持续发展指标的研究思路"，《统计与决策》，2002年第12期。

孙泽详、刘志锋、何春阳等："中国快速城市化干燥地区的生态系统服务权衡关系多尺度分析——以呼包鄂榆地区为例"，《生态学报》，2016年第15期。

谈明洪、李秀彬、吕昌河："我国城市用地扩张的驱动力分析"，《经济地理》，2003年第5期。

汤国安、杨昕、张海平等：《ArcGIS地理信息系统空间分析实验教程》，北京：科学出版社，2006年。

陶星名、田光明、王宇峰等："杭州市生态系统服务价值分析"，《经济地理》，2006年第4期。

田丰昊："延龙图地区城市生态用地评价与空间格局优化研究"，延边大学硕士论文，2017年。

田永中、岳天祥："生态系统评价的若干问题探讨"，《中国人口·资源与环境》，2003年第2期。

万利、陈佑启、谭靖等："北京郊区生态安全动态评价与分析"，《地理科学进展》，2009年第2期。

汪妮："城镇非建设用地分类及评价指标体系研究"，华中科技大学硕士论文，2007年。

王保盛、陈华香、董政等："2030年闽三角城市群土地利用变化对生态系统水源涵养服务的影响"，《生态学报》，2020年第2期。

王富喜、毛爱华、李赫龙等："基于熵值法的山东省城镇化质量测度及空间差异分析"，《地理科学》，2013年第11期。

王惠明："长株潭核心区生态用地格局演变研究"，湖南工业大学硕士论文，2016年。

王慧娜："不同城市化进程对城市群生态系统服务影响的对比研究——以长三角、闽三角城市群为例"，中国科学院大学博士论文，2020年。

王健文："图们江跨国界地区植被净初级生产力时空动态变化及其驱动力研究"，延边大学硕士论文，2019年。

王金叶、阳漓琳、郑文俊："自然保护区生态旅游环境影响评价——以猫儿山国家级自然保护区为例"，《中南林业科技大学学报》（社会科学版），2010年第1期。

王蓉丽："城市森林可持续发展的指标体系研究——以金华市为例"，浙江大学硕士论文，2005年。

王世豪、黄麟、徐新良等："粤港澳大湾区生态系统服务时空演化及其权衡与协同特征"，《生态学报》，2020年第23期。

王维维、孟江涛、张毅："基于主成分分析的湖北省水资源承载力研究"，《湖北农业科学》，2010年第11期。

王伟、陆健健："三垟湿地生态系统服务功能及其价值"，《生态学报》，2005年第3期。

王文、张静、马建章等："小兴安岭南坡野猪家域分析"，《兽类学报》，2007年第3期。

王效科、欧阳志云、肖寒等："中国水土流失敏感性分布规律及其区划研究"，《生态学报》，2001年第1期。

王阳："哈尔滨城市复合生态系统能值评价研究"，哈尔滨工业大学硕士论文，2007年。

王治江、李培军、万忠成等：“辽宁省生态系统服务重要性评价”，《生态学杂志》，2007 年第 10 期。

王梓洋、石培基、张学斌等：“基于多智能体模型的兰州市城镇用地扩展模拟”，《应用生态学报》，2021 年第 6 期。

翁耐义：“人类活动对生态系统胁迫影响评估——以关中地区为例”，西北大学硕士论文，2014 年。

邬建国、何春阳、张庆云等：“全球变化与区域可持续发展耦合模型及调控对策”，《地球科学进展》，2014 年第 12 期。

吴威龙、石杨、周波：“基于人居环境系统论的传统村落人居环境评价——以湖北省利川市 18 个村落为例”，《湖北民族学院学报》（自然科学版），2019 年第 3 期。

武剑锋、曾辉、刘雅琴：“深圳地区景观生态连接度评估”，《生态学报》，2008 年第 4 期。

武玲玲、纪洁：“基于熵值法的安徽省生态宜居度评价研究”，《广西师范学院学报》（自然科学版），2018 年第 3 期。

香宝、任华丽、马广文等：“成渝经济区生态系统服务功能重要性评价”，《环境科学研究》，2011 年第 7 期。

肖胜：“3S 技术在厦门市森林生态网络体系建设中的应用研究”，载彭镇华等：《中国森林生态网络体系工程建设研究》，北京：中国林业出版社，2003 年，第 414—417 页。

肖燚、陈圣宾、张路等：“基于生态系统服务的海南岛自然保护区体系规划”，《生态学报》，2011 年第 24 期。

谢高地、鲁春霞、冷允法等：“青藏高原生态资产的价值评估”，《自然资源学报》，2003 年第 2 期。

谢高地、甄霖、鲁春霞等：“一个基于专家知识的生态系统服务价值化方法”，《自然资源学报》，2008 年第 5 期。

谢花林、李秀彬：“基于 GIS 的农村住区生态重要性空间评价及其分区管制——以兴国县长冈乡为例”，《生态学报》，2011 年第 1 期。

谢英挺：“非城市建设用地控制规划的思考——以厦门为例”，《城市规划学刊》，2005 年第 4 期。

解伏菊、肖笃宁、李秀珍：“基于 NDVI 的不同火烧强度下大兴安岭林火迹地森林景观恢复兴”，《生态学杂志》，2005 年第 4 期。

邢忠、黄光宇、颜文涛：“将强制性保护引向自觉维护——城镇非建设性用地的规划与控制”，《城市规划学刊》，2006 年第 1 期。

徐俏、何孟常、杨志峰等：“广州市生态系统服务功能价值评估”，《北京师范大学学报》（自然科学版），2003 年第 2 期。

延边朝鲜族自治州地方志编纂委员会：水文，载《延边年鉴（2007）》，吉林：吉林人民出版社，2009 年，第 9—10 页。

延边朝鲜族自治州地方志编纂委员会：气候，载《延边年鉴（2015）》，吉林：延边人民出版社，2016 年，第 21—22 页。

严冬、范建容、郭芬芬等：“西藏地区降水侵蚀力时空分布研究”，《水土保持通报》，2010 年第 4 期。

闫水玉、赵柯、邢忠："都市地区生态廊道规划方法探索——以广州番禺片区生态廊道规划为例"，《规划师》，2010 年第 6 期。

杨丽、孙之淳："基于熵值法的西部新型城镇化发展水平测评"，《经济问题》，2015 年第 3 期。

杨苏诗："基于 CLUE-S 和 InVEST 模型的天府新区生境质量评价"，成都理工大学硕士论文，2019 年。

杨晓平："济南市南部山区景观安全格局的研究"，山东师范大学硕士论文，2005 年。

杨志鹏、许嘉巍、冯兴华等："基于 InVEST 模型的东北地区土地利用变化对生境的影响研究"，《生态科学》，2018 年第 6 期。

姚美岑："基于 GIS 的延龙图地区最小生态用地空间范围识别研究"，延边大学硕士论文，2018 年。

易军："基于景观生态学的柳州市生态用地规划布局研究"，华中农业大学硕士论文，2010 年。

于庆、王思丹、刘铁柱等："延边朝鲜族自治州野生动物资源及管理对策"，《吉林林业科技》，2012 年第 5 期。

于秀林、任雪松：《多元统计分析》，北京：中国统计出版社，2006 年，第 42—43 页。

于媛、韩玲、李明玉等："哈长城市群生态系统服务时空特征及其权衡/协同关系研究"，《水土保持研究》，2021 年第 2 期。

于媛、李明玉、韩旭龙等："边境地区景观格局演变及生态系统服务价值响应——以延边朝鲜族自治州为例"，《水土保持研究》，2021 年第 1 期。

俞孔坚、王思思、李迪华等："北京城市扩张的生态底线——基本生态系统服务及其安全格局"，《城市规划》，2010 年第 2 期。

喻锋、李晓波、张丽君等："中国生态用地研究：内涵、分类与时空格局"，《生态学报》，2015 年第 14 期。

岳健、张雪梅："关于我国土地利用分类问题的讨论"，《干旱区地理》，2003 年第 1 期。

张德平、李德重、刘克顺："规划修编，别落了生态用地"，《观察与思考》，2006 年第 8 期。

张峰、周广胜："中国东北样带植被净初级生产力时空动态遥感模拟"，《植物生态学报》，2008 年第 4 期。

张继权、伊坤朋、Hiroshi Tani 等："基于 DPSIR 的吉林省白山市生态安全评价"，《应用生态学报》，2011 年第 1 期。

张利、陈亚恒、门明新等："基于 GIS 的区域生态连接度评价方法及应用"，《农业工程学报》，2014 年第 8 期。

张艳芳、李云："1995—2015 年关中平原城市群生态系统服务价值（ESV）及其时空差异"，《浙江大学学报》（理学版），2020 年第 5 期。

张宇硕：《基于空间尺度的土地利用/覆盖变化与生态系统服务》，南京：东南大学出版社，2021 年。

赵国帅、王军邦、范文义等："2000—2008 年中国东北地区植被净初级生产力的模拟及季节变化"，《应用生态学报》，2011 年第 3 期。

赵庆良："黑龙江省资源与生态承载力和生态安全评估研究"，哈尔滨工业大学，2008 年。

赵小娜："基于景观安全格局的延龙图地区生态用地保护研究"，延边大学硕士论文，2017 年。

赵峥："甘肃省生态系统胁迫评估及生态恢复研究"，西北师范大学硕士论文，2013 年。

钟式玉、吴箐、李宇等："基于最小累积阻力模型的城镇土地空间重构——以广州市新塘镇为例"，《应用生态学报》，2012 年第 11 期。

朱俊、王祥荣、樊正等："城市森林评价指标体系研究——以上海为例"，《中国城市林业》，2003 年第 1 期。

朱文泉、潘耀忠、张锦水："中国陆地植被净初级生产力遥感估算"，《植物生态学报》，2007 年第 3 期。

朱治州、钟业喜："长江三角洲城市群土地利用及其生态系统服务价值时空演变研究"，《长江流域资源与环境》，2019 年第 7 期。

宗毅、汪波："城市生态用地的'协调－集约'度创新研究"，《科学管理研究》，2005 年第 6 期。

宗跃光："大都市空间扩展的周期性特征——以美国华盛顿－巴尔的摩地区为例"，《地理研究》，2005 年第 3 期。

左冕："义乌城市化发展对生态系统服务的影响及其对策研究"，北京林业大学博士论文，2014 年。

Alberti, M. 2005. The effects of urban patterns on ecosystem function. *International Regional Science Review*, Vol. 28, Issue 2.

Andersson, E., M. Tengö, T. McPhearson, *et al*. 2015. Cultural ecosystem services as a gateway for improving urban sustainability. *Ecosystem Services*, Vol. 12.

Atkins, J. P., D. Burdon, M. Elliott, *et al*. 2011. Management of the marine environment: Integrating ecosystem services and societal benefits with the DPSIR framework in a systems approach. *Marine Pollution Bulletin*, Vol. 62, No. 2.

BenDor, T. D., D. Spurlock, S. C. Woodruff, *et al*. 2017. A research agenda for ecosystem services in American environmental and land use planning. *Cities*, Vol. 60, Part A.

Blaen, P. J., L. Jia, S. -H. Peh, *et al*. 2015. Rapid assessment of ecosystem services provided by two mineral extraction sites restored for nature conservation in an agricultural landscape in eastern England. *PLoS ONE*, Vol. 10, No. 4.

Burkhard, B., N. Crossman, S. Nedkov, *et al*. 2013. Mapping and modelling ecosystem services for science, policy and practice. *Ecosystem Services*, Vol. 4.

Castro, A. J., P. H. Verburg, B. Martín-López, *et al*. 2014. Ecosystem service trade-offs from supply to social demand: A landscape-scale spatial analysis. *Landscape and Urban Planning*, Vol. 132.

Chen, L. F., W. J. Su, M. Li, *et al*. 2021. A population randomization-based multiobjective genetic algorithm for gesture adaptation in human-robot interaction. *Science China Information Sciences*, Vol. 64, No. 1.

Costanza, R., R. d'Arge, R. de Groot, *et al*. 1997. The value of the world's ecosystem services and natural capital. *Nature*, Vol. 387.

Daily, G. C. 1997. *Nature's Services: Societal Dependence on Natural Ecosystems*. Washington, D. C. : Island Press.

De Groot, R. S. 1992. *Functions of Nature: Evaluation of Nature in Environmental Planning, Management and Decision Making*. Groningen, Netherlands: Wolters-Noordhoff.

Etherington, T. R. 2016. Least-cost modelling and landscape ecology: concepts, applications, and opportunities. *Current Landscape Ecology Reports*, Vol. 1.

Feng, Q., W. W. Zhao, B. J. Fu, *et al.* 2017. Ecosystem service trade-offs and their influencing factors: A case study in the Loess Plateau of China. *Science of The Total Environment*, Vol. 607-608.

Fisher, B., R. K. Turner, P. Morling. 2009. Defining and classifying ecosystem services for decision making. *Ecological Economics*, Vol. 68, Iss. 3.

Fu, B. J., S. Wang, C. H. Su, *et al.* 2013. Linking ecosystem processes and ecosystem services. *Current Opinion in Environmental Sustainability*, Vol. 5, Iss. 1.

Fu, B. J, X. L. Zhuang, G. B. Jiang, *et al.* 2007. Environmental problems and challenges in China. *Environmental Science & Technology*, Vol. 41, No. 22.

Gong, J., D. Q. Liu, J. X. Zhang, *et al.* 2019. Tradeoffs/synergies of multiple ecosystem services based on land use simulation in a mountain-basin area, western China. *Ecological Indicators: Integrating, Monitoring, Assessment and Management*. Vol. 99.

Grondin, P., S. Gauthier, D. Borcard, *et al.* 2014. A new approach to ecological land classification for the Canadian boreal forest that integrates disturbances. *Landscape Ecology*, Vol. 29, No. 1.

Hein, L. G., K. van Koppen, R. S. de Groot, *et al.* 2006. Spatial scales, stakeholders and the valuation of ecosystem services. *Ecological Economics*, Vol. 57, Iss. 2.

Herold, M, N. C. Goldstein, K. C. Clarke. 2003. The spatiotemporal form of urban growth: Measurement, analysis and modeling. *Remote Sensing of Environment*, Vol. 86, Issue 3.

Imhoff, M. L., L. Bounoua, T. Ricketts, *et al.* 2004. Global patterns in human consumption of net primary production. *Nature*, Vol. 429.

Jolliffe, I. T. 2002. *Principal Component Analysis*, 2nd edn. New York: Springer.

Kumar, P. 2010. *The Economics of Ecosystems and Biodiversity: Ecological and Economic Foundations*. London and Washington: Earthscan.

Lautenbach, S., M. Volk, B. Gruber, *et al.* 2010. Quantifying ecosystem service trade-offs. Paper for International Environmental Modeling and Software Society (iEMSs) 2010 International Congress on Environmental Modeling and Software Modeling for Environment's Sake, Fifth Biennial Meeting, Ottav. Canada.

Lavorel, S., K. Grigulis, P. Lamarque, *et al.* 2011. Using plant functional traits to understand the landscape distribution of multiple ecosystem services. *Journal of Ecology*, Vol. 99, Issue 1.

Lester, S. E., C. Costello, B. S. Halpern, *et al.* 2013. Evaluating tradeoffs among ecosystem services to inform marine spatial planning. *Marine Policy*, Vol. 38.

Longley, P. A. 2002. Geographical Information Systems: will developments in urban remote sensing and GIS lead to "better" urban geography? *Progress in Human Geography*, Vol. 26, Issue 2.

Longley, P. A., V. Mesev. 2000. On the measurement and generalization of urban form. *Environment and Planning A: Economy and Space*, Vol. 32, Issue 3.

Losiri, C., M. Nagai, S. Ninsawat, *et al*. 2016. Modeling urban expansion in Bangkok metropolitan region using demographic-economic data through Cellular Automata-Markov Chain and Multi-Layer Perceptron-Markov Chain models. *Sustainability*, Vol. 8, No. 7.

Mckinney, M. L. 2002. Urbanization, biodiversity, and conservation: The impacts of urbanization on native species are poorly studied, but educating a highly urbanized human population about these impacts can greatly improve species conservation in all ecosystems. *Bioscience*, Vol. 52, Issue 10.

Mckinney, M. L. 2006. Urbanization as a major cause of biotic homogenization. *Biological Conservation*, Vol. 127, Issue 3.

Millennium Ecosystem Assessment(MEA). 2005. Ecosystems and Human Well-being: Synthesis. Washington, D. C. : Island Press.

Piao, S. L., J. Y. Fang, P. Ciais, *et al*. 2009. The carbon balance of terrestrial ecosystems in China. *Nature*, Vol. 458.

Ping, L., X. Q. Zheng, J. F. Chen, *et al*. 2016. Characteristic analysis of ecosystem service value of water system in Taiyuan urban district based on LUCC. *International Journal of Agricultural & Biological Engineering*, Vol. 9, No. 1.

Portnov, B. A., U. N. Safriel. 2004. Combating desertification in the Negev: dryland agriculture vs. dryland urbanization. *Journal of Arid Environments*, Vol. 56, No. 4.

Qiao, X, N., Y. Y. Gu, C. X. Zou. 2019. Temporal variation and spatial scale dependency of the trade-offs and synergies among multiple ecosystem services in the Taihu Lake Basin of China. *Science of The Total Environment*, Vol. 651, Part 1.

Running, S. W., M. S. Zhao. 2019. Daily GPP and Annual NPP (MOD17A2H/A3H) and Year-end Gap-filled (MOD17A2HGF/A3HGF) Products NASA Earth Observing System MODIS Land Algorithm (For Collection 6).

Savard, J. -P. L., P. Clergeau, G. Mennechez. 2000. Biodiversity concepts and urban ecosystems. *Landscape and Urban Planning*, Vol. 48, Issue 3-4.

Selmi, W., S. Selmi, J. Teller, *et al*. 2021. Prioritizing the provision of urban ecosystem services in deprived areas, a question of environmental justice. *Ambio*, Vol. 50.

Song, W., X. Z. Deng. 2017. Land-use/land-cover change and ecosystem service provision in China. *Science of The Total Environment*, Vol. 576.

Sun, X., Z. M. Lu, F. Li, *et al*. 2018. Analyzing spatio-temporal changes and trade-offs to support the supply of multiple ecosystem services in Beijing, China. *Ecological Indicators: Integrating, Monitoring, Assessment and Management*, Vol. 94, Part 1.

Tian, G. J., B. R. Ma, X. L. Xu, *et al.* 2016. Simulation of urban expansion and encroachment using cellular automata and multi-agent system model－A case study of Tianjin metropolitan region, China. *Ecological Indicators: Integrating, Monitoring, Assessment and Management*, Vol. 70.

Tolessa, T., F. Senbeta, M. Kidane. 2017. The impact of land use/land cover change on ecosystem services in the central highlands of Ethiopia. *Ecosystem Services*, Vol. 23.

Valente, D., M. R. Pasimeni, I. Petrosillo. 2020. The role of green infrastructures in Italian cities by linking natural and social capital. *Ecological Indicators: Integrating, Monitoring, Assessment and Management*, Vol. 108.

Verburg, P. H., P. P. Schot, M. J. Dijst, *et al.* 2004. Land use change modelling: Current practice and research priorities. *GeoJournal*, Vol.61, No. 4.

Vitousek, P. M., H. A. Mooney, J. Lubchenco, *et al.* 1997. Human domination of earth's ecosystems. *Science*, Vol. 277, Iss. 5325.

Wallace, K J. 2007. Classification of ecosystem services: Problems and solutions. *Biological Conservation*, Vol. 139, Iss. 3-4.

Wang, C. L., Q. O. Jiang, B. Engel, *et al.* 2020. Analysis on net primary productivity change of forests and its multi-level driving mechanism－A case study in Changbai Mountains in Northeast China. *Technological Forecasting and Social Change*, Vol. 153.

Wang, J. T., J. Peng, M. Y. Zhao, *et al.* 2017. Significant trade-off for the impact of Grain-for-Green Programme on ecosystem services in North-western Yunnan, China. *Science of the Total Environment*, Vol. 574.

Wang, Z. F., M. Xu, H. W. Lin, *et al.* 2021. Understanding the dynamics and factors affecting cultural ecosystem services during urbanization through spatial pattern analysis and a mixed-methods approach. *Journal of Cleaner Production*, Vol. 279.

Xu, W. H., Z. Y. Ouyang, X. Z. Wang, *et al.* 2008. Assessment of ecological protection importance for ecological conservation in Wenchuan Earthquake hard-hit disaster areas. *Acta Ecologica Sinica*, Vol. 28, No. 12.

You, W. B., Z. R. Ji, L. Y. Wu, *et al.* 2017. Modeling changes in land use patterns and ecosystem services to explore a potential solution for meeting the management needs of a heritage site at the landscape level. *Ecological Indicators: Integrating, Monitoring, Assessment and Management*, Vol. 73.